高等概率论

胡晓予 著

科学出版社
北京

内 容 简 介

本书由三部分内容组成. 第一部分是测度论基础(第 1~3 章). 主要介绍测度的扩张定理和分解定理, Lebesgue-Stieltjes 测度、可测函数及其积分的基本性质, 还有乘积可测空间和Fubini定理等. 第二部分是第4~6章. 主要介绍独立随机变量序列的极限定理, 包括中心极限定理、级数收敛定理、大数定律和重对数律. 在介绍中心极限定理之前, 介绍了测度的弱收敛、特征函数以及相关结论. 这部分内容突出了经典的概率论证明技巧. 第三部分为第 7、8 章, 介绍一些特殊的随机过程. 第 7 章介绍离散鞅论, 第 8 章简单介绍了马氏链、布朗运动和高斯自由场.

本书适合教学专业的研究生作为教材，亦可作为教师参考用书.

图书在版编目(CIP)数据

高等概率论/胡晓予著. —北京：科学出版社，2009
ISBN 978-7-03-025180-0

I. 高… II. 胡… III. 概率论–高等学校–教材 IV. O211

中国版本图书馆CIP数据核字(2009)第137553号

责任编辑：陈玉琢 / 责任校对：李奕萱
责任印制：赵 博 / 封面设计：王 浩

科学出版社出版
北京东黄城根北街 16 号
邮政编码：100717
http://www.sciencep.com
北京科印技术咨询服务有限公司数码印刷分部印刷
科学出版社发行 各地新华书店经销
*
2009 年 8 月第 一 版 开本：720 × 1000 1/16
2024 年 7 月第九次印刷 印张：11 1/4
字数：218 000

定价：88.00 元
（如有印装质量问题，我社负责调换）

前　言

高等概率论是概率论与数理统计专业的研究生必修课之一，它是从事概率论与数理统计以及相关方向的研究所必需的数学基础.

本书系统介绍了测度论的基础知识、概率论的极限理论以及离散鞅论. 由于作者自 2004 年起至今一直在中国科学院研究生院教授 60 学时的高等概率论课程，因此本书主要形成于作者的讲稿. 测度论部分的内容主要参考 R. Ash 的 *Real Analysis and Probability* 和 P. R. Halmos 的 *Measure Theory* 写成. 概率论的极限理论和离散鞅论的内容则主要参考 H. G. Tucker 的 *A Graduate Course in Probability*, L. Breiman 的 *Probability* 和 R. Ash 的 *Real Analysis and Probability* 写成. 随机过程选讲中的高斯自由场的内容则来自于作者近年的研究工作.

素来知道著书立说非等闲儿戏. 在写作过程中虽颤惊如履薄冰，然学养不至登堂入室之地步，终会有诸多不足. 最后，感谢我的家人和我的学生们对我的支持和帮助.

胡晓予

2009 年于北京中关村

目　录

第 1 章　测度与积分

1.1　符号与假定

本书中, $\mathbb{N}$ 表示全体自然数集, $\mathbb{Z}$ 表示全体整数集, $\mathbb{R}$ 表示全体实数集, $\mathbb{C}$ 表示全体复数集; $\mathbb{R}^+(\mathbb{R}^-)$ 表示全体非负(非正)实数集;$\bar{\mathbb{R}}$ 表示$\mathbb{R}$ 与$\{\pm\infty\}$ 构成的集合;$\mathbb{R}^n$ 表示n维欧几里得空间; $\bar{\mathbb{R}}^n$ 表示由全体点$\boldsymbol{x}=(x_1,\cdots,x_n), x_i\in\bar{\mathbb{R}}, 1\leqslant i\leqslant n$ 构成的集合.

$\forall a,b\in\bar{\mathbb{R}}$, 记$(a,b)=\{x\in\bar{\mathbb{R}}: a<x<b\}$, $[a,b)=\{x\in\bar{\mathbb{R}}: a\leqslant x<b\}$. 类似可定义$[a,b]$, $(a,b]$. $\forall \boldsymbol{u}=(u_1,\cdots,u_n)$, $\boldsymbol{v}=(v_1,\cdots,v_n)\in\bar{\mathbb{R}}^n$, $(\boldsymbol{u},\boldsymbol{v}):=\{\boldsymbol{x}=(x_1,\cdots,x_n)\in\bar{\mathbb{R}}^n: u_i<x_i<v_i, 1\leqslant i\leqslant n\}$. 类似地, 可在$\bar{\mathbb{R}}^n$ 中定义$[\boldsymbol{u},\boldsymbol{v})$, $[\boldsymbol{u},\boldsymbol{v}]$和$(\boldsymbol{u},\boldsymbol{v}]$.

采用下列$\bar{\mathbb{R}}$中的运算规则:

$$a+\infty=\infty+a=\infty,\quad a-\infty=-\infty+a=-\infty,\quad a\in\mathbb{R},$$

$$\infty+\infty=\infty,\quad -\infty-\infty=-\infty,$$

$$b\cdot\infty=\infty\cdot b=\begin{cases}\infty, & b\in\bar{\mathbb{R}}, b>0,\\ -\infty, & b\in\bar{\mathbb{R}}, b<0,\\ 0, & b=0,\end{cases}\qquad \frac{a}{\infty}=\frac{a}{-\infty}=0,\quad a\in\mathbb{R}.$$

对任意给定的$a,b\in\mathbb{R}$, $a\vee b$表示$\max\{a,b\}$, $a\wedge b$表示$\min\{a,b\}$.

设$f:\Omega\to\mathbb{R}$, $g:\Omega\to\mathbb{R}$, 定义$(f\vee g)(x)=f(x)\vee g(x)$, $(f\wedge g)(x)=f(x)\wedge g(x)$. 记$f^+=f\vee 0$, $f^-=-(f\wedge 0)$.

设$f_n,f:\mathbb{R}\to\mathbb{R}$, 若$f_n$单调上升且收敛于$f$, 则记为$f_n\uparrow f$; 若$f_n$单调下降且收敛于$f$, 则记为$f_n\downarrow f$.

设$f,g:\mathbb{R}\to\mathbb{R}$,若存在正常数$c_1$与$c_2$使$c_1g(x)\leqslant f(x)\leqslant c_2g(x)$, $x\geqslant x_0$(或$x\leqslant x_1$), 则记为 $f\approx g$, $x\to\infty$(或$x\to 0$). 若$\lim\limits_{x\to\infty}\dfrac{f(x)}{g(x)}=1$(或$\lim\limits_{x\to 0}\dfrac{f(x)}{g(x)}=1$), 则记为$f\sim g, x\to\infty$(或$x\to 0$).

设Ω是全空间. 用$\varnothing$表示空集. 任取子集A与B, $A\cup B$表示全体既在A内又在B内的元素构成的集合, $A\cap B$表示全体同时属于A与B的元素构成的集合, $A-B$表示全体属于A但不属于B的元素构成的集合. 定义

$$A\bigtriangleup B=(A-B)\cup(B-A),$$

并称之为A与B的对称差. 若A是B的子集, 则记作$A\subset B$. $\forall x\in\mathbb{R}$, $\forall A\subset\mathbb{R}$, 定义$A+x=x+A=\{y: y=x+a, a\in A\}$, $A-y=A+(-y)$, $x\cdot A=\{y: y=xa, a\in A\}$.

若$f : \Omega \to \Omega'$, $\forall A \subset \Omega'$, 定义$f^{-1}(A) := \{y : f(y) \in A\}$. 当上述$\Omega' = \mathbb{R}$时, 以$\inf\limits_{x\in A} f(x)$ 和$\sup\limits_{x\in A} f(x)$ 分别记$f(x), x \in A$的下确界与上确界, 其中$A \subset \mathbb{R}$.

定义1.1.1 称集合S上的一个关系"$\leqslant$"为偏序, 如果

(1) $\forall a \in S, a \leqslant a$;

(2) $\forall a, b \in S$, 若$a \leqslant b$且$b \leqslant a$, 则$a = b$;

(3) $\forall a, b, c \in S$, 若$a \leqslant b, b \leqslant c$, 则$a = c$.

设$C \subset S, \forall a, b \in C$, a与b的关系是$a \leqslant b$或者$b \leqslant a$, 则称C是全序的. S的全序子集称为S的链.

引理1.1.1(Zorn引理) 设S中有偏序"$\leqslant$". 若S中每个链均有上界, 则S有最大元, 即存在$m \in S$, 使得对任一$a \in S$, $m \leqslant a$与$m \neq a$不能同时成立.

1.2 集族与测度

本节首先介绍几个特殊的集合族及它们之间的关系, 然后引进测度的概念并介绍它的基本性质.

设Ω是全空间, $A_1, A_2, \cdots$是Ω的一列子集. 若$A_1 \subset A_2 \subset \cdots$且$\bigcup\limits_{n=1}^{\infty} A_n = A$, 则称$A_n$是单调上升的集合序列且收敛于$A$; 若$A_1 \supset A_2 \supset \cdots$且$\bigcap\limits_{n=1}^{\infty} A_n = A$, 则称$A_n$是单调下降的集合序列且收敛于$A$; 分别记为$A_n \uparrow A$和$A_n \downarrow A$. 定义

$$\limsup_n A_n = \bigcap_{n=1}^{\infty} \bigcup_{k=n}^{\infty} A_k, \quad \liminf_n A_n = \bigcap_{n=1}^{\infty} \bigcup_{k=n}^{\infty} A_k,$$

若 $\liminf\limits_n A_n = \limsup\limits_n A_n = A$, 则记 $A = \lim\limits_n A_n$.

定义1.2.1 称一个非空集族$\mathcal{A}$为环, 如果$\forall E, F \in \mathcal{A}$, 总有$E \cup F \in \mathcal{A}$且$E - F \in \mathcal{A}$. 若$\mathcal{A}$还满足对$E_i \in \mathcal{A}, i = 1, \cdots$, 有$\bigcup\limits_{i=1}^{\infty} E_i \in \mathcal{A}$, 则称$\mathcal{A}$为一个$\sigma$环.

注1.2.1 空集$\varnothing$在环内. 环对集合的有限交运算亦封闭. σ环对集合的可数无穷交运算封闭.

定义1.2.2 称一个非空集族$\mathcal{F}$为代数, 如果$\forall A, B \in \mathcal{F}$, 总有$A \cup B \in \mathcal{F}$且$A^c \in \mathcal{F}$. 若$\mathcal{F}$ 还满足: $\forall E_i \in \mathcal{F}, i = 1, 2, \cdots$, 有$\bigcup\limits_{i=1}^{\infty} E_i \in \mathcal{F}$, 则称$\mathcal{F}$为一个$\sigma$代数.

注1.2.2 全空间与空集均在代数内. 代数对集合的有限交运算封闭, σ 代数对集合的可数无穷交运算封闭.

注1.2.3 代数$\mathcal{F}$ 是σ代数的充要条件是:对于$\mathcal{F}$中的任一单调上升序列E_n, 总有 $\lim\limits_n E_n \in \mathcal{F}$.

注1.2.4 环(σ环)$\mathcal{A}$是代数(σ 代数)当且仅当全空间$\Omega \in \mathcal{A}$.

设 $\mathcal{E}$是Ω上的一个集族, A是一个子集. 定义$A\cap\mathcal{E}=\mathcal{E}\cap A=\{A\cap E:E\in\mathcal{E}\}$. 记 $S(\mathcal{E})$为包含 $\mathcal{E}$的最小σ环, 也称它为由$\mathcal{E}$生成的σ环; 记 $\sigma(\mathcal{E})$为包含$\mathcal{E}$的最小σ代数, 也称它为由$\mathcal{E}$生成的σ代数.

定理1.2.1 设$\mathcal{E}$是Ω上的一个集族, $A\subset\Omega$, 则

$$A\cap S(\mathcal{E})=S(A\cap\mathcal{E}).$$

证明 易见$A\cap S(\mathcal{E})$ 是一个σ 环, 而$A\cap\mathcal{E}\subset S(\mathcal{E})\cap A$, 故$S(A\cap\mathcal{E})\subset A\cap S(\mathcal{E})$.

另一方面, 令$\mathcal{B}=\{B\in S(\mathcal{E}):A\cap B\in S(A\cap\mathcal{E})\}$. 由$\mathcal{B}$ 的定义知, $\mathcal{E}\subset\mathcal{B}$ 且$\mathcal{B}$是一个σ环, 故$S(\mathcal{E})\subset\mathcal{B}$, 此即$A\cap S(\mathcal{E})\subset S(A\cap\mathcal{E})$.

注1.2.5 若A是Ω上的一个子集, $\mathcal{F}$是Ω上的任一集族, 类似可证

$$\sigma_A(\mathcal{F}\cap A)=\sigma(\mathcal{F})\cap A,$$

其中$\sigma_A(\mathcal{F}\cap A)$ 表示$\mathcal{F}\cap A$ 在子集A上生成的σ代数.

定义1.2.3 设$\mathcal{M}$是Ω上的一个非空集族, $A_n\in\mathcal{M}$, 若$A_n\uparrow A$, 则$A\in\mathcal{M}$, 若$A_n\downarrow A$, 亦有$A\in\mathcal{M}$, 此时称$\mathcal{M}$为一个单调族.

注1.2.6 σ环、σ代数均为单调族.

若 $\mathcal{A}$是Ω上的一个集族, 以$M(\mathcal{A})$ 表示包含$\mathcal{A}$的最小单调族.

定理1.2.2(单调族定理) 设 $\mathcal{F}_0$ 是Ω上的一个代数, 则

$$\sigma(\mathcal{F}_0)=M(\mathcal{F}_0).$$

证明 记 $\mathcal{F}=\sigma(\mathcal{F}_0),\mathcal{M}=M(\mathcal{F}_0)$.

由于σ代数总是单调族, 所以$\mathcal{M}\subset\mathcal{F}_0$.

反之, 令$\mathcal{M}_F=\{E:E-F,F-E,E\cup F\in\mathcal{M}\}$, 易见对$\Omega$ 的任意子集E,F, $E\in\mathcal{M}_F$ 等价于$F\in\mathcal{M}_E$.

现设E_n是$\mathcal{M}_F$中有一个单调序列, 则有

$$\lim_n E_n-F=\lim_n(E_n-F)\in\mathcal{M},$$
$$F-\lim_n E_n=\lim_n(F-E_n)\in\mathcal{M},$$
$$F\cup\lim_n E_n=\lim_n(F\cup E_n)\in\mathcal{M},$$

因此当$\mathcal{M}_F$非空时, 它总是单调族.

$\forall E_0,F\in\mathcal{F}_0$, 由代数的定义, $E_0\in\mathcal{M}_F$, 又由E_0的任意性, 得$\mathcal{F}_0\subset\mathcal{M}_F$, 从而$\mathcal{M}\subset\mathcal{M}_F$, 因此对任意的$E\in\mathcal{M}$和$F\in\mathcal{F}_0$, 有$E\in\mathcal{M}_F$, 这意味着$F\in\mathcal{M}_E$, 但F是$\mathcal{F}_0$中任一元, 故$\mathcal{M}\subset\mathcal{M}_E$, 由于$E$是$\mathcal{M}$中任一元, 上述包含关系说明$\mathcal{M}$对集合的有限并及减法运算封闭, 所以$\mathcal{M}$是一个代数. 又$\mathcal{M}$是单调族, 故$\mathcal{M}$是包含$\mathcal{F}_0$的一个$\sigma$代数. 总之, $\mathcal{F}\subset\mathcal{M}$.

注1.2.7 若$\mathcal{F}_0$是环, 同样地, $S(\mathcal{F}_0)=M(\mathcal{F}_0)$.

例1.2.1 取$\Omega=\mathbb{R}$, 设$\mathcal{F}_0$为全体不相交的左开右闭区间的有限并构成的集族($\mathbb{R}$上的左开右闭区间定义为: $(a,b],-\infty\leqslant a\leqslant b<\infty,(c,\infty),-\infty\leqslant c<\infty$), 则$\mathcal{F}_0$为一个代数. 但$\mathcal{F}_0$不是一个$\sigma$代数, 因为$A_n=(0,1-1/n)\in\mathcal{F}_0$, 但$\bigcup\limits_n A_n=(0,1)\notin\mathcal{F}_0$. 以$\mathcal{B}(\mathbb{R})$记由上述$\mathcal{F}_0$生成的$\sigma$代数, 称之为Borel σ 代数, $\mathcal{B}(\mathbb{R})$中集合称为$\mathbb{R}$ 上的Borel集. 若$\Omega=\bar{\mathbb{R}}$, $\bar{\mathbb{R}}$中的左开右闭区间定义为$(a,b],-\infty\leqslant a\leqslant b\leqslant\infty,[-\infty,c],-\leqslant c\leqslant\infty$), 以$\mathcal{F}_0$ 记全体不相交的左开右闭区间的有限并构成的集族, 以$\mathcal{B}(\bar{\mathbb{R}})$ 记由$\bar{\mathcal{F}}_0$ 生成的$\bar{\mathbb{R}}$ 上的σ代数, 并称之为$\bar{\mathbb{R}}$上的Borel σ代数.

定义1.2.4 设$\mathcal{F}$ 是Ω上的一个代数, $\mu:\mathcal{F}\to\bar{\mathbb{R}}$ 为一个集函数, 若$\mu(\varnothing)=0$且当$A_i\in\mathcal{F}$, $i\in I$, I是$\mathbb{N}$的有限子集时, $\mu\left(\bigcup\limits_{i\in I}A_i\right)=\sum\limits_{i\in I}\mu(A_i)$, 则称$\mu$ 是有限可加集函数; 若$A_i\in\mathcal{F}$, $i=1,2,\cdots$, $\mu\left(\bigcup\limits_i A_i\right)=\sum\limits_i\mu(A_i)$, 其中$\bigcup\limits_i A_i\in\mathcal{F}$, 则称$\mu$是一个可数可加集函数; 若$\mu$是非负的可数可加集函数, 则称$\mu$ 为一个测度. 特别地, 若$\mu(\Omega)=1$, 则称μ是一个概率测度. 若$\mathcal{F}$是Ω 上的一个σ代数, μ 是$\mathcal{F}$ 上的一个测度, 称$(\Omega,\mathcal{F},\mu)$ 为一个测度空间, 若μ 为概率测度, 则称之为概率空间.

例1.2.2 取Ω 为任意集合, 令$\mathcal{F}$ 由Ω的一切子集构成, $\forall A\in\mathcal{F}$. 若A中有n个元素,则定义$\mu(A)=n$, 若A中有无穷多个元素, 则定义$\mu(A)=\infty$, μ 是$\mathcal{F}$ 上的一个测度, 称为计数测度. 若$\Omega=\{x_1,x_2,\cdots\}$, $\mathcal{F}$ 仍由Ω 的一切子集构成, 取 $p_i\geqslant 0,i=1,2,\cdots$且$\sum\limits_i p_i=1$, 定义 $\mu(A)=\sum\limits_{x_i\in A}p_i$, 则 μ 是$\mathcal{F}$ 上一个概率测度.

定理1.2.3 设μ 是代数$\mathcal{F}$ 上的有限可加集函数, 则

(a) $\mu(A\cup B)+\mu(A\cap B)=\mu(A)+\mu(B),\forall A,B\in\mathcal{F}$;

(b) $\forall A,B\in\mathcal{F},B\subset A$, 则$\mu(A)=\mu(B)+\mu(A+B)$;

(c) 若μ 非负, 则$\mu\left(\bigcup\limits_{i=1}^n A_i\right)\leqslant\sum\limits_{i=1}^n\mu(A_i)$, $A_1,\cdots,A_n\in\mathcal{F}$.

证明 请读者自己证明.

定理1.2.4 设μ 是σ 代数$\mathcal{F}$上的一个可数可加集函数.

(a) 若$A_n\in\mathcal{F},n\geqslant 1$且$A_n\uparrow A$, 则$\mu(A_n)\to\mu(A)$, 当$n\to\infty$时;

(b) 若$A_n\in\mathcal{F},n\geqslant 1,A_n\downarrow A$ 且$\mu(A_1)$ 有限, 则$\mu(A_n)\to\mu(A)$, 当$n\to\infty$时.

证明 (a) 若存在n_0 使$\mu(A_{n_0})=\infty$, 则对任意的$k>n_0$,总有

$$\mu(A_k)=\mu(A_{n_0})+\mu(A_k-A_{n_0})=\infty,\quad \mu(A)=\mu(A_{n_0})+\mu(A-A_{n_0})=\infty,$$

此时(a)成立. 类似地, 若存在n_0 使$\mu(A_{n_0})=-\infty$, (a)亦真. 现设$|\mu(A_n)|<\infty,n\geqslant 1$. 注意

$$A=A_1\cup(A_2-A_1)\cup(A_3-A_2)\cup\cdots\cup(A_n-A_{n-1})\cup\cdots,$$

故由可数可加性得

$$\mu(A)=\mu(A_1)+\sum_{n\geqslant 1}\mu(A_{n+1}-A_n)=\lim_n\mu(A_n).$$

(a) 得证.

(b)因为$A_n\downarrow A$, 故$(A_1-A_n)\uparrow(A_1-A)$, 由(a) 及$\mu(A_1)$ 的有限性立得(b).

注1.2.8 性质(a)称为可数可加集函数的下连续性, 性质(b)则称为上连续性(不必加条件$\mu(A_1)$有限).

定理1.2.5 设μ是代数$\mathcal{F}$上的有限可加集函数.

(a) 若 μ在每个$A\in\mathcal{F}$是下连续的, 那么 μ在$\mathcal{F}$上是可数可加的;

(b) 设 μ在空集是上连续的, 那么 μ在$\mathcal{F}$上是可数可加的.

证明 (a) 设$A_n,n\geqslant 1$是$\mathcal{F}$ 中的一个两两不交的集合序列且$A=\bigcup\limits_n A_n\in\mathcal{F}$. 令$B_n=\bigcup\limits_{i=1}^n A_i$, 则$B_n\uparrow A$. 由假设$\mu(B_n)\to\mu(A)$, 但$\mu(B_n)=\sum\limits_{i=1}^n\mu(A_i)\to\sum\limits_{i=1}^\infty\mu(A_i)$. (a)得证.

(b) 设$A_n,n\geqslant 1$满足(a)中的条件. B_n,A如(a)所定义. 根据定理1.2.3,有$\mu(A)=\mu(B_n)+\mu(A-B_n)$, 但$A-B_n\downarrow\varnothing$, 故由假设, $\mu(A-B_n)\downarrow\varnothing$,于是$\mu(B_n)=\sum\limits_{i=1}^n\mu(A_i)\to\mu(A)$. (b)得证. 定理证毕.

1.3 测度的扩张

本节主要介绍Carathéodory的测度扩张定理, 其证明步骤主要依据文献[1].

考虑$\mathbb{R}$的一个左开右闭区间A, 其左端点为a, 右端点为b, $a\leqslant b$, 定义$\mu(A)=b-a$. μ可以扩张到由全体互不相交的左开右闭区间的有限并构成的集族$\mathcal{F}_0$上: $\mu(A)=\sum\limits_{i=1}^n\mu(A_i), A\in\mathcal{F}_n$, $A_1,\cdots,A_n$是互不相交的$\mathbb{R}$中的左开右闭区间. 我们知道, $\mathcal{F}_0$ 是代数, 但不是σ代数. 是否存在$\sigma(\mathcal{F}_0)$ 上的一个测度μ^*满足$\mu^*(A)=\mu(A), A\in\mathcal{F}_0$? 根据将要证明的测度扩张定理, 答案是肯定的.

引理1.3.1 设 $\mathcal{F}_0$是Ω上的一个代数, P是$\mathcal{F}_0$ 上的一个概率测度. 若$A_i,A_i'\in\mathcal{F}_0, i=1,2,\cdots$且$A_i\uparrow A, A_i'\uparrow A', A\subset A'$, 则

$$\lim_{n\to\infty}P(A_n)\leqslant\lim_{n\to\infty}P(A_n').$$

证明 固定m, $A_m\cap A_n'\uparrow A_m\cap A'=A_m, n\to\infty$. 因此据定理1.2.4,

$$\lim_{n\to\infty}P(A_m\cap A_n')=P(A_m).$$

但$P(A_m\cap A_m')\leqslant P(A_n')$, 故

$$P(A_m)=\lim_{n\to\infty}P(A_m\cap A_n')\leqslant\lim_{n\to\infty}P(A_n').$$

在上式中令m趋向于正无穷大, 则可证得该引理.

引理1.3.2 设P是代数$\mathcal{F}_0$上的概率测度. $\mathcal{G}$是由$\mathcal{F}_0$ 中的单调上升序列的极限构成的集族. 定义μ如下:

若$A_n \in \mathcal{F}_0, A_n \uparrow A$, 则$\mu(A) = \lim\limits_{n\to\infty} P(A_n)$.

总有

(a) $\varnothing \in \mathcal{G}$ 且$\mu(\varnothing) = 0, \Omega \in \mathcal{G}$且$\mu(\Omega) = 1$, 对任意的$A \in \mathcal{G}$, $0 \leqslant \mu(A) \leqslant 1$;

(b) 任取G_1, $G_2 = \mathcal{G}$, 则$G_1 \cup G_2$, $G_1 \cap G_2 \in \mathcal{G}$且

$$\mu(G_1 \cup G_2) + \mu(G_1 \cap G_2) = \mu(G_1) + \mu(G_2);$$

(c) 若$G_1, G_2 \in \mathcal{G}$且$G_1 \subset G_2$, 则$\mu(G_1) \leqslant \mu(G_2)$;

(d) 若$G_n \in \mathcal{G}$, $n \geqslant 1$, $G_n \uparrow G$, 则$G \in \mathcal{G}$且$\mu(G_n) \to \mu(G)$.

证明 首先指出, μ的定义是有意义的且在$\mathcal{F}_0$上$\mu = P$.

(a) 由于μ在$\mathcal{F}_0$与P相等, 故(a)成立.

(b) 令$A_{n,1}$, $A_{n,2} \in \mathcal{F}_0$ 且$A_{n,i} \uparrow G_i$, $i = 1, 2$. 由于

$$P(A_{n,1} \cup A_{n,2}) + P(A_{n,1} \cap A_{n,2}) = P(A_{n,1}) + P(A_{n,2}),$$

故用μ的定义立得(b).

(c) 由引理1.3.1立得(c).

(d) 事实上, 对每个$G_n \in \mathcal{G}$ 总能找到$B_{n,m} \in \mathcal{F}_0$使$B_{n,m} \uparrow G_n$, 取$D_m = B_{1,m} \cup B_{2,m} \cup \cdots \cup B_{m,m}$, 则$D_m \in \mathcal{F}_0$ 且是单调上升的. 但

$$B_{n,m} \subset D_m \subset G_m, \quad n \leqslant m. \tag{1.3.1}$$

因此,

$$P(B_{n,m}) \leqslant P(D_m) \leqslant \mu(D_m) \leqslant \mu(D_m). \tag{1.3.2}$$

在式(1.3.1)中令$m \to \infty$, 则有$G_n \subset \bigcup\limits_m D_m \subset G$, 这意味着$D_m \uparrow G$, 故$G \in \mathcal{G}$且$\mu(G) = \lim\limits_{m\to\infty} P(D_m)$. 在式(1.3.2)中令$m \to \infty$, 则$\mu(G_n) \leqslant \lim\limits_{m\to\infty} P(D_m) \leqslant \lim\limits_{m\to\infty} \mu(G_m)$, 总之, $\mu(G) = \lim\limits_{n\to\infty} \mu(G_n)$. (d)得证.

现在将上述集函数μ扩张到Ω上全体子集构成的σ代数$\mathcal{E}$上, 但μ在$\mathcal{E}$上不一定可数可加.

引理1.3.3 设μ与$\mathcal{G}$上满足引理1.3.2(a)~(d). 定义

$$\mu^*(A) = \inf\{\mu(G) : G \supset A, G \in \mathcal{G}\}, \quad \forall A \in \mathcal{E},$$

则有

(a) 在$\mathcal{G}$上, $\mu^* = \mu; \forall A \in \mathcal{E}, 0 \leqslant \mu^*(A) \leqslant 1$;

(b) 若$\mu^*(A\cup B)+\mu^*(A\cap B)\leqslant\mu^*(A)+\mu^*(B)$,特别地,

$$\mu^*(A)+\mu^*(A^{\mathrm{c}})\geqslant 1,\quad \forall A,B\in\mathcal{E};$$

(c) 若$A\subset B$, 则$\mu^*(A)\leqslant\mu^*(B)$;

(d) 若$A_n\uparrow A$, 则$\mu^*(A_n)\to\mu^*(A)$.

证明 (a) 由μ^*的定义及引理1.3.2(a)立得(a).

(b) 任给$\varepsilon>0$, 选取E, $F\in\mathcal{G}$使$E\subset A$, $F\subset B$且

$$\mu(E)\leqslant\mu^*(A)+\frac{\varepsilon}{2},\quad \mu(F)\leqslant\mu^*(B)+\frac{\varepsilon}{2},$$

根据引理1.3.2(b)有

$$\begin{aligned}\mu^*(A)+\mu^*(B)+\varepsilon &\geqslant\mu(E)+\mu(F)=\mu(E\cup F)+\mu(E\cap F)\\ &\geqslant\mu^*(A\cup B)+\mu^*(A\cap B),\end{aligned}$$

由ε的任意性立得(b).

(c) 由μ^*的定义可得(c).

(d) 由(c)知$\lim\limits_{n\to\infty}\mu^*(A)$存在且$\mu^*(A)\geqslant\lim\limits_{n\to\infty}\mu^*(A_n)$. 任给$\varepsilon>0$, 对每个$n\geqslant 1$选取$G_n\in\mathcal{G}$, $G_n\supset A_n$且

$$\mu(G_n)\leqslant\mu^*(A_n)+\varepsilon 2^{-n}.$$

由于$A=\bigcup\limits_n A_n\subset\bigcup\limits_n G_n\in\mathcal{G}$, 所以根据引理1.3.2有

$$\mu^*(A)\leqslant\mu^*\left(\bigcup_n G_n\right)=\mu\left(\bigcup_n G_n\right)=\lim_{k\to\infty}\mu\left(\bigcup_{n=1}^k G_n\right).\tag{1.3.3}$$

若能证

$$\mu\left(\bigcup_{n=1}^k G_n\right)\leqslant\mu^*(A_k)+\varepsilon\sum_{n=1}^k 2^{-n},\tag{1.3.4}$$

则由(1.3.3)和(1.3.4)可马上推出(d). 现在用归纳法证明式(1.3.4). 当$k=1$时, 像前面一样可适当选取G_1使(1.3.4)成立. 假设对某个$k\geqslant 1$, (1.3.4)成立, 用引理1.3.2(b),

$$\mu\left(\bigcup_{n=1}^{k+1} G_n\right)=\mu\left(\bigcup_{n=1}^k G_n\right)+\mu(G_{k+1})-\mu\left(\left(\bigcup_{n=1}^k G_n\right)\cap G_{k+1}\right),$$

但

$$\left(\bigcup_{n=1}^k G_n\right)\cap G_{k+1}\supset A_k\cap A_{k+1}=A_k,$$

所以由归纳假设得

$$\mu\left(\bigcup_{n=1}^{k+1} G_n\right) \leqslant \mu^*(A_k) + \varepsilon\sum_{n=1}^{k} 2^{-n} + \mu^*(A_{k+1}) + \varepsilon 2^{-(k+1)} - \mu^*(A_k)$$
$$\leqslant \mu^*(A_{k+1}) + \varepsilon\sum_{n=1}^{k} 2^{-n},$$

(1.3.4)对一切k均成立. 引理证毕.

定义1.3.1 满足下列条件的Ω全体子集上的非负广义实值集函数λ称为外测度:

(a) $\lambda(\varnothing) = 0$;

(b) $A \subset B$, 则$\lambda(A) \leqslant \lambda(B)$;

(c) $\lambda\left(\bigcup_n A_n\right) \leqslant \sum_\nu \lambda(A_n)$.

注1.3.1 可以验证,引理1.3.3中的μ^*是一个外测度.

定理1.3.1 在引理1.3.3的假设下, 令

$$\mathcal{H} = \{H \subset \Omega : \mu^*(H) + \mu^*(H^c) = 1\}, \quad \mu^*\text{如引理1.3.3所定义},$$

则$\mathcal{H}$为一个σ代数且μ^*是$\mathcal{H}$ 上的一个概率测度.

证明 首先证明$\mathcal{H}$是一个代数且μ^*在$\mathcal{H}$上是有限可加的.

由$\mathcal{H}$的定义知, $\mathcal{H}$ 对集合的补运算是封闭的. 根据引理1.3.2(a)及引理1.3.3(a)知, $\mu^*(\Omega) = \mu(\Omega) = 1$, $\mu^*(\varnothing) = \mu(\varnothing) = 0$, 故$\varnothing$, $\Omega \in \mathcal{H}$. 任取$H_1, H_2 \subset \Omega$, 由引理1.3.3(b)得

$$\mu^*(H_1 \cup H_2) + \mu^*(H_1 \cap H_2) \leqslant \mu^*(H_1) + \mu^*(H_2) \tag{1.3.5}$$

且

$$\mu^*((H_1 \cup H_2)^c) + \mu^*((H_1 \cap H_2)^c) \leqslant \mu^*(H_1^c) + \mu^*(H_2^c). \tag{1.3.6}$$

若$H_1, H_2 \in \mathcal{H}$,则(1.3.5)与(1.3.6)推出

$$[\mu^*(H_1 \cup H_2) + \mu^*((H_1 \cup H_2)^c)] + [\mu^*(H_1 \cap H_2) + \mu^*((H_1 \cap H_2)^c)] \leqslant 2,$$

但根据引理1.3.3(b),

$$\mu^*(H_1 \cup H_2) + \mu^*((H_1 \cup H_2)^c) \geqslant 1, \quad \mu^*(H_1 \cap H_2) + \mu^*((H_1 \cap H_2)^c) \geqslant 1,$$

故必有

$$\mu^*(H_1 \cup H_2) + \mu^*((H_1 \cup H_2)^c) = 1, \quad \mu^*(H_1 \cap H_2) + \mu^*((H_1 \cap H_2)^c) = 1. \tag{1.3.7}$$

式(1.3.7)表明$H_1 \cup H_2 \in \mathcal{H}$, 不仅如此, 由式(1.3.7)推出式(1.3.5)中等式必成立, 因此$\mathcal{H}$是一个代数, 而且μ^*在$\mathcal{H}$上具有有限可加性.

设$H_n \in \mathcal{H}$, $H_n \uparrow H$, 若能证$H \in \mathcal{H}$且$\lim\limits_{n\to\infty} \mu^*(H_n) = \mu^*(H)$, 则由前面的结果知$\mathcal{H}$为一个$\sigma$ 代数且μ^*在$\mathcal{H}$是可数可加的, 从而μ^*是$\mathcal{H}$上的一个测度. 事实上, 根据引理1.3.3(b)有

$$\mu^*(H) + \mu^*(H^c) \geqslant 1, \tag{1.3.8}$$

但引理1.3.3(d)又说明

$$\mu^*(H) = \lim_{n\to\infty} \mu^*(H_n), \tag{1.3.9}$$

故对任意的$\varepsilon > 0$, 当n充分大时,

$$\mu^*(H) \leqslant \mu^*(H_n) + \varepsilon,$$

又$\mu^*(H^c) \leqslant \mu^*(H_n^c)$, 于是

$$\mu^*(H) + \mu^*(H^c) \leqslant \mu^*(H_n) + \varepsilon + \mu^*(H_n^c) = 1 + \varepsilon.$$

由ε的任意性及式(1.3.8)得$H \in \mathcal{H}$, 故$\mathcal{H}$是σ代数, 根据(1.3.9)知μ^*在$\mathcal{H}$上是可数可加的, 注意到$\mu^*(\Omega) = 1$, 故μ^*是$\mathcal{H}$上的概率测度. 定理证毕.

定义1.3.2 设$\mathcal{F}$是Ω上的一个σ代数, 称$(\Omega, \mathcal{F})$为一个可测空间. 若μ是$(\Omega, \mathcal{F})$上的一个测度, 则称$(\Omega, \mathcal{F}, \mu)$ 为一个测度空间. 若μ还满足: 任取$A \in \mathcal{F}$, 只要$\mu(A) = 0$, 则A的所有子集均属于$\mathcal{F}$, 则称$(\Omega, \mathcal{F}_\mu, \mu)$为完备测度空间. 对$\mathcal{F}$上任一测度$\nu$, 记

$$\mathcal{F}_\nu = \{A \cup B : A \in \mathcal{F}, B \subset N, N \in \mathcal{F}, \nu(N) = 0\},$$

称$(\Omega, \mathcal{F}_\nu, \nu)$为原测度空间的完备化, 此时$\nu$由$\mathcal{F}$扩张到$\mathcal{F}_\nu$上, 仍记为$\nu$. 任取$C \in \mathcal{F}_\nu$, 必有$A \in \mathcal{F}$, $N \in \mathcal{F}, B \subset N, \nu(N) = 0$, 使$C = A \cup B$, 扩张后的$\nu$满足$\nu(C) = \nu(A)$.

由引理1.3.1~引理1.3.3和定理1.3.1马上可以得到如下定理:

定理1.3.2 代数$\mathcal{F}_0$上的有限测度可以扩张为$\sigma(\mathcal{F}_0)$ 上的有限测度.

定义1.3.3 称σ代数$\mathcal{F}$上的测度μ是完备的当且仅当若$A \in \mathcal{F}$, $\mu(A) = 0$, 则A的任一子集均在$\mathcal{F}$内, 此时称$(\Omega, \mathcal{F}, \mu)$为完备测度空间. 若$(\Omega, \mathcal{F}, \mu)$为一个测度空间, 则称$(\Omega, \mathcal{F}_\mu, \mu)$为其完备化, 其中 $\mathcal{F}_\mu = \{A \cup B : A \in \mathcal{F}, B \subset N, N \in \mathcal{F}, \mu(N) = 0\}$, μ则按如下定义扩张到$\mathcal{F}_\mu$上, 扩张后仍记为μ : $\mu(A \cup B) = \mu(A)$, 任取$A \in \mathcal{F}$, $B \subset N, N \in \mathcal{F}, \mu(N) = 0$.

定理1.3.3 沿用引理1.3.1~引理1.3.3和定理1.3.1的符号. $(\Omega, \mathcal{H}, \mu^*)$是$(\Omega, \sigma(\mathcal{F}_0), \mu^*)$ 的完备化.

证明 令$\mathcal{F} = \sigma(\mathcal{F}_0)$, 往证$\mathcal{H} = \mathcal{F}_{\mu^*}$.

先证$\mathcal{H}\subset\mathcal{F}_{\mu^*}$.$\forall A\in\mathcal{H}$, 则$A^c\in\mathcal{H}$, 由$\mu^*$定义知存在$G_n, G_n'\in\mathcal{H}$使$G_n\subset A\subset G_n'$, $\mu^*(A)=\lim\limits_{n\to\infty}\mu^*(G_n)$且$\mu^*(A)=\lim\limits_{n\to\infty}\mu^*(G_n')$. 取$G=\bigcup\limits_n G_n, G'=\bigcap\limits_n G_n'$, 则$A=G\cup(A-G)$, 其中$G\in\mathcal{F}$, $A-G\subset G'-G\in\mathcal{F}$, 但

$$\mu^*(G'-G)\leqslant\mu^*(G_n'-G_n)\to 0,\quad n\to\infty,$$

故$A\in\mathcal{F}_{\mu^*}$, 此即$\mathcal{H}\subset\mathcal{F}_{\mu^*}$.

反之,$\forall B\in\mathcal{F}_{\mu^*}$, 则$B=C\cup N$, $C\in\mathcal{F}$, $N\subset M\in\mathcal{F}$, $\mu^*(M)=0$, 因为$\mathcal{F}\subset\mathcal{H}$, 故$A\in\mathcal{H}$, 又由$\mathcal{H}$的定义知$(\Omega,\mathcal{H},\mu^*)$是完备测度空间, 故$N\in\mathcal{H}$, 从而$B\in\mathcal{H}$. 定理证毕.

定理1.3.4(Carathéodory测度扩张定理) 设$\mathcal{F}_0$是Ω上的一个代数, μ 是$\mathcal{F}_0$上的一个测度且μ在$\mathcal{F}_0$上是σ有限的(即$\Omega=\bigcup\limits_n A_n$, $A_n\in\mathcal{F}_0$, $\mu(A_n)<\infty$), 则μ可唯一地从$\mathcal{F}_0$扩张到$\sigma(\mathcal{F}_0)$上.

证明 根据假设, 可以取两两不交的集合序列$\{A_n, n\geqslant 1\}$, 使$A_n\in\mathcal{F}_0$且$\mu(A_n)<\infty$. $\forall E\in\mathcal{F}_0$, 定义$\mu_n(E)=\mu(E\cap A_n)$, 则$\mu_n$是$\mathcal{F}_0$上的有限测度. 由定理1.3.2知, μ_n在$\sigma(\mathcal{F}_0)$上有一个扩张μ_n^*. 因为$\mu=\sum\limits_n\mu_n$, 故$\mu^*:=\sum\limits_n\mu_n^*$ 是μ的一个扩张, μ^*的可数可加性来自非负的双重级数可交换求和号这一事实.

现假设λ是$\sigma(\mathcal{F}_0)$上的一个测度且在$\mathcal{F}_0$上有$\mu=\lambda$.令$\lambda_n(E)=\lambda(E\cap A_n)$, $\forall E\in\sigma(\mathcal{F}_0)$, 则$\lambda_n$是$\sigma(\mathcal{F}_0)$上的有限测度, 而且在$\mathcal{F}_0$上$\lambda_n=\mu_n=\mu_n^*$.令

$$\mathcal{M}=\{E\in\sigma(\mathcal{F}_0):\lambda_n(E)=\mu_n^*(E)\}.$$

不难验证$\mathcal{M}$ 是包含$\mathcal{F}_0$ 的单调族, 故由定理1.2.2知$\mathcal{M}=\sigma(\mathcal{F}_0)$. 总之在$\sigma(\mathcal{F}_0)$上亦有$\lambda=\mu^*$. 唯一性得证. 定理证毕.

回到本节的开始, 若定义$\mu(A)=b-a, A\in\mathbb{R}$为左开右闭区间, a,b分别为A的左、右端点, 由于$\mathbb{R}=\bigcup\limits_{n=-\infty}^{+\infty}(n,n+1]$, 而$\mu(n,n+1)=1$, 故由测度扩张定理(定理1.3.4)知, 上述$\mu$可唯一地扩张到$\mathcal{B}(\mathbb{R})$上.

定理1.3.5 设$(\Omega,\mathcal{F},\mu)$是一个测度空间,$\mathcal{F}_0$是Ω上的一个代数,且$\mathcal{F}=\sigma(\mathcal{F}_0)$. 假定$\mu$在$\mathcal{F}_0$上是$\sigma$有限的,则$\forall\varepsilon>0$, $\forall A\in\mathcal{F}$ 满足,$\mu(A)<\infty$, 总存在$B\in\mathcal{F}_0$, 使$\mu(A\vartriangle B)<\varepsilon$.

证明 设$\mathcal{G}=\left\{G:G=\bigcup\limits_n G_n, G_n\in\mathcal{F}_0\right\}$. 由定理1.2.4(a) 知道, 当$A\in\mathcal{G}$时, 定理是成立的, 而根据引理1.3.3, 若$\mu$是有限测度, 则对任意的$A\in\mathcal{F}$, 存在$A\in\mathcal{G}$使$\mu(A\vartriangle G)<\varepsilon$, 于是当μ有限时, 定理是成立的.

现设$\Omega=\bigcup\limits_n A_n$, $A_n\in\mathcal{F}_0, A_n$ 两两不交且$\mu(A_n)<\infty$. 定义$\mu_n(A)=\mu(A\cap A_n)$, $A\in\mathcal{F}$, 显然μ_n是$\mathcal{F}$ 上的有限测度. 根据前面的证明, 对每个$A\in\mathcal{F}$, 存在$B_n\in\mathcal{F}_0$使$\mu_n(A\vartriangle B_n)<\varepsilon a^{-n}$. 注意$B_n\cap A_n\in\mathcal{F}_0$. 令$C_n=B_n\cap A_n$, $C=\bigcup\limits_n C_n$. 由

于A_n两两不交,所以$C \cap A^c \cap A_n = C_n \cap A^c \cap A_n$, $C_k^c \cap A_n = A_n$, $k \neq n$, 这意味着$(A \triangle C) \cap A_n = (A \triangle C_n) \cap A_n$, 从而

$$\mu_n(A \triangle C) = \mu((A \triangle C) \cap A_n) = \mu((A \triangle C_n) \cap A_n),$$

但$\mu((A \triangle C_n) \cap A_n) = \mu_n(A \triangle B_n)$, 故

$$\mu(A \triangle C) = \sum_{n\geqslant 1} \mu_n(A \triangle C) = \sum_{n\geqslant 1} \mu_n(A \triangle B_n) < \varepsilon.$$

注意到$\bigcup\limits_{k=1}^{n} C_k - A \uparrow C - A$且$A - \bigcup\limits_{k=1}^{n} C_k \downarrow A - C$, 所以当$A \in \mathcal{F}$, 满足$\mu(A) < \infty$时,有

$$\mu\left(A \triangle \bigcup_{k=1}^{n} C_k\right) \to \mu(A \triangle C), \quad n \to \infty.$$

对前面的$\varepsilon > 0$,取N充分大,令$B = \bigcup\limits_{k=1}^{N} C_k$,则有$B \in \mathcal{F}_0$且$\mu(A \triangle B) < \varepsilon$.定理证毕.

1.4 Lebesgue-Stieltjes 测度

本节以$\mathcal{F}_0(\mathbb{R})(\mathcal{F}_0(\bar{\mathbb{R}}))$记 $\mathbb{R}$ ($\bar{\mathbb{R}}$)上不相交的左开右闭区间的有限并构成的集族. 我们知道, $\mathcal{F}_0(\mathbb{R})$ 与$\mathcal{F}_0(\bar{\mathbb{R}})$ 均为代数.下面将在$\mathcal{B}(\mathbb{R})$上构造一类常用的测度: 从$\mathcal{F}_0(\mathbb{R})$上的集合函数开始, 利用Carathéodory测度扩张定理将其扩张到$\mathcal{B}(\mathbb{R})$上. 具体而言, 设$F : \mathbb{R} \to \mathbb{R}$ 单调上升右连续, 定义$\mu(a, b) = F(b) - F(a)$,先将μ扩张到$\mathcal{F}_0(\mathbb{R})$上成为有限可加函数,再证明$\mu$在$\mathcal{F}_0(\mathbb{R})$ 上可数可加, 最后证明μ可扩张为$\mathcal{B}(\mathbb{R})$ 上的测度.

定义1.4.1 若μ是$\mathcal{B}(\mathbb{R})$ 上的一个测度且$\mu(I) < \infty$, I为任一有界区间, 则称 μ是$\mathbb{R}$ 上的一个Lebesgue-Stieltjes测度. 若$F : \mathbb{R} \to \mathbb{R}$ 单调上升且右连续, 则称F为$\mathbb{R}$ 上的分布函数.

根据分布函数的定义, 立刻得到如下定理:

定理1.4.1 设μ是$\mathbb{R}$上的Lebesgue-Stieltjes测度. 定义F如下: 任意取定$F(0)$, 当$x > 0$时, $F(x) = \mu((0, x]) + F(0)$; 当$x < 0$ 时, $F(x) = F(0) - \mu((x, 0])$, 则F是一个分布函数.

设F是$\mathbb{R}$上的一个分布函数, 将F从$\mathbb{R}$ 扩张到$\bar{\mathbb{R}} = [-\infty, \infty]$如下: 定义$F(\infty) = \lim\limits_{x\to\infty} F(x)$, $F(-\infty) = \lim\limits_{x\to-\infty} F(x)$. 在$\bar{\mathbb{R}}$ 上的左开右闭区间上定义集函数μ:

$$\mu(a, b] = F(b) - F(a),$$

$$\mu(-\infty, b] = \mu[-\infty, b] = F(b) - F(-\infty), \quad a, b \in \bar{\mathbb{R}}, a \leqslant b.$$

若$I_1,\cdots,I_k$是$\bar{\mathbb{R}}$上两两不交的左开右闭区间, 定义

$$\mu\left(\bigcup_{j=1}^{k} I_j\right)=\sum_{j=1}^{k}\mu(I_j),$$

这样, μ扩张到了$\mathcal{F}_0(\bar{\mathbb{R}})$上, 而且由$\mu$的定义知$\mu$在$\mathcal{F}_0(\bar{\mathbb{R}})$ 上是限可加集函数.

引理1.4.1 上述集函数μ在$\mathcal{F}_0(\bar{\mathbb{R}})$上是可数可加的.

证明 先假设$F(\infty)-F(-\infty)<\infty$, 则$\mu$是有限的.

令$A_1,A_2,\cdots$为$\mathcal{F}_0(\bar{\mathbb{R}})$ 中单调下降到$\varnothing$的序列. 根据定理1.2.5, 要证μ的可数可加性, 只需证$\mu(A_n)\to 0$, 当$n\to\infty$ 时. 如果$(a,b]$ 是组成A_n的区间之一, 由F的右连续性有

$$\mu(a',b]=F(b)-F(a')\to F(b)-F(a)=\mu(a,b],\quad a'\to a+$$

($a'\to a+$表示 a'从a的右边趋向于a), 因此对$\forall\varepsilon>0$, $\forall n$, 可找到$B_n\in\mathcal{F}_0(\bar{\mathbb{R}})$ 使得B_n的闭包($\bar{B}_n$) 含于A_n且$\mu(A_n)-\mu(B_n)<\varepsilon 2^{-n}$. 由A_n的选取知$\bigcap\limits_n \bar{B}_n=\varnothing$. 由$\bar{\mathbb{R}}$的紧性又知, 存在$N>0$, 当$n\geqslant N$ 时,

$$\bigcap_{k=1}^{n} B_k=\varnothing.$$

利用μ的有限可加性得

$$\begin{aligned}\mu(A_n)=&\mu\left(A_n-\bigcap_{k=1}^{n}B_k\right)+\mu\left(\bigcap_{k=1}^{n}B_k\right)\\=&\mu\left(A_n-\bigcap_{k=1}^{n}B_k\right)=\mu\left(\bigcup_{k=1}^{n}(A_n-B_k)\right)\\\leqslant&\sum_{k=1}^{n}\mu(A_n-B_k)<\varepsilon,\quad n\geqslant N,\end{aligned}$$

所以$\mu(A_n)\to 0$, 当$n\to\infty$ 时.

现在考虑$F(\infty)-F(-\infty)=\infty$ 的情形. 定义

$$F_n(x)=\begin{cases}F(x), & |x|\leqslant n,\\ F(n), & x>n,\\ F(-n), & x<-n.\end{cases}$$

设μ_n是对应于分布函数F_n的集函数, 则$\mu_n\leqslant\mu$ 且在$\mathcal{F}_0(\bar{\mathbb{R}})$上$\mu_n\to\mu$, 当$n\to\infty$时. 令$C_1,C_2,\cdots$ 是$\mathcal{F}_0(\bar{\mathbb{R}})$ 中一列不相交的集合且$C:=\bigcup\limits_n C_n\in\mathcal{F}_0(\bar{\mathbb{R}})$, 则由$\mu$的有限可加性和单调性,

$$\mu(C)\geqslant\sum_{n\geqslant 1}\mu(C_n).$$

若$\sum\limits_{n\geqslant 1}\mu(C_n)=\infty$, 则引理得证. 若$\sum\limits_{n\geqslant 1}\mu(C_n)<\infty$, 则根据前面的证明有

$$\mu(C)=\lim_{n\to\infty}\mu_n(C)=\lim_{n\to\infty}\sum_{k=1}^{\infty}\mu_n(C_k)$$

且

$$0\leqslant \mu(C)-\sum_{k\geqslant 1}\mu(C_k)=\lim_{n\to\infty}\sum_{k=1}[\mu_n(C_k)-\mu(C_k)]\leqslant 0,$$

此即$\mu(C)=\sum\limits_{k=1}^{\infty}\mu(C_k)$, μ在$\mathcal{F}_0(\bar{\mathbb{R}})$ 具有可数可加性. 引理证毕.

定理1.4.2 设F是$\mathbb{R}$上的分布函数, 令$\mu(\varnothing)=0, \mu(a,b]=F(b)-F(a)$, $a,b\in\mathbb{R}$, $a<b$, 则μ可唯一地扩张为$\mathbb{R}$上的Lebesgue-Stieltjes测度.

证明 根据引理1.4.1可知, 上述μ可扩张为$\mathcal{F}_0(\bar{\mathbb{R}})$上的测度. 令$\mu(a,\infty]=F(\infty)-F(a)$, $\mu(-\infty,b)=F(b)-F(\infty)$, $a,b\in\mathbb{R}$, $\mu(\mathbb{R})=F(\infty)-F(-\infty)$, 对于$\mathbb{R}$ 上有限个不相交的左开右闭区间$I_1,\cdots,I_k$, 令$\mu\left(\bigcup\limits_{i=1}^{k}I_i\right)=\sum\limits_{i=1}^{k}\mu(I_i)$, 这样,$\mu$被扩张到了$\mathcal{F}_0(\mathbb{R})$上.

定义映射$T:\mathcal{F}_0(\bar{\mathbb{R}})\to\mathcal{F}_0(\mathbb{R})$ 如下:

$$T((a,b])=(a,b),\quad a,b\in\mathbb{R}\text{或}a=-\infty,b\in\mathbb{R},$$

$$T((a,\infty])=(a,\infty),\quad a\in\mathbb{R}\text{或}a=-\infty.$$

这是1-1映射且μ值不变, 因此μ在$\mathcal{F}_0(\mathbb{R})$ 上是可数可加的, 又μ在$\mathcal{F}_0(\mathbb{R})$ 上σ 有限, 由定理1.3.4知, μ可唯一地扩张到$\mathcal{B}(\mathbb{R})$上. 因为$\mu(I)<\infty$, I为$\mathbb{R}$的有界区间, 故μ是$\mathbb{R}$上的Lebesgue-Stieltjes测度. 定理证毕.

注1.4.1 若将只有常数之差的分布函数看成是相同的, 则根据定理1.4.1和定理1.4.2可知$\mathbb{R}$上的Lebesgue-Stieltjes测度与分布函数相互唯一决定.

注1.4.2 若F为分布函数, μ为对应的Lebesgue-Stieltjes测度, 则

$$\mu(a,b]=F(b)-F(a),\quad \mu[a,b]=F(b)-F(a-),$$

$$\mu(a,b)=F(b-)-F(a),\quad \mu[a,b)=F(b-)-F(a-),\quad a,b\in\mathbb{R},a<b.$$

注1.4.3 $\mathbb{R}$ 上的分布函数F在点x连续等价于F对应的Lebesgue-Stieltjes测度满足$\mu(\{x\})=0$.

设$F(x)=x+c$, c 是某个常数, 记对应于F的Lebesgue-Stieltjes测度为μ, $[\mathcal{B}(\mathbb{R})]_\mu$为$\mathcal{L}(\mathbb{R})$. $\mathcal{L}(\mathbb{R})$ 中每个集合称为Lebesgue可测集, μ 在$\mathcal{L}(\mathbb{R})$ 上的扩张称为$\mathbb{R}$ 上的Lebesgue测度, 记为$\mathcal{L}$.

Lebesgue测度和Lebesgue可测通常还可以用如下方法引入:

任取有界开区间(a,b),定义$m(a,b)=b-a$,任取一个有界开集$G=\bigcup\limits_{i\in I}(a_i,b_i)$, $(a_i,b_i)\cap(a_j,b_j)=\varnothing$, $i\neq j, I\subset\mathbb{N}$, 定义$m(G)=\sum\limits_{i\in I}(b_i-a_i)$. 对任一有界闭集$F$, 若$[a,b]$ 是包含F的最小闭区间, 则定义$m(F)=b-a-m([a,b]-F)$. 若J为有限集, $F=\bigcup\limits_{i\in J}F_i$, $F_i\cap F_j=\varnothing$, $i\neq j$, 每个F_i均为有界闭集, 则定义$m(F)=\sum\limits_{i\in J}m(F_i)$. 对任一有界集$A\subset\mathbb{R}$, 定义

$$m^*(A)=\inf\{m(G):G\supset A, G\text{是开集}\}$$

和

$$m_*(A)=\sup\{m(F):F\subset A, F\text{是闭集}\}.$$

若$m^*(A)=m_*(A)$ 则记其共同值为$m(A)$, 此时可称A是m可测的. 可以证明$m(A)=\mathcal{L}(A)$, 而且m可测集即是上述Lebesgue可测集, 见文献[2].

下面介绍$\mathbb{R}^n$ 上的Lebesgue-Stieltjes测度与分布函数以及它们之间的关系.

设$\boldsymbol{a}=(a_1,\cdots,a_n)$, $\boldsymbol{b}=(b_1,\cdots,b_n)\in\mathbb{R}^n$, 由全体$(\boldsymbol{a},\boldsymbol{b}]$ 生成的Borel σ 代数记为$\mathcal{B}(\mathbb{R}^n)$.

定义1.4.2 称$\mathcal{B}(\mathbb{R}^n)$ 上的测度μ为Lebesgue-Stieltjes测度, 如果对任意$\mathbb{R}^n$ 中的有界区间I, $\mu(I)<\infty$. 称$F:\mathbb{R}^n\to\mathbb{R}$为分布函数, 如果$F$右连续且$F(\boldsymbol{a},\boldsymbol{b})\geqslant 0, \boldsymbol{a},\boldsymbol{b}\in\mathbb{R}^n$, 其中

$$\begin{aligned}F(\boldsymbol{a},\boldsymbol{b}] &=\Delta_{b_1a_1}\cdots\Delta_{b_na_n}F(x_1,\cdots,x_n),\\ \Delta_{b_ia_i}F(x_1,\cdots,x_n) &=F(x_1,\cdots,x_{i-1},b_i,x_{i+1},\cdots,x_n)\\ &\quad -F(x_1,\cdots,x_{i-1},a_i,x_{i+1},\cdots,x_n).\end{aligned}$$

定理1.4.3 设μ是$\mathcal{B}(\mathbb{R}^n)$ 上的有限测度. 定义

$$F(\boldsymbol{x})=\mu(-\infty,\boldsymbol{x})=\mu\{\boldsymbol{y}:y_i\leqslant x_i, i=1,2,\cdots,n\},\quad \boldsymbol{x}=(x_1,\cdots,x_n)\in\mathbb{R}^n.$$

任取$\boldsymbol{a}\leqslant\boldsymbol{b}$, 则有

$$\begin{aligned}\mu(\boldsymbol{a},\boldsymbol{b}] &=\Delta_{b_ia_i}\cdots\Delta_{b_na_n}F(x_1,\cdots,x_n)\\ &=F_0-F_1+F_2-F_3+\cdots+(-1)^nF_n,\end{aligned}\tag{1.4.1}$$

其中F_i由$\begin{pmatrix}n\\i\end{pmatrix}$ 项$F(c_1,\cdots,c_n)$ 组成, $c_1,\cdots,c_n$ 中恰有i个是$\{a_1,\cdots,a_n\}$ 中的元素, 有$n-i$ 个是$\{b_1,\cdots,b_n\}$ 中的元素.

证明 由定义

$$\begin{aligned}\Delta_{b_na_n}F(x_1,\cdots,x_n) &=F(x_1,\cdots,x_{n-1},b_n)-F(x_1,\cdots,x_{n-1},a_n)\\ &=\mu\{\boldsymbol{y}:y_1\leqslant x_1,\cdots,y_{n-1}\leqslant x_{n-1},a_n<y_n\leqslant b_n\},\end{aligned}$$

于是

$$\begin{aligned}&\Delta_{b_{n-1}a_{n-1}}\Delta_{b_n a_n}F(x_1,\cdots,x_n)\\=&\mu\{\boldsymbol{y}:y_1\leqslant x_1,\cdots,y_{n-2}\leqslant x_{n-2},y_{n-1}\leqslant b_{n-1},a_n<y_n\leqslant b_n\}\\&-\mu\{\boldsymbol{y}:y_1\leqslant x_1,\cdots,y_{n-2}\leqslant x_{n-2},y_{n-1}\leqslant a_{n-1},a_n<y_n\leqslant b_n\}\\=&\mu\{\boldsymbol{y}:y_1\leqslant x_1,\cdots,y_{n-2}\leqslant x_{n-2},a_{n-1}<y_{n-1}\leqslant b_{n-1},a_n<y_n\leqslant b_n\},\end{aligned}$$

继续下去可以得到(1.4.1)中的第一个等式.

$n=2$时, 通过直接计算立得(1.4.1)中第二个等式. 假设$n=k$时, (1.4.1)中第二个等式成立. 设$n=k+1$. 对每个固定的$x_1\in\mathbb{R}$, 以$F_{x_1}(y_1,\cdots,y_k)$记$F(x_1,y_1,\cdots,y_k)$. 于是由前面的假设

$$\begin{aligned}&\Delta_{b_1a_1}\cdots\Delta_{b_{k+1}a_{k+1}}F(x_1,\cdots,x_k,x_{k+1})\\=&\Delta_{b_1a_1}[\Delta_{b_2a_2}\cdots\Delta_{b_{k+1}a_{k+1}}F_{x_1}(x_2,x_3,\cdots,x_{k+1})]\\=&\Delta_{b_1a_1}[(F_{x_1})_0-(F_{x_1})_1+(F_{x_1})_2+\cdots+(-1)^k(F_{x_1})_k]\\=&(F_{b_1})_0-(F_{b_1})_1+\cdots+(-1)^k(F_{b_1})_k\\&-[(F_{a_1})_0-(F_{a_1})_1+\cdots+(-1)^k(F_{a_1})_k]\\=&F_0-F_1+\cdots+(-1)^kF_k+(-1)^{k+1}F_{k+1},\end{aligned}$$

总之, 对任意的正整数n, (1.4.1)中第二个等式是成立的. 证毕.

现在考虑另一方面的问题. 设$F:\mathbb{R}^n\to\mathbb{R}$ 是分布函数, 定义

$$\mu(\boldsymbol{a},\boldsymbol{b}]=F(\boldsymbol{a},\boldsymbol{b}],\quad \boldsymbol{a},\boldsymbol{b}\in\mathbb{R}^n,$$

$F(\boldsymbol{a},\boldsymbol{b}]$ 如定义1.4.2中所定义, 问μ能否扩张为$\mathcal{B}(\mathbb{R}^n)$ 上的Lebesgue-Stieltjes测度.答案是肯定的.

称$I=\prod\limits_{i=1}^{n}I_i$为$\bar{\mathbb{R}}^n$中的左开右闭区间,如果$I_i$是$\bar{\mathbb{R}}$中的左开右闭区间, $1\leqslant i\leqslant n$. 首先将 μ 扩张到 $\mathcal{F}_0(\bar{\mathbb{R}}^n)$ 上, $\mathcal{F}_0(\bar{\mathbb{R}}^n)$ 表示由 $\bar{\mathbb{R}}^n$上全体左开右闭区间生成的代数. 设$\boldsymbol{a}\leqslant\boldsymbol{a}'\leqslant\boldsymbol{b}'\leqslant\boldsymbol{b}$, 则$J=(\boldsymbol{a},\boldsymbol{b}]=\bigcup\limits_{i=1}^{3^n}J_i$, $J_i=\prod\limits_{k=1}^{n}I_{k,i}$, $I_{k,i}$ 是$(a_k,a_k']$, $(a_k,b_k]$, $(b_k',b_k]$中的一个. 通过计算可得$\mu(\boldsymbol{a},\boldsymbol{b}]=\bigcup\limits_{i=1}^{3^n}\mu(J_i)$. 因此$\mu$具有单调上升性质. 若$\boldsymbol{a},\boldsymbol{b}\in\bar{\mathbb{R}}^n-\mathbb{R}^n$, 则定义$F(\boldsymbol{a},\boldsymbol{b}]=\lim\limits_{\substack{a'\downarrow a,\,a'\in\mathbb{R}^n\\ b'\uparrow b,\,b'\in\mathbb{R}^n}}F(\boldsymbol{a}',\boldsymbol{b}']$; 若$\boldsymbol{a}\in\mathbb{R}^n$,$\boldsymbol{b}\in\bar{\mathbb{R}}^n-\mathbb{R}^n$, 则定义$F(\boldsymbol{a},\boldsymbol{b}]=\lim\limits_{b'\uparrow b,b'\in\mathbb{R}^n}F(\boldsymbol{a}',\boldsymbol{b}']$; 若$\boldsymbol{a}\in\mathbb{R}^n$, $\boldsymbol{b}\in\bar{\mathbb{R}}^n-\mathbb{R}^n$, $b\in\mathbb{R}^n$, 则定义$F(\boldsymbol{a},\boldsymbol{b}]=\lim\limits_{a'\downarrow a,a'\in\mathbb{R}^n}F(\boldsymbol{a}',\boldsymbol{b}]$, 由于μ具有单调性, 故上述定义是有意义的. $\forall I\in\mathcal{F}_0(\bar{\mathbb{R}}^n), I=\bigcup\limits_{i=1}^{k}I_i, I_i$是$\bar{\mathbb{R}}^n$ 上的两两不交的左开右闭区间, 定义$\mu(I)=\sum\limits_{i=1}^{k}\mu(I_i)$. 这

样就将集合函数μ扩张到$\mathcal{F}_0(\bar{\mathbb{R}}^n)$ 上. 仿引理1.4.1及定理1.4.2的证明, 可以得到如下结论:

定理1.4.4 设F是$\mathbb{R}^n$ 上一个分布函数, 定义 $\mu(\boldsymbol{a},\boldsymbol{b}] = F(\boldsymbol{a},\boldsymbol{b}], \boldsymbol{a},\boldsymbol{b} \in \mathbb{R}^n, \boldsymbol{a} \leqslant \boldsymbol{b}$, 则$\mu$可唯一地扩张为$\bar{\mathbb{R}}^n$上的 Lebesgue-Stieltjes 测度.

注1.4.4 若$F(x_1,\cdots,x_n) = x_1x_2\cdots x_n$, 则由$F$生成的Lebesgue-Stieltjes测度称为$\mathbb{R}^n$上的Lebesgue测度.

1.5 Hausdorff 测度和填充测度

本节为读者介绍直线$\mathbb{R}$上的Hausdorff 测度和填充测度. Hausdorff 测度的概念最初被Carathéodory[3]引进, 其后, Hausdorff [4]利用这些测度证明康托尔集(Cantor set) 具有分数维数$\log 2/\log 3$. 1919年之后, 得益于A. S. Besicovitch及其学生们的工作, Hausdorff测度的理论有了很大的发展, 有兴趣的读者可以阅读文献[5].

填充测度的概念是Taylor和Tricot[6]提出的. 在这之后, 填充测度如同Hausdorff测度一样被用于随机过程轨道的分形几何性质的研究中.

定义1.5.1 设$\mathcal{G}$ 是Ω 上的一个集合族, $\tau:\mathcal{G}\to\bar{\mathbb{R}}$ 为集函数. 称τ 为$\mathcal{G}$ 上的预测度, 如果

(a) $\varnothing\in\mathcal{G}$;

(b) $0\leqslant\tau(C)\leqslant\infty, \forall C\in\mathcal{G}$;

(c) $\tau(\varnothing)=0$.

定义1.5.2 设C是$\mathbb{R}^n$的一个子集, 称$\sup\{|x-y| : x,y\in C\}$为C的直径, 记作$d(C)$, $|x-y|$ 表示点x与y之间的距离. 总是认为$d(\varnothing)=0$.

下面的定理将说明如何由一个预测度构造一个外测度. 定理的证明采用文献[5]中的方法.

定理1.5.1 设τ是定义在集合族$\mathcal{G}$上的一个预测度.

定义集合函数

$$\mu(E)=\inf\left\{\sum_{i=1}^{\infty}\tau(C_i) : C_i\in\mathcal{G}, \bigcup_{i=1}^{\infty}C_i\supset E\right\},\quad E\subset\Omega,$$

则μ是Ω上的一个外测度.

注1.5.1 对任一集合E,若$\bigcup\limits_{i\in I}C_i\supset E$,则称$\{C_i,i\in I\}$为$E$的一个覆盖.

证明 总假定实数集的空子集的下确界为∞.现在根据定义1.3.1逐条验证μ是一个外测度.

(a) 根据μ的定义知道,

$$\mu(\varnothing)=0;\quad 0\leqslant\mu(E)\leqslant\infty, \forall E\subset\Omega.$$

(b) 任取$E_1, E_2 \subset \Omega, E_1 \subset E_2$, 由于$E_2$的覆盖必为$E_1$的覆盖,故$\mu(E_1) \leqslant \mu(E_2)$.

(c) 设$\{E_i\}$是Ω 的一列子集,往证

$$\mu\left(\bigcup_{i=1}^{\infty} E_i\right) \leqslant \sum_{i=1}^{\infty} \mu(E_i). \tag{1.5.1}$$

易见当$\sum\limits_{i=1}^{\infty} \mu(E_i) = \infty$时, (1.5.1)是成立的. 现假设$\sum\limits_{i=1}^{\infty} \mu(E_i) < \infty$. 于是对每个$i$, $\mu(E_i) < \infty$. 给定$\varepsilon > 0$, 对每个i存在$\mathcal{G}$ 中的一个序列$\{C_j^{(i)}, j \geqslant 1\}$ 使得

$$E_i \subset \bigcup_{j=1}^{\infty} C_j^{(i)} \text{且} \sum_{j=1}^{\infty} \tau(C_j^{(i)}) \leqslant \mu(E_i) + \varepsilon \cdot 2^{-i}.$$

将$\{C_j^{(i)}, i \geqslant 1, j \geqslant 1\}$ 重新排序得到集合列$\{D_k, k \geqslant 1\}$, 显然

$$\bigcup_{k=1}^{\infty} E_k \subset \bigcup_{k=1}^{\infty} D_k, \quad D_k \in G, k = 1, 2, \cdots,$$

而且还有

$$\begin{aligned} \mu\left(\bigcup_{k=1}^{\infty} E_k\right) &\leqslant \sum_{k=1}^{\infty} \tau(D_k) = \sum_{i,j=1}^{\infty} \tau(C_j^{(i)}) \\ &\leqslant \sum_{i=1}^{\infty} [\mu(E_i) + \varepsilon \cdot 2^{-i}] \\ &= \sum_{i=1}^{\infty} \mu(E_i) + \varepsilon. \end{aligned}$$

由ε 的任意性, (1.5.1)得证. 定理证毕.

定理1.5.2 设I是任一指标集. 假定对每个$i \in I, \mu_i$ 是Ω上的外测度, 则

$$\mu(E) := \sup_{i \in I} \mu_i(E)$$

是Ω上的一个外测度.

定理的证明不难, 留给读者作为练习.

定义1.5.3 设μ是Ω上的一个外测度, 称集合E是μ可测的, 如果对任意的$A \subset E$, $B \subset E^{\mathrm{c}}$均有

$$\mu(A \cup B) = \mu(A) + \mu(B).$$

定理1.5.3 设μ是Ω上的一个外测度, 有

(a) 如果$\mu(N) = 0$, 那么N是μ可测的;

(b) 如果E是μ可测的, 则E^{c}一定是μ可测的;

(c) 如果$\{E_i, i \geqslant 1\}$是μ可测的集合序列, 那么$\bigcup_{i=1}^{\infty} E_i$和$\bigcap_{i=1}^{\infty} E_i$一定是$\mu$可测的;

(d) 如果$\{E_i, i \geqslant 1\}$ 是两两不交的μ可测集序列, 则

$$\mu\left(\bigcup_{i=1}^{\infty} E_i\right) = \sum_{i=1}^{\infty} \mu(E_i).$$

证明 由定义1.5.3立得(a)与(b).

(c) 先证: 两个μ可测集之并仍为μ可测. 设E_1, E_2是μ可测的. 任取$A \subset E_1 \cup E_2, B \subset (E_1 \cup E_2)^{\mathrm{c}}$. 由于

$$A \cup B = (A \cap E_1) \cup [(A \cup B) \cap E_1^{\mathrm{c}}],$$

故根据E_1的μ可测性得

$$\mu(A \cup B) = \mu(A \cap E_1) + \mu((A \cup B) \cap E_1^{\mathrm{c}}), \tag{1.5.2}$$

但$(A \cup B) \cap E_1^{\mathrm{c}} = (A \cap E_1^{\mathrm{c}}) \cup B$, $A \cap E_1^{\mathrm{c}} \subset E_2$, $B \subset E_2^{\mathrm{c}}$, 所以

$$\mu((A \cup B) \cap E_1^{\mathrm{c}}) = \mu(A \cap E_1^{\mathrm{c}}) + \mu(B). \tag{1.5.3}$$

注意到$\mu(A \cap E_1) + \mu(A \cap E_1^{\mathrm{c}}) = \mu(A)$, 再用(1.5.2)和(1.5.3)得

$$\mu(A \cup B) = \mu(A) + \mu(B),$$

总之$E_1 \cup E_2$ 是μ可测的.

现任取$\{E_i, i \geqslant 1\}$,每个E_i是μ可测的. 令$E = \bigcup_{i=1}^{\infty} E_i$.事实上, $E = \bigcup_{i=1}^{\infty} F_i$,其中$F_1 = E_1$, $F_i = E_i - \bigcup_{j=1}^{i-1} E_j, i > 1$. 易见$F_i$两两不交. 根据前面的证明知,$F_i$是$\mu$可测的. 下证$E$是$\mu$可测的.

重复前面的证明, 可以得到如下结论: 任意有限个μ可测集之并仍然是μ可测的. 于是$\forall A \subset E$, $B \subset E^{\mathrm{c}}$,

$$\mu(A \cup B) \geqslant \mu\left(\left[A \cap \left(\bigcup_{i=1}^{n} F_i\right)\right] \cup B\right) = \mu\left(A \cap \left(\bigcup_{i=1}^{n} F_i\right)\right) + \mu(B), \tag{1.5.4}$$

但由$F_1, \cdots, F_n$两两不交这一事实可以得到

$$\begin{aligned}
\mu\left(A \cap \left(\bigcup_{i=1}^{n} F_i\right)\right) &= \mu\left(\left[A \cap \left(\bigcup_{i=1}^{n-1} F_i\right)\right] \cup [A \cap F_n]\right) \\
&= \mu\left(A \cap \left(\bigcup_{i=1}^{n-1} F_i\right)\right) + \mu(A \cap F_n) \\
&= \cdots \\
&= \sum_{i=1}^{n} \mu(A \cap F_i).
\end{aligned} \tag{1.5.5}$$

利用(1.5.4)和(1.5.5)并让n趋于正无穷,

$$\mu(A\cup B)\geqslant\sum_{i=1}^{\infty}\mu(A\cap F_i)+\mu(B)\geqslant\mu(A)+\mu(B)\geqslant\mu(A\cup B). \tag{1.5.6}$$

我们证明了$E=\bigcup\limits_{i=1}^{\infty}E_i$ 是μ可测的. 由于$\bigcap\limits_{i=1}^{\infty}E_i=\left(\bigcup\limits_{i=1}^{\infty}E_i^{c}\right)^{c}$, 故当$E_i$ μ可测时, $\bigcap\limits_{i=1}^{\infty}E_i$ 也是μ可测的. 另外, 在(1.5.6)中取$A=E$, $B=\varnothing$, 则得: 当E_i两两不交时,

$$\mu\left(\bigcup_{i=1}^{\infty}E_i\right)=\bigcup_{i=1}^{\infty}\mu(E_i).$$

定理证毕.

注1.5.2 设μ是一个外测度, $\mathcal{F}$是全体μ可测集构成的集族. 由定理1.5.3可知$\mathcal{F}$是一个σ代数, μ在$\mathcal{F}$上可数可加且$(\Omega,\mathcal{F},\mu)$ 是完备的.

下面引入 Hausdorff 测度与填充测试的定义.

定义1.5.4 设φ为一个测度函数, 即$\varphi:(0,\delta)\to(0,\infty),\delta>0,\varphi(0+)=0,\varphi$ 是右连续的. 称集函数

$$\varphi-m(E)=\sup_{\delta>0}\inf\left\{\sum_{i=1}^{\infty}\varphi(d(C_i)):\bigcup_{i}C_i\supset E,d(C_i)\leqslant\delta,i\geqslant1\right\},\quad E\subset\mathbb{R}^n$$

为$\mathbb{R}^n$上的由函数φ产生的 Hausdorff 测度, 其中$d(C_i)$表示C_i的直径.

记

$$\varphi-P(E)=\lim_{\delta\to0}\sup\left\{\sum_{i=1}^{\infty}\varphi(d(B_i)):\{B_i,i\geqslant1\}\in B_\delta\right\}.$$

其中, B_δ是球心在E 中且半径至多为δ 的互不相交的球族. 对$\forall E\subset\mathbb{R}^n$,称集函数

$$\varphi-p(E)=\inf\left\{\sum_{i=1}^{\infty}\varphi-P(E_i):E\subset\bigcup_{i=1}^{\infty}E_i\right\}$$

为$\mathbb{R}^n$上的由测度函数φ 产生的填充测度.

注1.5.3 由定理1.5.1和定理1.5.2知$\varphi-m$是$\mathbb{R}^n$上的外测度, 易见$\varphi-P$是预测度, 故再次用定理1.5.1得$\varphi-p$亦为$\mathbb{R}^n$上的外测度. 由于$\mathbb{R}^n$中任意区间都是$\varphi-m$可测, $\varphi-p$可测, 因此根据定理1.5.3可以知道$\varphi-m$, $\varphi-p$ 在$\mathcal{B}(\mathbb{R}^n)$上均是测度.

注1.5.4 可以证明, 对任意的$E\subset\mathbb{R}^n$, 对任意的测度函数φ, 总有

$$\varphi-m(E)\leqslant\varphi-p(E).$$

1.6 可测函数及其收敛性

假定f是定义在抽象空间Ω上的广义实值函数. 在引进测度的概念之后, 人们自然要考虑如何意义f的积分. 我们知道, 对连续函数可定义其Riemann积分, 现在的问题是: 对哪一类函数可以在抽象空间上定义积分呢? 答案是: 它们应具有"可测性". 可测性的概念或许源自概率论的思想. 设X是$(\Omega, \mathcal{F}, P)$上的一个实值函数, 对某个区间$I=[a,b]$, 常需要计算概率$P(\{\Omega \in \Omega : X(\Omega) \in [a,b]\})$. 注意, P是定义在$\mathcal{F}$上的. 自然地, 我们希望$\{\Omega \in \Omega : X(\Omega) \in [a,b]\} = X^{-1}([a,b]) \in \mathcal{F}$, 如果对任一区间$A$, $X^{-1}(A) \in \mathcal{F}$, 则$X$是可测的. 下面是可测性的严格定义.

定义1.6.1 若$\mathcal{F}$是Ω上的一个σ代数, 则称$(\Omega, \mathcal{F})$为一个可测空间. 设$(\Omega, \mathcal{F}_1)$, $(\Omega_2, \mathcal{F}_2)$ 为两个可测空间, 定义

$$h : \Omega_1 \to \Omega_2,$$

称h关于$\mathcal{F}_1$ 与$\mathcal{F}_2$ 可测, 若$h^{-1}(C) \in \mathcal{F}_1, \forall C \in \mathcal{F}_2$. 记为

$$h : (\Omega_1, \mathcal{F}_1) \to (\Omega_2, \mathcal{F}_2).$$

特别地, 若$h : (\Omega, \mathcal{F}) \to (\mathbb{R}, \mathcal{B}(\mathbb{R}))$ (或$(\mathbb{R}^n, \mathcal{B}(\mathbb{R}^n))$), 则称h是$(\Omega, \mathcal{F})$上的Borel可测函数, 有时也称h是$\mathcal{F}$可测的.

注1.6.1 从$\mathbb{R}^n$到$\mathbb{R}^k$的连续函数是Borel可测的.

注1.6.2 设$h : \Omega_1 \to \Omega_2$, 则$\{A \in \mathcal{F}_2 : h^{-1}(A) \in \mathcal{F}_1\}$和$h^{-1}(\mathcal{F}_2) := \{h^{-1}(A) : A \in \mathcal{F}_2\}$均为$\sigma$代数.

注1.6.3 若$h : \Omega \to \bar{\mathbb{R}}, \mathcal{F}$ 是Ω上的σ代数, 则

$$h\text{是Borel可测的} \Leftrightarrow \forall c \in \mathbb{R}, \{h > c\} \in \mathcal{F}.$$

注1.6.4 示性函数I_A是Borel可测的当且仅当$A \in \mathcal{F}$.

注1.6.5 $\mathbb{R}^n$上的分布函数是Borel可测的.事实上,设F为$\mathbb{R}^n$上的分布函数,定义$\mu(\boldsymbol{a}, \boldsymbol{b}] = F(\boldsymbol{a}, \boldsymbol{b}]$,则$\mu$是$\mathcal{B}(\mathbb{R}^n)$上的Lebesgue-Stieltjes测度. 令μ_k为μ在$[-k,k]^n$上的限制,定义$F_k(\boldsymbol{x}) = \mu_k(-\infty, \boldsymbol{x}]$, 则$F_k$亦为分布函数且$F_k(x)$收敛于$F(x)$. 由于$\{F_k > a\}$是可测集, $a \in \mathbb{R}$, 故F_k 是Borel可测的, 再由下面的定理1.6.1知F是Borel可测的.

定义1.6.2 设$(\Omega, \mathcal{F})$ 为一个可测空间, $h : \Omega \to \bar{\mathbb{R}}$. 称h为简单函数, 如果

$$h(x) = \sum_{i=1}^{n} \alpha_i I_{A_i},$$

其中$A_i \in \mathcal{F}_i, \alpha_i \in \bar{\mathbb{R}}, i = 1, 2, \cdots, n, A_i \cap A_j = \varnothing, i \neq j$.

注1.6.6 简单函数是Borel可测函数.

定理1.6.1 若$h_n:(\Omega,F)\to(\bar{\mathbb{R}},B(\bar{\mathbb{R}}))$, $\lim\limits_{n\to\infty} h_n=h$, 则h也是Borel可测函数.

证明 根据注1.6.3知, 只需证: $\forall c\in\mathbb{R},\{h>c\}\in\mathcal{F}$.

事实上,

$$\begin{aligned}\{\omega\in\Omega:h(\omega)>c\}&=\{\omega\in\Omega:\lim_{n\to\infty}h_n(\omega)>c\}\\&=\left\{\omega\in\Omega:\text{存在}r\in\mathbb{N}\text{使得}n\text{充分大时},h_n(\omega)>c+\frac{1}{r}\right\}\\&=\bigcup_{r=1}^{\infty}\left\{\omega\in\Omega:h_n(\omega)>c+\frac{1}{r},\text{当}n\text{充分大时}\right\}\\&=\bigcup_{r=1}^{\infty}\bigcup_{n=1}^{\infty}\bigcap_{k=n}^{\infty}\left\{\omega\in\Omega:h_k(\Omega)>c+\frac{1}{r}\right\}.\end{aligned}$$

由定理的假设, 对每个$k,r,\{\omega\in\Omega:h_k(\omega)>c+1/r\}\in\mathcal{F}$, 因此$\{\omega\in\Omega:h(\omega)>c\}\in\mathcal{F}$. 总之, h是Borel可测的.

定理1.6.2 (a) 一个非负Borel可测函数h可以表示成一列单调上升的、非负的、实值的简单函数的极限;

(b) 一个Borel可测函数f可以表示成一列实值的简单函数f_n的极限, 而且$|f_n|\leqslant|f|$, $\forall n\in\mathbb{N}$.

证明 (a) 定义

$$h_n(\omega)=\begin{cases}\frac{k-1}{2^n}, & \frac{k-1}{2^n}\leqslant h(\omega)<\frac{k}{2^n},k=1,2,\cdots,n2^n,\\ n, & h(\omega)>n.\end{cases}$$

h_n即为所求. 事实上, $\Omega=\Omega_1\cup\Omega_2$, 其中$\Omega_1=\{\omega\in\Omega:h(\omega)<\infty\},\Omega_2=\Omega_1^{\mathrm{c}}$. $\forall\varepsilon>0$, 存在n_0使$1/2^n<\varepsilon,n\geqslant n_0$. $\forall\omega\in\Omega$, 若$\omega\in\Omega_2$, 则$h_n(\omega)=n\to\infty=h(\omega)$, 若$\omega\in\Omega_1$, 则存在$n_1>n_0$ 使$h(\omega)<n_1$, 对任一$n>n_1$, 存在$1\leqslant k\leqslant 2^n$使

$$\frac{k-1}{2^n}\leqslant h(\omega)<\frac{k}{2^n},$$

从而$|h_n(\omega)-h(\omega)|\leqslant 1/2^n<2/2^{n_0}<\varepsilon$, (a)得证.

(b) 注意$f=f^+-f^-$, 由(a)立得(b).

定理1.6.3 如果h_1,h_2是从Ω 到$\bar{\mathbb{R}}$ 的Borel可测函数, 则h_1+h_2, h_1-h_2, h_1h_2, h_1/h_2 均为Borel可测函数(假定上述表达式总有意义).

证明 令f_{1n},f_{2n}为实值简单函数序列, $f_{1n}\to h_1$, $f_{2n}\to h_2$, 则

$$\begin{aligned}&f_{1n}\pm f_{2n}\to h_1\pm h_2,\\&f_{1n}f_{2n}I_{\{h_1\neq0\}}I_{\{h_2\neq0\}}\to h_1h_2,\\&f_{1n}\left[f_{2n}+\frac{1}{n}I_{\{f_{2n}=0\}}\right]^{-1}\to\frac{h_1}{h_2}.\end{aligned}$$

由定理1.6.2知$h_1 \pm h_2$，$h_1 h_2$，h_1/h_2 均可测. 证毕.

根据定义直接验证可得下述定理:

定理1.6.4 可测变换的复合仍是可测的.

定理1.6.5 设h是从Ω_1到可测空间$(\Omega_1, \mathcal{F}_2)$上的变换, 记$\mathcal{F}_1 = h^{-1}(\mathcal{F}_2)$.又设$f: (\Omega_1, \mathcal{F}_1) \to (\Omega_3, \mathcal{F}_3)$为可测变换, 则存在可测变换$g: (\Omega_2, \mathcal{F}_2) \to (\Omega_3, \mathcal{F}_3)$, 使$f(\omega_1) = g(h(\omega_1)), \forall \omega_1 \in \Omega_1$.

证明 容易验证: 当$f = I_A$，$A \in \mathcal{F}_1$ 时, 结论是成立的. 然后利用定理1.6.1、定理1.6.2可证,对任一可测f, 结论是成立的. 证毕.

下面介绍可测函数的收级性及各收敛性之间的关系.

定义1.6.3 设$(\Omega, \mathcal{F}, \mu)$ 为一个测度空间, $f, f_n (n \geqslant 1)$是定义于Ω上的广义实值Borel可测函数. 称$\{f_n\}$几乎处处收敛于f(记为 $f_n \to f$ a.e.$[\mu]$), 如果存在可测集$\Omega_0 \subset \Omega, \mu(\Omega_0) = 1$, 使得对$\forall \omega \in \Omega_0$,

$$\lim_{n\to\infty} f_n(\omega) = f(\omega);$$

称$\{f_n\}$ 依测度μ收敛于f (记为 $f_n \xrightarrow{\mu} f$), 如果对任意的$\varepsilon > 0$，$M > 0$，总有

$$\lim_{n\to\infty} \mu(\{|f_n - f| \geqslant \varepsilon\} \cap \{|f| < \infty\}) = 0,$$

且

$$\lim_{n\to\infty} \mu(\{|f_n| \leqslant M\} \cap \{|f| < \infty\}) = 0;$$

称$\{f_n\}$ 几乎一致收敛于f, 如果对任意的$\varepsilon > 0$ 存在$E \in \mathcal{F}$，$\mu(E) < \varepsilon$，使f_n在E^c上一致地收敛于f.

注1.6.7 当f, $f_n (n \geqslant 1)$是实值Borel可测函数时, $f_n \to f$ a.e.$[\mu]$等价于对几乎所有的ω，$\{f_n(\omega)\}$ 是Cauchy序列; 而由$f_n \xrightarrow{\mu} f$ 则推出对任意$\varepsilon > 0$，$\lim\limits_{m,n\to\infty} \mu(\{|f_n - f_m| \geqslant \varepsilon\}) = 0$，此时称$\{f_n\}$ 依测度μ为Cauchy序列.

定理1.6.6 设$\{f_n, n \geqslant 1\}$是Borel可测函数列, f_n几乎一致收敛于f, 则f_n几乎处处收敛于f.

证明 对每个正整数n, 取可测集E_n使得$\mu(E_n) < 1/n$ 且f_n在E_n^c 上一致地收敛于f, 令$E = \bigcap\limits_{n=1}^{\infty} E_n$, 则$\mu(E) \leqslant \mu(E_n) \leqslant 1/n$, 从而$\mu(E) = 0$, 易见对每个$\omega \in E^c$, $f_n(\omega)$ 收敛于$f(\omega)$．证毕.

若任取$\varepsilon > 0$, 存在可测集$E, \mu(E) < \varepsilon$, 实值可测函数序列$\{f_n\}$ 在E^c上是一致的Cauchy序列, 则称$\{f_n\}$ 是几乎一致的Cauchy序列. 仿定理1.6.6的方法可证: 一个几乎一致的Cauchy序列. 一定是一个几乎处处的Cauchy序列.

下面的定理常称为Egoroff定理.

定理1.6.7 设μ是$(\Omega, \mathcal{F})$上的有限测度, 又设$\{f_n\}$几乎处处收敛于实值可测函数f, 则$\{f_n\}$ 几乎一致收敛于f.

证明 不妨设$\{f_n\}$ 点点收敛于f, $f_n(\omega)$ 为实数, $\forall \omega\in\Omega$, $\forall_n\in\mathbb{N}$.
令

$$E_{n,m}=\bigcap_{i=n}^{\infty}\left\{\omega\in\Omega:|f_i(\omega)-f(\omega)|<\frac{1}{m}\right\},$$

则对每个m, $E_{n,m}\uparrow\Omega$, $n\to\infty$, 从而$\lim\limits_{n\to\infty}\mu(\Omega-E_{n,m})=0$. 任取$\varepsilon>0$, 对每个$m$取$n(m)$ 使

$$\mu(\Omega-E_{n(m),m})<\frac{\varepsilon}{2^m}.$$

令$F=\bigcup\limits_{m=1}^{\infty}(\Omega-E_{n(m),m})$, 则$\mu(F)\leqslant\sum\limits_{m=1}^{\infty}\mu(\Omega-E_{n(m),m})<\varepsilon$.

注意到$F^{\mathrm{c}}=\bigcap\limits_{m=1}^{\infty}E_{n(m),m}$,因此$\forall m>0,\forall\omega\in F^{\mathrm{c}}$, 当$n\geqslant n(m)$时, 总有$|f_n(\omega)-f(\omega)|<1/m$, 根据定义,$\{f_n\}$几乎一致收敛于f. 证毕.

定理1.6.8 若$\{f_n\}$ 是几乎一致收敛的, 则$\{f_n\}$ 必依测度μ收敛.

证明 设$\{f_n\}$几乎一致收敛于f, 于是任取$\varepsilon>0,\delta>0,M>0$, 存在可测集$E$使$\mu(E)<\delta$, 而且在$E^{\mathrm{c}}\cap\{|f|<\infty\}$上有$|f_n-f|<\varepsilon$, 在$E^{\mathrm{c}}\cap\{|f|=\infty\}$上有$|f_n|\geqslant M$, 当$n\geqslant n_0\geqslant n_0(E)$. 此即$\mu(\{|f_n-f|\geqslant\varepsilon\}\cap\{|f|<\infty\})<\delta$, $\mu(\{|f_n|<M\}\cap\{|f|=\infty\})<\delta$, $\forall n\geqslant n_0$, 故$\{f_n\}$ 依测度μ 收敛. 证毕.

定理1.6.9 设$\{f_n\}$ 是实值可测函数列而且依测度μ是Cauchy序列, 则

(a) 存在子列$\{f_{n_k}\}$为几乎一致Cauchy序列;

(b) 存在可测函数f使$\{f_n\}$依测度μ收敛于f.

证明 (a) 对任意正整数k,存在正整数$n(k)$使得

$$\mu\left(\left\{\omega:|f_n(\omega)-f_m(\omega)|\geqslant\frac{1}{2^k}\right\}\right)<\frac{1}{2^k},\quad m,n\geqslant n(k),$$

取$n_1=n(1),n_2=(n_1+1)\vee n(2),\cdots$, 令

$$E_k=\left\{\omega:|f_{n_k}(\omega)-f_{n_{k+1}}(\omega)|\geqslant\frac{1}{2^k}\right\},$$

则由$\mu\left(\bigcup\limits_{m\geqslant k}E_m\right)<1/2^{k-1}$ 及$|f_{n_i}(\omega)-f_{n_j}(\omega)|<1/2^{i-1}$, $j\geqslant i\geqslant k$, $\omega\in\left(\bigcup\limits_{m\geqslant k}E_m\right)^{\mathrm{c}}$ 知$\{f_{n_k}\}$ 即为所求.

(b) 因为$\{f_{n_k}\}$ 为几乎一致Cauchy序列, 故$\{f_{n_k}\}$ 几乎处处为Cauchy序列, 于是存在可测函数f使$\lim\limits_{k\to\infty}f_{n_k}=f$ a.e.$[\mu]$.$\forall\varepsilon>0$, 由于

$$\begin{aligned}\{\omega:|f_n(\omega)-f(\omega)|\geqslant\ \varepsilon\}\subset&\left\{\omega:|f_n(\omega)-f_{n_k}(\omega)|\geqslant\frac{\varepsilon}{2}\right\}\\&\cup\left\{\omega:|f_{n_k}(\omega)-f(\omega)|\geqslant\frac{\varepsilon}{2}\right\},\end{aligned}$$

因此$f_n \xrightarrow{\mu} f$. 证毕.

根据定理1.6.9及注1.6.7可得

推论1.6.1 若实值可测函数序列$\{f_n\}$ 依测度收敛于实值可测函数f, 则存在子列$\{f_{n_k}\}$ 几乎处处收敛于f.

例1.6.1 (a) 令$\Omega = [0,1], \mathcal{F} = \mathcal{B}([0,1]), \mu = [0,1]$ 上的Lebesgue测度.

定义

$$f_{nm}(x) = \begin{cases} 1, & \frac{m-1}{n} < x \leqslant \frac{m}{n}, m = 1,2,\cdots,n, n = 1,2,\cdots, \\ 0, & \text{其他}, \end{cases}$$

则序列$f_{11}, f_{21}, f_{22}, f_{31}, f_{32}, f_{33}, \cdots$ 依测度μ收敛于0, 但不几乎处处收敛于0, 从而不几乎一致收敛于0. 事实上, $\forall 0 < \varepsilon < 1, \mu(\{|f_{nm}| \geqslant \varepsilon\}) = 1/n, 1 \leqslant m \leqslant n$, 由定义知该序列依测度$\mu$收敛于0, 但对任意$x \in [0,1]$,任意$n \in \mathbb{N}$.存在$n_0 > n$ 及$1 \leqslant m_0 \leqslant n_0$,使$x \in ((m_0-1)/n_0, m_0/n_0]$, 从而$f_{n_0 m_0}(x) = 1$,此即该序列点点不收敛到0.

(b) 令$\Omega = [0,\infty)$, $\mathcal{F} = \mathcal{B}([0,\infty)), \mu$ 为$[0,\infty)$ 上的Lebesgue测度. 定义

$$f_n(x) = \begin{cases} 1, & n \leqslant x \leqslant n + \frac{1}{n}, \\ 0, & \text{其他}. \end{cases}$$

易见$\{f_n\}$ 几乎处处收敛于0, 从而依测度μ收敛于0, 但不是几乎一致地收敛于0. 事实上, 若$\{f_n\}$在A上一致收敛于0且$\mu(A^c) < \varepsilon$,则当$n \geqslant n_0, f_n(x) < 1, \forall x \in A$. 令$A_n = [n, n+1/n]$, 则有$A \cap \bigcup\limits_{k \geqslant n} A_k = \varnothing, n \geqslant n_0$, 此即$A^c \supset \bigcup\limits_{k \geqslant n} A_k$, $n \geqslant n_0$, 但$\mu\left(\bigcup\limits_{k \geqslant n} A_k\right) = \infty$, 矛盾.

1.7 可积函数及积分性质

回忆简单函数定义. 设$(\Omega, \mathcal{F})$为可测空间, $h : \Omega \to \bar{\mathbb{R}}$. 称$h$为简单函数, 如果$h(x) = \sum\limits_{i=1}^{n} \alpha_i I_{A_i}(x)$, 其中$A_i$两两不交, $A_i \in \mathcal{F}$, $\alpha_i \in \bar{\mathbb{R}}$, $i = 1,2,\cdots,n$, $n \in \mathbb{N}$.

注1.7.1 若$h_1(x) = \sum\limits_{i=1}^{n} \alpha_i I_{A_i}(x)$, $h_2(x) = \sum\limits_{i=1}^{m} \beta_i I_{B_i}(x)$为两个简单函数, 当$h_1 + h_2$,$h_1 \cdot h_2$有意义时, 它们亦为简单函数, 而且$h_1 + h_2 = \sum\limits_{i,j} (\alpha_i + \beta_i) I_{A_i} \cap B_j$, $h_1 \cdot h_2 = \sum\limits_{i=1}^{m} \alpha_i \beta_i I_{A_i \cap B_j}$. 易见$h_1 \vee h_2$,$h_1 \wedge h_2$仍是简单函数.

定义1.7.1 如果h是测度空间$(\Omega, \mathcal{F}, \mu)$上的简单函数,不妨设$h(x) = \sum\limits_{i=1}^{n} \alpha_i I_{A_i}(x)$, A_i属于$\mathcal{F}$且两两不交, $\alpha_i \in \bar{\mathbb{R}}$, $i = 1,2,\cdots,n$, 定义h的积分为

$$\int_{\Omega} h \mathrm{d}\mu = \sum_{i=1}^{n} \alpha_i \mu(A_i), \quad \text{当右边有意义时}. \tag{1.7.1}$$

若h是非负的Borel可测函数, 则定义h的积分为

$$\int_\Omega h\mathrm{d}\mu = \sup\left\{\int_\Omega s\mathrm{d}\mu : s\text{为简单函数}, 0 \leqslant s \leqslant h\right\}; \tag{1.7.2}$$

对任意的Borel可测函数h, 定义h的积分为

$$\int_\Omega h\mathrm{d}\mu = \int_\Omega h^+\mathrm{d}\mu - \int_\Omega h^-\mathrm{d}\mu, \quad \text{当右边有意义时}; \tag{1.7.3}$$

若式(1.7.3)的右边是实数, 则称h关于μ可积. 对任一$A \in \mathcal{F}$, 定义

$$\int_\Omega h\mathrm{d}\mu = \int_\Omega hI_A\mathrm{d}\mu. \tag{1.7.4}$$

注1.7.2 设h为非负Borel可测函数, s_n是一列非负的单调上升收敛到h的简单函数列, 则h的积分可表示成

$$\int_\Omega h\mathrm{d}\mu = \lim_{n\to\infty}\int_\Omega s_n\mathrm{d}\mu. \tag{1.7.5}$$

事实上, 根据(1.7.2)有$\int_\Omega h\mathrm{d}\mu \geqslant \lim\limits_{n\to\infty}\int_\Omega s_n\mathrm{d}\mu$. 任取$\varepsilon > 0$, 存在简单函数$r_\varepsilon$满足$0 \leqslant r_\varepsilon \leqslant h$, $\int_\Omega h\mathrm{d}\mu < \int_\Omega r_\varepsilon\mathrm{d}\mu + \varepsilon$. 取$t_n = s_n \vee r_\varepsilon$, 则$\int_\Omega h\mathrm{d}\mu \leqslant \lim\limits_{n\to\infty}\int_\Omega t_n\mathrm{d}\mu + \varepsilon$, 但根据(1.7.1)总有

$$\lim_{n\to\infty}\int_\Omega t_n\mathrm{d}\mu = \lim_{n\to\infty}\int_\Omega s_n\mathrm{d}\mu,$$

故$\int_\Omega h\mathrm{d}\mu = \lim\limits_{n\to\infty}\int_\Omega s_n\mathrm{d}\mu$.

下面定理总结了积分的基本性质.

定理1.7.1 (1) 如果$\int_\Omega h\mathrm{d}\mu$存在且$c \in \mathbb{R}$, 则$\int_\Omega ch\mathrm{d}\mu$存在且等于$c\int_\Omega h\mathrm{d}\mu$;

(2) 设$g \geqslant h$, 若$\int_\Omega h\mathrm{d}\mu$存在且大于$-\infty$, 则$\int_\Omega g\mathrm{d}\mu$存在且$\int_\Omega g\mathrm{d}\mu \geqslant \int_\Omega h\mathrm{d}\mu$; 若$\int_\Omega g\mathrm{d}\mu$存在且小于$\infty$, 则$\int_\Omega h\mathrm{d}\mu$存在且$\int_\Omega g\mathrm{d}\mu \geqslant \int_\Omega h\mathrm{d}\mu$;

(3) 若$\int_\Omega h\mathrm{d}\mu$存在, 则$\left|\int_\Omega g\mathrm{d}\mu\right| \leqslant \int_\Omega |h|\mathrm{d}\mu$;

(4) 若h非负可测, B可测, 则$\int_B h\mathrm{d}\mu = \sup\left\{\int_B s\mathrm{d}\mu : 0 \leqslant s \leqslant h, s\text{为简单函数}\right\}$;

(5) 若$\int_B h\mathrm{d}\mu$存在, 则对每个可测集A, $\int_A h\mathrm{d}\mu$也存在; 若h是可积的, 则$\int_A h\mathrm{d}\mu$也是有限的;

(6) 若$\int\limits_{\Omega} f\mathrm{d}\mu$和$\int\limits_{\Omega} g\mathrm{d}\mu$存在, $f+g$与$\int\limits_{\Omega} f\mathrm{d}\mu+\int\limits_{\Omega} g\mathrm{d}\mu$有意义, 则

$$\int\limits_{\Omega}(f+g)\mathrm{d}\mu=\int\limits_{\Omega} f\mathrm{d}\mu+\int\limits_{\Omega} g\mathrm{d}\mu;$$

(7) h可积等价于$|h|$可积;

(8) 若h可积, g可测且$|g|\leqslant h$, 则g可积;

(9) 若$f=g$ a.e.$[\mu]$, $\int\limits_{\Omega} f\mathrm{d}\mu$存在, 则$\int\limits_{\Omega} g\mathrm{d}\mu$存在且

$$\int\limits_{\Omega} f\mathrm{d}\mu=\int\limits_{\Omega} g\mathrm{d}\mu;$$

(10) 若h可积, 则h a.e.$[\mu]$有限;

(11) 若$h\geqslant 0$, $\int\limits_{\Omega} h\mathrm{d}\mu=0$, 则$h=0$ a.e.$[\mu]$.

注1.7.3　$f=g$ a.e.$[\mu]$指$\{\omega\in\Omega: f(\omega)\neq g(\omega)\}$的$\mu$测度值为零.

证明　(1) 易见当h为简单函数时, (1)是成立的, 再根据(1.7.2), (1.7.3)知, 对任意的Borel可测函数h及任意的$c\in\mathbb{R}$, $\int\limits_{\Omega} ch\mathrm{d}\mu=c\int\limits_{\Omega} h\mathrm{d}\mu$(当积分$\int\limits_{\Omega} h\mathrm{d}\mu$存在时).

(2) 只需证第一部分. 事实上, $\int\limits_{\Omega} h\mathrm{d}\mu$存在且大于$-\infty$意味着, $0\leqslant\int\limits_{\Omega} h^-\mathrm{d}\mu<\infty$, 而$g\geqslant h$, 所以$g^+\geqslant h^+$且$g^-\geqslant h^-$, 进而由(1.7.2)得

$$0\leqslant\int\limits_{\Omega} g^-\mathrm{d}\mu\leqslant\int\limits_{\Omega} h^-\mathrm{d}\mu<\infty,\quad \int\limits_{\Omega} g^+\mathrm{d}\mu\geqslant\int\limits_{\Omega} h^+\mathrm{d}\mu,$$

故$\int\limits_{\Omega} g^+\mathrm{d}\mu$存在且$\int\limits_{\Omega} g\mathrm{d}\mu\geqslant\int\limits_{\Omega} h\mathrm{d}\mu$.

(3) 由于$|h|=h^++h^-$, 故$|h|$是Borel可测的, 又$-|h|\leqslant h\leqslant|h|$, 由(1)及(2)有

$$-\int\limits_{\Omega}|h|\mathrm{d}\mu\leqslant\int\limits_{\Omega} h\mathrm{d}\mu\leqslant\int\limits_{\Omega}|h|\mathrm{d}\mu,$$

立得(3).

(4) 显然

$$\begin{aligned}\sup\left\{\int\limits_{B} s\mathrm{d}\mu: 0\leqslant s\leqslant h, s\text{为简单函数}\right\}&\leqslant\sup\left\{\int\limits_{\Omega} s\mathrm{d}\mu: 0\leqslant s\leqslant hI_B, s\text{为简单函数}\right\}\\&\leqslant\int\limits_{\Omega} hI_B\mathrm{d}\mu=\int\limits_{B} h\mathrm{d}\mu,\end{aligned}$$

但由注1.7.2知: 存在非负简单函数序列$s_n\uparrow h$, 从而$s_nI_B\uparrow hI_B$, 使

$$\lim_{n\to\infty}\int\limits_{\Omega} s_nI_B\mathrm{d}\mu=\int\limits_{\Omega} hI_B\mathrm{d}\mu=\int\limits_{\Omega} h\mathrm{d}\mu,$$

故对任意$\varepsilon>0$, 存在n_0使$\int\limits_B h\mathrm{d}\mu<\int\limits_B s_{n_0}\mathrm{d}\mu+\varepsilon$, 更有

$$\int\limits_B h\mathrm{d}\mu<\sup\left\{\int\limits_B s\mathrm{d}\mu: 0\leqslant s\leqslant h, s\text{为简单函数}\right\}+\varepsilon.$$

(4) 得证.

(5) 只需证第一部分. 因为$\int\limits_\Omega h\mathrm{d}\mu$存在, 不妨设$\int\limits_\Omega h^+\mathrm{d}\mu<\infty$. 由于$h^+I_A\leqslant h^+$, 故有$\int\limits_A h^+\mathrm{d}\mu<\infty$, 总之$\int\limits_A h\mathrm{d}\mu$存在.

(6) 当f与g为简单函数且满足条件时, 结论是成立的, 根据注1.7.2, 当f与g均非负可测时, (6)也成立, 再用(1.7.3), 立得(6).

(7) 由(6)立得(7).

(8) 由(7)立得(8).

(9) 由积分定义知, 当$h=0$ a.e.$[\mu]$时, $\int\limits_\Omega h\mathrm{d}\mu=0$ a.e.$[\mu]$, 因为$\int\limits_\Omega f\mathrm{d}\mu$存在, 所以可设$\int\limits_\Omega f\mathrm{d}\mu<\infty$, 从而$\mu(\{f=-\infty\})=0$. 令$A=\{f=\pm\infty\}$, 则$fI_{A^c}-gI_{A^c}=0$ a.e.$[\mu]$, 由(6)得: $\int\limits_{A^c} f\mathrm{d}\mu=\int\limits_{A^c} g\mathrm{d}\mu$,但$\int\limits_A f\mathrm{d}\mu=\int\limits_A g\mathrm{d}\mu$而且$fI_{A^c}+fI_A$与$gI_{A^c}+gI_A$均有意义, 再用(6)则得(9).

(10) 由(7)知$|h|$可积. 设$A=\{|h|=\infty\}$. 若$\mu(A)>0$, 则$\int\limits_A |h|\mathrm{d}\mu=\infty$, 矛盾.

(11) 设$A=\{h>0\}$, 设$\mathbb{Q}$为全体有理数, 则$A=\bigcup\limits_{r\in\mathbb{Q}}\{h\geqslant r\}$. 若$\mu(A)>0$, 则存在$r_0$使$\mu(\{h\geqslant r_0\})>0$, 从而$\int\limits_\Omega h\mathrm{d}\mu\geqslant r_0\mu(\Omega)>0$, 矛盾. 定理证毕.

定理1.7.2 设h是定义在$(\Omega,\mathcal{F},\mu)$上的Borel可测函数, $\int\limits_\Omega h\mathrm{d}\mu$存在. 令$\lambda(B)=\int\limits_B h\mathrm{d}\mu, B\in\mathcal{F}$, 则$\lambda$在$\mathcal{F}$上是可数可加的.

证明 首先, 设h为非负简单函数, 即$h=\sum\limits_{i=1}^n\alpha_iI_{A_i}$, $A_i\in\mathcal{F}$, A_i两两不交, 还假设h的积分存在, 则$\forall B\in\mathcal{F}$, $\int\limits_B h\mathrm{d}\mu$也存在, 故$\lambda(B)=\int\limits_B h\mathrm{d}\mu=\sum\limits_{i=1}^n\alpha_i\mu(B\cap A_i)$. 由于$\mu$是可数可加的, 所以$\lambda$也是可数可加的.

其次, 假设h非负可测, h的积分存在. 令$B=\bigcup\limits_{n=1}^\infty B_n$, 其中$B_n\in\mathcal{F}$且两两不交. 若$s$是简单函数且满足$0\leqslant s\leqslant h$, 则由第一步证明知:

$$\int\limits_B s\mathrm{d}\mu=\sum_{n=1}^\infty\int\limits_{B_n}s\mathrm{d}\mu\leqslant\sum_{n=1}^\infty\int\limits_B h\mathrm{d}\mu=\sum_{n=1}^\infty\lambda(B_n),$$

对上述气体s取上确界, 则得$\lambda(B)\leqslant\sum\limits_{n=1}^\infty\lambda(B_n)$. 因为$B_n\subset B$, 所以$hI_{B_n}\leqslant hI_B$, 从而$\lambda(B_n)\leqslant\lambda(B)$. 若存在$n_0$, 使$\lambda(B_{n_0})=\infty$, 则得$\lambda(B)=\sum\limits_{n=1}^\infty\lambda(B_n)$, 可数可加性得

证. 现不妨设$\lambda(B_n) < \infty, \forall n \in \mathbb{N}$. 固定$n$, $\forall \varepsilon > 0$, 根据定理1.7.1(4), 存在简单函数$0 \leqslant s \leqslant h$使

$$\int_{B_i} s\mathrm{d}\mu \geqslant \int_{B_i} h\mathrm{d}\mu - \frac{\varepsilon}{n} \geqslant, \quad 1 \leqslant i \leqslant n.$$

故

$$\begin{aligned}\lambda\left(\bigcup_{i=1}^{n} B_i\right) &= \int_{\bigcup\limits_{i=1}^{n} B_i} h\mathrm{d}\mu \geqslant \int_{\bigcup\limits_{i=1}^{n} B_i} s\mathrm{d}\mu = \sum_{i=1}^{n} \int_{B_i} s\mathrm{d}\mu \\ &\geqslant \sum_{i=1}^{n} \int_{B_i} h\mathrm{d}\mu - \varepsilon,\end{aligned}$$

注意$\lambda(B) \geqslant \lambda\left(\bigcup\limits_{i=1}^{n} B_i\right)$, ε, n是任意的, 故$\lambda(B) = \sum\limits_{n=1}^{\infty} \lambda(B)$.

最后, 设$B = \bigcup\limits_{i\geqslant 1} B_i$, $B_i \in \mathcal{F}$且两两不交, 又设h为任一Borel可测函数, h的积分存在, 不妨假定$\int\limits_{\Omega} h^+\mathrm{d}\mu < \infty$. 根据第二步结果有

$$\begin{aligned}\lambda(B) &= \int_B h^+\mathrm{d}\mu - \int_B h^-\mathrm{d}\mu = \int_{\bigcup\limits_{i\geqslant 1} B_i} h^+\mathrm{d}\mu - \int_{\bigcup\limits_{i\geqslant 1} B_i} h^-\mathrm{d}\mu \\ &= \sum_{i=1}^{\infty} \int_{B_i} h^+\mathrm{d}\mu - \sum_{i=1}^{\infty} \int_{B_i} h^-\mathrm{d}\mu.\end{aligned}$$

因为$\sum\limits_{i=1}^{\infty} \int\limits_{B_i} h^+\mathrm{d}\mu$是非负的收敛级数, 所以

$$\sum_{i=1}^{\infty} \int_{B_i} h^+\mathrm{d}\mu - \sum_{i=1}^{\infty} \int_{B_i} h^-\mathrm{d}\mu = \sum_{i=1}^{\infty} \left(\int_{B_i} h^+\mathrm{d}\mu - \int_{B_i} h^-\mathrm{d}\mu\right) = \sum_{i=1}^{\infty} \lambda(B_i).$$

定理得证.

定理1.7.3 设$\{h_n, n \geqslant 1\}$是$(\Omega, \mathcal{F}, \mu)$上的非负Borel可测且单调上升的函数序列. 令$h(\omega) = \lim\limits_{n} h_n(\omega)$, 则

$$\lim_{n\to\infty} \int_{\Omega} h_n\mathrm{d}\mu = \int_{\Omega} h\mathrm{d}\mu.$$

注1.7.4 定理1.7.3常称为单调收敛定理.

证明 注意$\int\limits_{\Omega} h_n\mathrm{d}\mu$是一个非负上升的广义实数序列, 故可令

$$K = \lim_{n\to\infty} \int_{\Omega} h_n\mathrm{d}\mu.$$

显然$K \leqslant \int\limits_{\Omega} h\mathrm{d}\mu$.

固定$0 < b < 1$. 令s为非负有限的简单函数且$s \leqslant h$.

令$B_n = \{\omega \in \Omega : h_n(\omega) \leqslant bs(\omega)\}$, 则$B_n \uparrow \Omega$, 而且

$$K \geqslant \int\limits_{\Omega} h_n \mathrm{d}\mu \geqslant \int\limits_{B_n} h_n \mathrm{d}\mu \geqslant b \int\limits_{B_n} s\mathrm{d}\mu,$$

但定理1.7.2说明$\lambda(\cdot) = \int\limits_{\cdot} s\mathrm{d}\mu$是一个测度, 故由测度的下连续性有

$$\lim_{n\to\infty} \int\limits_{B_n} s\mathrm{d}\mu = \int\limits_{\Omega} s\mathrm{d}\mu,$$

因此$K \geqslant b\int\limits_{\Omega} s\mathrm{d}\mu$. 对上述全体$s$取上确界, 则有

$$K \geqslant b\int\limits_{\Omega} h\mathrm{d}\mu.$$

由b的任意性, 则得$\lim\limits_{n\to\infty} \int\limits_{\Omega} h_n\mathrm{d}\mu = \int\limits_{\Omega} h\mathrm{d}\mu$. 定理证毕.

定理1.7.4 设$g_1, g_2, \cdots, g, h$为$(\Omega, \mathcal{F}, \mu)$上的Borel可测函数.

(a) 如果$g_n \geqslant h$, $\int\limits_{\Omega} h\mathrm{d}\mu > -\infty$且$g_n \uparrow g$, 则

$$\lim_{n\to\infty} \int\limits_{\Omega} g_n\mathrm{d}\mu = \int\limits_{\Omega} g\mathrm{d}\mu;$$

(b) 如果$g_n \leqslant h$, $\int\limits_{\Omega} h\mathrm{d}\mu < \infty$且$g_n \downarrow g$, 则

$$\lim_{n\to\infty} \int\limits_{\Omega} g_n\mathrm{d}\mu = \int\limits_{\Omega} g\mathrm{d}\mu.$$

证明 (a) 若$\int\limits_{\Omega} h\mathrm{d}\mu = \infty$, 则由定理1.7.1(2)知$\int\limits_{\Omega} g_n\mathrm{d}\mu = \infty$, 进而$\int\limits_{\Omega} g\mathrm{d}\mu = \infty$. 若$\int\limits_{\Omega} h\mathrm{d}\mu < \infty$, 则由定理1.7.1(10)知$h$ a.e.$[\mu]$有限, 定义一个函数, 使之在h有限时与h相等, 在$h = \pm\infty$时等于0. 将这个函数仍记为h. 于是由条件得

$$0 \leqslant g_n - h \uparrow g - h \text{ a.e.}[\mu],$$

从而由单调收敛定理(定理1.7.3)有

$$\lim_{n\to\infty} \int\limits_{\Omega} (g_n - h)\mathrm{d}\mu = \int\limits_{\Omega} (g - h)\mathrm{d}\mu.$$

但$\int_\Omega h\mathrm{d}\mu$有限, 故根据定理1.7.1(6)立得(a).

(b) 由(a)立得.

下面介绍Fatou引理.

定理1.7.5(Fatou引理) 设$f_1, f_2, \cdots, f$为$(\Omega, \mathcal{F}, \mu)$上的Borel可测函数.

(a) 若$f_n \geqslant f, \forall n \in \mathbb{N}, \int_\Omega f\mathrm{d}\mu > -\infty$, 则

$$\liminf_{n\to\infty}\int_\Omega f_n\mathrm{d}\mu \geqslant \int_\Omega \liminf_{n\to\infty} f_n\mathrm{d}\mu;$$

(b) 若$f_n \leqslant f, \forall n \in \mathbb{N}, \int_\Omega f\mathrm{d}\mu < \infty$, 则

$$\limsup_{n\to\infty}\int_\Omega f_n\mathrm{d}\mu \leqslant \int_\Omega \limsup_{n\to\infty} f_n\mathrm{d}\mu.$$

证明 (a) 令$g_n = \inf_{k\geqslant n} f_k$, $g = \lim_{n\to\infty} g_n = \liminf_{n\to\infty} f_n$, 则$g_n \geqslant f, \forall n \in \mathbb{N}$, 而且$\int_\Omega f\mathrm{d}\mu > -\infty$, 由定理1.7.4(a)有

$$\lim_{n\to\infty}\int_\Omega g_n\mathrm{d}\mu \leqslant \int_\Omega g\mathrm{d}\mu = \int_\Omega \liminf_{n\to\infty} f_n\mathrm{d}\mu.$$

但$g_n \leqslant f_n$, 故由定理1.7.1(2)和上式可得

$$\liminf_{n\to\infty}\int_\Omega f_n\mathrm{d}\mu \geqslant \liminf_{n\to\infty}\int_\Omega g_n\mathrm{d}\mu = \lim_{n\to\infty}\int_\Omega g_n\mathrm{d}\mu = \int_\Omega \liminf_{n\to\infty} f_n\mathrm{d}\mu.$$

(a)得证.

(b) 易见

$$\int_\Omega \limsup_{n\to\infty} f_n\mathrm{d}\mu = -\int_\Omega \liminf_{n\to\infty}(-f_n)\mathrm{d}\mu.$$

由(a)则得

$$-\int_\Omega \liminf_{n\to\infty}(-f_n)\mathrm{d}\mu \geqslant -\liminf_{n\to\infty}\int_\Omega (-f_n)\mathrm{d}\mu = \limsup_{n\to\infty}\int_\Omega f_n\mathrm{d}\mu.$$

定理证毕.

定义1.7.3 设$\{f_n\}$是$L^p(p>0)$可积序列, 即$\int_\Omega |f_n|^p\mathrm{d}\mu < \infty, \forall n \in \mathbb{N}$, 称$\{f_n\}$为$L^p$-Cauchy序列, 如果$\int_\Omega |f_n - f_m|^p\mathrm{d}\mu \to 0$, 当$m, n \to \infty$时; 称$\{f_n\}L^p$收敛于$f$, 如果$f$是$L^p$可积的且$\int_\Omega |f_n - f|^p\mathrm{d}\mu \to 0$, 当$n \to \infty$时.

注1.7.5 当$p=1$时, L^p-Cauchy序列(L^p可积, L^p收敛)简称为L-Cauchy序列(L可积, L收敛).

注1.7.6 由Schwarz不等式(见第5章)知, 若μ是有限测度, 则L^p可积函数必是L^q可积的, $0<q<p$.

定理1.7.6 设$f_n, f, n\geqslant 1$是$(\Omega,\mathcal{F},\mu)$上的可积函数, $\{f_n\}$ L收敛于f, 则$\{f_n\}$依测度μ收敛于f.

证明 任取$\varepsilon>0$, 定义

$$E_n=\{\omega\in\Omega:|f_n(\omega)-f(\omega)|\geqslant\varepsilon\},$$

则有

$$\int_\Omega |f_n-f|\mathrm{d}\mu\geqslant\int_{E_n}|f_n-f|\mathrm{d}\mu\geqslant\varepsilon\mu(E_n).$$

故$\mu(E_n)\to 0$, 当$n\to\infty$时, 由定义知$\{f_n\}$依测度μ收敛于f. 证毕.

定理1.7.7 设$\{f_n\}$是$(\Omega,\mathcal{F},\mu)$上的L-Cauchy序列, 则存在可积函数f使得$\{f_n\}$ L收敛于f.

证明 根据定理1.7.6的证明知,$\{f_n\}$依测度μ为Cauchy序列, 再根据定理1.6.9知, 存在可测函数f及子列$\{f_{n_i}\}$满足$f_{n_i}\to f$ a.e.$[\mu]$. 任意固定正整数m, 必有$|f_{n_i}-f_m|\to|f-f_m|$ a.e.$[\mu]$. 由定理假设知, $\forall\varepsilon>0$, 存在$N>0$, 当$n,m\geqslant N$时, $\int_\Omega|f_n-f_m|\mathrm{d}\mu<\varepsilon$. 现取$m>N$, 用Fatou引理则得

$$\varepsilon\geqslant\liminf_{n\to\infty}\int_\Omega|f_{n_i}-f_m|\mathrm{d}\mu\geqslant\int_\Omega\liminf_{i\to\infty}|f_{n_i}-f_m|\mathrm{d}\mu=\int_\Omega|f-f_m|\mathrm{d}\mu,$$

此即

$$\lim_{m\to\infty}\int_\Omega|f-f_m|\mathrm{d}\mu=0.$$

f_m及$|f-f_m|$的可积性推出f的可积性. 总之, $\{f_m\}L$收敛于f. 定理证毕.

定理1.7.8 若$f_1,f_2,\cdots,g$是$(\Omega,\mathcal{F},\mu)$上的Borel可测函数, $|f_n|\leqslant g,\forall n, g$是可积的, 而且$f_n\to f$ a.e.$[\mu]$, 则f可积且

$$\lim_{n\to\infty}\int_\Omega f_n\mathrm{d}\mu=\int_\Omega f\mathrm{d}\mu.$$

证明 由于$|f|\leqslant g$ a.e.$[\mu]$, 故f可积. 又

$$\lim_{n\geqslant 1}f_n\leqslant f_n\leqslant\sup_{n\geqslant 1}f_n,\quad \int_\Omega\inf_{n\geqslant 1}f_n\mathrm{d}\mu>-\infty\text{且}\int_\Omega\sup_{n\geqslant 1}f_n\mathrm{d}\mu<\infty,$$

用Fatou引理(定理1.7.5)立得. 证毕.

注1.7.7　定理1.7.8常称为控制收敛定理.

推论1.7.1　设$f_1, f_2, \cdots, g$是Borel可测的, $|f_n| \leqslant g, \forall n$, g是L^p可积的$(p > 0)$且$f_n \to f$ a.e.$[\mu]$, 则f也是L^p可积的, 而且$\int\limits_{\Omega} |f_n - f|^p \mathrm{d}\mu \to 0$, 当$n \to \infty$时.

证明　因为$|f_n - f|^p \to 0$ a.e.$[\mu]$, 故由定理1.7.8立得该推论. 证毕.

定义1.7.4　设$\{\nu_k\}$是$(\Omega, \mathcal{F})$上一列有限的集函数, $\forall E_n \in \mathcal{F}$, $n \geqslant 1$, $E_n \downarrow \varnothing, \forall \varepsilon > 0$, 存在正整数$n_0 = n_0(\varepsilon)$, 使得$n \geqslant n_0$时, $|\nu_k(E_n)| \leqslant \varepsilon, k = 1, 2, \cdots$,称$\{\nu_k\}$在空集是一致上连续的. 设$\mu$为$\mathcal{F}$上的测度, 对任意的$\varepsilon > 0$, 存在$\delta > 0$, 只要$\mu(E) < \delta$, 必有$|\nu_k(E)| < \varepsilon, \forall k$, 这时称$\{\nu_k\}$是(关于$\mu$)一致绝对连续的.

定理1.7.9　设$\{f_n\}$是$(\Omega, \mathcal{F}, \mu)$上的可积函数列, 定义

$$\nu_n(A) = \int\limits_A |f_n| \mathrm{d}\mu, \quad A \in \mathcal{F},$$

则存在可积函数f使$\{f_n\}$ L收敛于f的充要条件是$\{\nu_k\}$一致绝对连续, 在空集一致上连续且$\{f_n\}$依测度μ收敛于f.

证明　先证必要性. 设$\{f_n\}$ L收敛于f, 则$\{f_n\}$依测度μ收敛于f. 注意

$$|\nu_n(A)| \leqslant \int\limits_A |f_n - f| \mathrm{d}\mu + \int\limits_A |f| \mathrm{d}\mu, \quad \forall A \in \mathcal{F}, \tag{1.7.6}$$

现任取$\varepsilon > 0$, 存在n_0, 当$n \geqslant n_0$时, $\int\limits_{\Omega} |f_n - f| \mathrm{d}\mu < \varepsilon/2$, 对上述固定的$n_0$, 存在正数$\delta$使得只要$\mu(E) < \delta$, 总有

$$\int\limits_E |f_n - f| \mathrm{d}\mu < \frac{\varepsilon}{2}, \int\limits_E |f| \mathrm{d}\mu < \frac{\varepsilon}{2}, \quad n = 1, 2, \cdots, n_0 - 1,$$

再用(1.7.6)则得一致绝对连续性. 类似地可得一致连续性.

现证充分性. 注意

$$\{f_n \neq 0\} = \bigcup_{r \in \mathbb{Q}^+} \{|f_n| \geqslant r\}, \quad \mathbb{Q}^+\text{是正有理数集},$$

而

$$\mu(\{|f_n| \geqslant r\}) \leqslant \frac{1}{r} \int\limits_{\Omega} |f_n| \mathrm{d}\mu < \infty,$$

故$E := \bigcup\limits_{n \geqslant 1} \{f_n \neq 0\}$可表示成一列单调上升的具有有限$\mu$测度的集合之并, 即存在$E_n \in \mathcal{F}$, $E_n \uparrow E$, $\mu(E_n) < \infty$. 令$F_n = E - E_n$, 则$F_n \downarrow \varnothing$. 根据定理1.7.7,为证充分性, 只需证$\{f_n\}$为$L$-Cauchy序列. 易见

$$\int\limits_{\Omega} |f_m - f_n| \mathrm{d}\mu = \int\limits_E |f_m - f_n| \mathrm{d}\mu = \int\limits_{E_k} |f_m - f_n| \mathrm{d}\mu + \int\limits_{E_k} |f_m - f_n| \mathrm{d}\mu. \tag{1.7.7}$$

对任一$\delta > 0$, 由一致连续性知, 存在$k_0 = k_0(\delta)$, 使

$$\int_{F_k} |f_n| \mathrm{d}\mu < \frac{\delta}{2}, \quad k \geqslant k_0, n = 1, 2, \cdots,$$

从而

$$\int_{F_k} |f_m - f_n| \mathrm{d}\mu \leqslant \int_{F_k} |f_m| \mathrm{d}\mu + \int_{F_k} |f_n| \mathrm{d}\mu < \delta, \quad k \geqslant k_0, n, m = 1, 2, \cdots. \tag{1.7.8}$$

现在考虑(1.7.7)中第二个等式右端的第一项. 事实上, 任取$\varepsilon > 0$,

$$\int_{E_k} |f_m - f_n| \mathrm{d}\mu \leqslant \varepsilon\mu(E_k) + \int_{E_k \cap \{|f_m - f_n| \geqslant \varepsilon\}} |f_m - f_n| \mathrm{d}\mu. \tag{1.7.9}$$

由于$\{f_n\}$依测度μ收敛于f, 故

$$\mu(E_k \cap \{|f_m - f_n| \geqslant \varepsilon\}) \leqslant \mu(|f_m - f_n| \geqslant \varepsilon) \to 0, \quad m, n \to \infty.$$

再用$\{\nu_n\}$的一致绝对连续性, 得到

$$\lim_{m,n\to\infty} \int_{E_k \cap \{|f_m - f_n| \geqslant \varepsilon\}} |f_m - f_n| \mathrm{d}\mu = 0,$$

但ε是任意的, 由(1.7.9)有

$$\lim_{m,n\to\infty} \int_{E_k} |f_m - f_n| \mathrm{d}\mu = 0, \tag{1.7.10}$$

(1.7.7), (1.7.8)和(1.7.10)导出 $\lim\limits_{m,n\to\infty} \int_{\Omega} |f_m - f_n| \mathrm{d}\mu = 0$. 定理证毕.

定理1.7.10 设$T : (\Omega, \mathcal{F}) \to (\Omega_0, \mathcal{F}_0)$为可测映射, μ为$\mathcal{F}$上的测度, 定义$\mu_0 = \mu^T$如下:

$$\mu^T(A) = \mu(T^{-1}(A)), \quad A \in \mathcal{F}_0,$$

若f是$(\Omega_0, \mathcal{F}_0)$上的Borel可测函数, 则

$$\int_{T^{-1}(A)} f(T(\Omega)) \mathrm{d}\mu(\Omega) = \int_A f(\Omega_0) \mathrm{d}\mu_0(\Omega_0), \quad A \in \mathcal{F}_0, \tag{1.7.11}$$

式(1.7.11)意即: 如一个积分存在, 则另一个也存在且它们相等.

证明 当f为示性函数时, 容易验证(1.7.11)是成立的. 若f是非负可测的, 根据上面结论及单调收敛定理知(1.7.11)成立. 对任一Borel可测函数f, 记$f = f^+ - f^-$. 不妨设$\int_A f \mathrm{d}\mu_0$存在, 进而不妨设$\int_A f^+ \mathrm{d}\mu_0 < \infty$, 于是 $\int_{T^{-1}(A)} f^+(T) \mathrm{d}\mu < \infty$且

$$\int_A f^+ \mathrm{d}\mu_0 = \int_{T^{-1}(A)} f^+(T) \mathrm{d}\mu, \quad A \in \mathcal{F}_0,$$

同样

$$\int_A f^- \mathrm{d}\mu_0 = \int_{T^{-1}(A)} f^-(T)\mathrm{d}\mu, \quad A \in \mathcal{F}_0,$$

故$f(T)$关于测度μ的积分有意义且

$$\int_A f \mathrm{d}\mu_0 = \int_{T^{-1}(A)} f(T)\mathrm{d}\mu, \quad A \in \mathcal{F}_0.$$

定理证毕.

定理1.7.11 设μ是可测空间$(\Omega, \mathcal{F})$上的σ有限测度, f和g是Borel可测函数, 而且$\int_\Omega f \mathrm{d}\mu$和$\int_\Omega g \mathrm{d}\mu$均存在. 若对任意$A \in \mathcal{F}$均有$\int_\Omega f \mathrm{d}\mu \leqslant \int_\Omega g \mathrm{d}\mu$, 则$f \leqslant g$ a.e.$[\mu]$.

证明 留作练习.

习 题 1

1. 对$n \geqslant 1$, 令$A_n = (-1/n, 1]$, 当n为奇数,$A_n = (-1, 1/n]$, 当n为偶数. 试求$\limsup\limits_n A_n$和$\liminf\limits_n A_n$.

2. 称一个非空集族$\mathcal{P}$ 为半环,如果它满足

(a) 若$E \in \mathcal{P}$, $F \in \mathcal{P}$, 则$E \cap F \in \mathcal{P}$;

(b) 若$E \in \mathcal{P}, F \in \mathcal{P}, E \subset F$, 则存在$\mathcal{P}$中有限个元素$C_0, C_1, \cdots, C_n$ 使得$E = C_0 \subset C_1 \subset \cdots \subset C_n = F$ 且$D_i = C_i - C_{i-1} \in \mathcal{P}, 1 \leqslant i \leqslant n$.

现设$\mathcal{L}$是这样一个集族:$\varnothing \in \mathcal{L}$, 若$E \in \mathcal{L}$, $F \in \mathcal{L}$, 则$E \cap F \in \mathcal{L}$ 且$E \cup F \in \mathcal{L}$. 令$\mathcal{P} = \mathcal{P}(\mathcal{L}) = \{D : D = E - F, E \in \mathcal{L}, F \in \mathcal{L}, E \subset F\}$, 试证$\mathcal{P}$ 是一个半环.

3. 设$\mathcal{P}$是一个半环. 令

$$\mathcal{R} = \left\{ F = \bigcup_{i=1}^n E_i : E_1, \cdots, E_n\text{是}\mathcal{P}\text{中}n\text{个互不相交的集合}, n \geqslant 1 \right\}.$$

试证:

(1) $\mathcal{R}$对集合的有限运算和有限个不相交集合的有限并是封闭的;

(2) 若$E \in \mathcal{R}, F \in \mathcal{R}$且$E \subset F$, 则$F - E \in \mathcal{R}$;

(3) 若记$\mathcal{R}(\mathcal{P})$ 为包含$\mathcal{P}$的最小环,则$\mathcal{R} = \mathcal{R}(\mathcal{P})$;

(4) 包含$\mathcal{P}$的最小σ环恰为包含$\mathcal{R}$的最小σ环.

4. 在下面的例子中,集合族$\mathcal{E}$所生成的σ代数、σ环和单调族各是什么?

(1) 设f 是从到Ω到Ω的一一对应的满射,称$E \subset \Omega$关于f是不变的,如果对任意的$x \in E$, 总有$f(x) \in E$ 且$f^{-1}(x) \in E$. 以$\mathcal{E}$ 记全体关于f的不变集构成的集族;

(2) 设$T : \Omega_1 \to \Omega_2$, 记$\mathcal{E} = \{T^{-1}(E) : E \subset \Omega_2\}$;

(3) 设Ω 为$\mathbb{R}^2$, 记$\mathcal{E}$为全体能被可数多条水平线覆盖的集合构成的集族.

5. 现在考虑一个代数上的任意测度的扩张(不必满足σ有限的条件):

(1) 设λ是集合Ω上的一个外测度,称$E \subset \Omega$是λ可测的,如果对任意$A \subset \Omega$, 总有$\lambda(A) = \lambda(A \cap E) + \lambda(A) = \lambda(A \cap E^c)$. 若是全体$\lambda$可测集合构成的集族,则$\mathcal{M}$ 是一个σ代数. 进而,若$E_1, E_2, \cdots$ 是$\mathcal{M}$ 中的互不相交的集合列且$E = \bigcup\limits_{i=1}^{\infty} E_i$, 则

$$\lambda(A \cap E) = \sum_i \lambda(A \cap E_i), \quad \forall A \subset \Omega,$$

特别地, λ是$\mathcal{M}$上的测度;

(2) 设$\mathcal{F}_0$是Ω上的一个代数, μ是$\mathcal{F}_0$上的测度. 定义

$$\mu^*(A) = \inf\left\{\sum_n \mu(E_n) : A \subset \bigcup_n E_n, E_n \in \mathcal{F}_0\right\}, \quad A \subset \Omega,$$

试证:μ^*是Ω上一个外测度且在$\mathcal{F}_0$上$\mu^* = \mu$;

(3) 若取$\mathcal{M}$为μ^*可测集的全体(μ^* 如(2)中所定义), 试证:$\mathcal{F}_0 \subset \mathcal{M}$, 至此由(1)与(2) 可得:$\mu$可扩张到$\mathcal{F}_0$生成的$\sigma$代数上;

(4) 若(2)中的测度μ在$\mathcal{F}_0$上是σ有限的, 试证: $(\Omega, \mathfrak{M}, \mu^*)$是$(\Omega, \sigma(\mathcal{F}_0), \mu^*)$的完备化.

6. 试证定理1.2.3.

7. 设μ 是环$\mathcal{R}$ 上的一个非负可数可加集函数. 设$E, F \in \mathcal{R}$, 称E与F等价, 如果$\mu(E \vartriangle F) = 0$, 问$\mathcal{R}$ 中与空集等价的集合构成的集合族仍然是环吗?

8. 沿用第7题的符号、条件与定义, 记$\rho(E, F) = \mu(E \vartriangle F)$. 试证: ρ是一个度量, 而且当E_1与E_2等价, F_1与F_2等价时,$\rho(E_1, F_1) = \rho(E_2, F_2)$.

9. 设μ是对应于实空间$\mathbb{R}$上的一个连续分布函数的Lebesgue-Stieltjes测度.

(1) 若A是$\mathbb{R}$中的可数子集, 则$\mu(A) = 0$;

(2) 若$\mu(A) > 0$,是否A一定包含一个开区间?

(3) 若$\mu(A) > 0, \mu(\mathbb{R} - A) = 0$,A是否稠于$\mathbb{R}$?

10. 设μ是$\mathcal{B}(\mathbb{R}^n)$上的Lebesgue-Stieltjes测度, $\mu(a + I) = \mu(I), \forall a \in \mathbb{R}^n, \forall \mathbb{R}^n$中区间$I$. 试证: $\mu = C\mathcal{L}$, C是一个常数, $\mathcal{L}$ 为$\mathbb{R}^n$ 上的Lebesgue测度.

11. 设μ是$\mathcal{B}(\mathbb{R}^n)$上$\sigma$有限的测度,试证对任意$B \in \mathcal{B}(\mathbb{R}^n)$总有

(1) $\mu(B) = \sup\{\mu(K) : K \subset B, K$是紧集$\}$;

(2) 若进而μ是Lebesgue-Stieltjes测度, 则$\mu(B) = \inf\{\mu(V) : V \supset B, V$是开集$\}$.

12. 试证定理1.5.2.

13. 设f是实值Lebesgue可测函数, 则存在一个Borel可测函数 g 使得$f = g$ a.e. $[\mathcal{L}]$, $\mathcal{L}$ 为Lebesgue测度.

14. 设μ是有限测度, 试证$\{f_n, n \geqslant 1\}$ 对a.e.ω为Cauchy序列当且仅当对任意$\delta > 0$,

$$\mu\left(\bigcup_{j,k=n}^{\infty} \{\omega : |f_j(\omega) - f_k(\omega)| \geqslant \delta\}\right) \to 0, \quad 当n \to \infty.$$

15. 设$\Omega = \mathbb{N}$, $\mathcal{F}$ 为Ω 的全体子集构成的σ代数, 对任意$E \in \mathcal{F}$, 定义$\mu(E)$ 为E中正整数的个数. 令f_n 为集合$\{1, 2, \cdots, n\}$ 上的示性函数. 试证:$\{f_n,\ n \geqslant 1\}$ 点点收敛于1, 但$\{f_n,\ n \geqslant 1\}$不是几乎一致收敛于1 (此即Egoroff定理中条件:μ 为有限测度是不可去掉的).

16. (1) 若$f_n \xrightarrow{\mu} f$ 且$f_n \xrightarrow{\mu} g$, 则$f = g$ a.e. $[\mu]$;

(2) 若f_n 与g_n是有限测度空间$(\Omega, \mathcal{F}, \mu)$ 上的实值Borel可测函数, $f_n \xrightarrow{\mu} f$且$g_n \xrightarrow{\mu} g$, 则$f_n g_n \xrightarrow{\mu} fg$;

(3) 若μ 是有限测度, 则

$$\mu\left(\limsup_n A_n\right) \geqslant \limsup_n \mu(A_n).$$

17. 设f是定义在$\mathbb{R}$ 上且取值于$\mathbb{R}$的连续函数. 若$N(f) := \{x : f(x) \neq 0\}$ 是有界的,则f是Lebesgue可积的, 即f关于Lebesgue测度是可积的.

18. 证明定理1.7.11.

19. 若f是测度空间$(\Omega, \mathcal{F}, \mu)$上的可积函数, 则$N(f)$(如第17题中所定义)具有$\sigma$有限的$\mu$测度.

20. 设$(\Omega, \mathcal{F}, \mu)$为一个测度空间, $A_1, A_2, \cdots$ 是$\mathcal{F}$中集合.

(1) 用Fatou引理证明

$$\mu\left(\liminf_n A_n\right) \leqslant \liminf_n \mu(A_n);$$

(2) 若μ是有限测度, 则

$$\mu\left(\limsup_n A_n\right) \geqslant \limsup_n \mu(A_n).$$

21. (1) 试证$\displaystyle\int_1^\infty \mathrm{e}^{-t} \log t \,\mathrm{d}t = \lim_{n\to\infty} \int_1^n [1-(t/n)]^n \log t \,\mathrm{d}t$;

(2) 试证$\displaystyle\int_0^1 \mathrm{e}^{-t} \log t \,\mathrm{d}t = \lim_{n\to\infty} \int_0^1 [1-(t/n)]^n \log t \,\mathrm{d}t$.

22. 设$f : \mathbb{R} \to \mathbb{R}$是Borel可测的, $a \in \mathbb{R}$, 试证:

$$\int_{-\infty}^{\infty} f(x)\mathrm{d}x = \int_{-\infty}^{\infty} f(x-a)\mathrm{d}x,$$

意即:若其中一个积分存在则另一个积分也存在且它们相等.

23. 设f在可测集E 上是可积的(关于有限测度μ)的充要条件是级数

$$\sum_{n\geqslant 1} \mu\left(E \cap \{x : |f(x) \geqslant \mu|\}\right)$$

收敛.

第 2 章　测度的分解

2.1　测度的Jordan-Hahn分解

设h是测度空间$(\Omega,\mathcal{F},\mu)$上的可测函数,h关于μ的积分有意义,根据定理1.7.2可知, $\lambda(\cdot)=\int\limits_{\cdot} h\mathrm{d}\mu$是$\mathcal{F}$上的可数可加广义实值集函数,而且对任意可测集$A$,总有

$$\lambda(A)=\int_A h^+\mathrm{d}\mu-\int_A h^-\mathrm{d}\mu:=\lambda_1(A)-\lambda_2(A).$$

λ_1和λ_2是$\mathcal{F}$上的测度.本节将证明所有的可数可加广义实值集函数都有这样的分解.

定理2.1.1　设λ是$(\Omega,\mathcal{F})$上的可数可加广义实值集函数,则存在$C,D\in\mathcal{F}$,使

$$\lambda(C)=\sup\{\lambda(A):A\in\mathcal{F}\},\quad \lambda(D)=\inf\{\lambda(A):A\in\mathcal{F}\}.$$

证明　将$\sup\{\lambda(A):A\in\mathcal{F}\}$简记为$\sup\lambda$. 不妨设$\sup\lambda<\infty$. 若不然,必存在$A_0\in\mathcal{F}$ 使$\lambda(A_0)=\infty$,取$C=A_0$ 即可.

现在取一列可测集A_n, 使$\lim\limits_n\lambda(A_n)=\sup\lambda$. 令$A=\bigcup\limits_n A_n$. 对每个$n$, 将$A$分成$2^n$个不相交的可测子集$A_{n,m},1\leqslant m\leqslant \alpha^n$,每个$A_{n,m}$ 具有如下形式:$A_1^*\cap\cdots\cap A_n^*, A_j^*=A_j$ 或$A-A_j,1\leqslant j\leqslant n$. 令$B_n=\bigcup\limits_{m=1}^{2^n}\{a_{n,m}:\lambda(a_{n,m})\geqslant 0\}$, 若对所有的$m,\lambda(A_{n,m})<0$, 则定义$B_n=\varnothing$. 由$B_n$ 的定义立得

$$\lambda(A_n)\leqslant\lambda(B_n)\leqslant\lambda\left(\bigcup_{k=n}^{r}B_k\right),\quad \forall n,r. \tag{2.1.1}$$

根据定理1.2.4(a)及(2.1.1),有

$$\lambda(A_n)\leqslant\lambda\left(\bigcup_{k=n}^{\infty}B_k\right),\quad \forall n. \tag{2.1.2}$$

令$C=\limsup\limits_n B_n$, 由于$\bigcup\limits_{k=n}^{\infty}B_k\downarrow C(n\to\infty)$且$\lambda\left(\bigcup\limits_{k=1}^{\infty}B_k\right)$有限, 用定理1.2.4(b)则有$\lambda\left(\bigcup\limits_{k=n}^{\infty}B_k\right)\to\lambda(C)(n\to\infty)$, 因此,由(2.1.2)得

$$\sup\lambda=\lim_n\lambda(A_n)\leqslant\lim_n\lambda\left(\bigcup_{k=n}^{\infty}B_k\right)=\lambda(C)\leqslant\sup\lambda,$$

结论中第一个等式得证. 在上述证明中考虑$-\lambda$, 则可找到$D\in\mathcal{F}$, 使$\lambda(D)=\inf\{\lambda(A):A\in\mathcal{F}\}$. 证毕.

推论2.1.1 设λ是可测空间$(\Omega,\mathcal{F})$上的一个可数可加广义实值集函数, 则存在$A,B\in\mathcal{F}$使$\Omega=A\cup B$ 且$\lambda(A\cap E)\geqslant 0,\lambda(B\cap E)\leqslant 0,\forall E\in\mathcal{F}$. 称$A$为正集(关于$\lambda$),$B$为负集(关于$\lambda$).

证明 不妨假设λ不会取$-\infty$, 若不然,则由可数可加性知,∞不可能在λ的值域内,对$-\lambda$证明定理即可.

根据定理2.1.1,总存在$D\in\mathcal{F}$ 使λ达到其下确界. 因为$\lambda(\varnothing)=0$,所以$-\infty<\lambda(D)\leqslant 0$. 下证

$$\lambda(E\cap D)\leqslant 0,\quad \lambda(E\cap D^c)\geqslant 0,\quad \forall E\in\mathcal{F}.$$

事实上,如果$\lambda(E\cap D)>0$,则由$\lambda(D)=\lambda(E\cap D)+\lambda(E^c\cap D)$ 及$\lambda(D)$ 有限知,$\lambda(E\cap D)$ 和$\lambda(E^c\cap D)$ 均有限,从而

$$\lambda(E^c\cap D)=\lambda(D)-\lambda(E\cap D)<\lambda(D),$$

上式与D的定义矛盾,故$\lambda(E\cap D)\leqslant 0$. 若$\lambda(E\cap D^c)<0$,则$\lambda(D\cup(E\cap D^c))=\lambda(D)+\lambda(E\cap D^c)<\lambda(D)$,这也与D的定义矛盾,故$\lambda(E\cap D^c)\geqslant 0$. 推论证毕.

定理2.1.2(Jordan-Hahn分解定理) 设λ为$(\Omega,\mathcal{F})$上的一个可数可加广义实值集函数,定义

$$\lambda^+(A)=\sup\{\lambda(B):B\in\mathcal{F},B\subset A\},\quad \lambda^-(A)=-\inf\{\lambda(B):B\in\mathcal{F},B\subset A\},\tag{2.1.3}$$

其中$A\in\mathcal{F}$,则λ^+与λ^-均为F上的测度且$\lambda=\lambda^+-\lambda^-$.

证明 首先假设λ不会取$-\infty$. 再设$D\in\mathcal{F}$使λ达到其下确界. $\forall B\in\mathcal{F},B\subset A$,根据推论2.1.1的证明,

$$\begin{aligned}\lambda(B)&=\lambda(B\cap D)+\lambda(B\cap D^c)\leqslant\lambda(B\cap D^c)\\&\leqslant\lambda(B\cap D^c)+\lambda((A-B)\cap D^c)\\&=\lambda(A\cap D^c),\end{aligned}$$

因此$\lambda^+(A)\leqslant\lambda(A\cap D^c)$, 但由$\lambda^+$ 的定义有:$\lambda(A\cap D^c)\leqslant\lambda^+(A)$. 总之,$\lambda^+(A)=\lambda(A\cap D^c)$. 类似地, $\forall B\in\mathcal{F},B\subset A$,

$$\begin{aligned}\lambda(B)&=\lambda(B\cap D)+\lambda(B\cap D^c)\geqslant\lambda(B\cap D)\\&\geqslant\lambda(B\cap D)+\lambda((A-B)\cap D)\\&=\lambda(A\cap D),\end{aligned}$$

从而$\lambda^-(A)=-\lambda(A\cap D)$,所以对每个$A\in\mathcal{F}$ 总有

$$\lambda(A)=\lambda(A\cap D^c)+\lambda(A\cap D)=\lambda^+(A)-\lambda^-(A).$$

(2.1.3)证毕. 由于$\lambda^+(A)=\lambda(A\cap D^c),\lambda^-(A)=-\lambda(A\cap D),\forall A\in\mathcal{F}$, 易见$\lambda^+$与$\lambda^-$均为$\mathcal{F}$上的测度. 定理证毕.

推论2.1.2 设λ是$(\Omega,\mathcal{F})$上的可数可加广义实值集函数,则

(a) λ是两个测度之差,其中至少有一个是有限测度;

(b) 若λ有限,则λ有界;

(c) 若$D\in\mathcal{F}$ 满足:$\lambda(A\cap D)\leqslant 0,\lambda(A\cap D^c)\geqslant 0,\forall A\in\mathcal{F}$, 则$\lambda^+(A)=\lambda(A\cap D^c),\lambda^-(A)=-\lambda(A\cap D),\quad\forall A\in\mathcal{F}$;

(d) 若$E\in\mathcal{F}$也满足(c)中D的条件,则必有

$$\lambda^+(D\vartriangle E)+\lambda^-(D\vartriangle E)=0.$$

证明 由定理2.1.2立得(a)、(b)及(c). 下证(d).

取$A=D\cap E^c$, 由(c)有:$\lambda^+(D\cap E^c)=\lambda(D\cap E^c\cap D^c)=0$, 若取$A=D^c\cap E$, 则有$\lambda^+(D^c\cap E)=\lambda(D^c\cap E\cap E^c)=0$. 总之,$\lambda^+(D\vartriangle E)=0$. 同理$\lambda^-(D\vartriangle E)=0$. 推论证毕.

定义2.1.1 设λ是可测空间$(\Omega,\mathcal{F})$上的可数可加广义实值集函数, λ^+称为λ 的正部或上变差, λ^-称为λ的负部或下变差, $|\lambda|:=\lambda^++\lambda^-$称为全变差. λ也称为符号测度.

2.2 Radon-Nikodym定理

定义2.2.1 设λ,μ是可测空间$(\Omega,\mathcal{F})$上的符号测度, 若$|\mu|(E)=0$时必有$|\lambda|(E)=0$, 则称λ关于μ绝对连续,记为$\lambda\ll\mu$.

定理2.2.1(Radon-Nikodym定理) 设μ是可测空间$(\Omega,\mathcal{F})$上的σ有限测度, λ为$(\Omega,\mathcal{F})$上的符号测度, λ关于μ绝对连续,那么在几乎处处相等的意义下存在唯一的Borel可测函数g使

$$\lambda(A)=\int_A \mathrm{d}\mu,\quad \forall\in\mathcal{F}.$$

称g为Radon-Nikodym导数, 记为$\frac{\mathrm{d}\lambda}{\mathrm{d}\mu}$.

证明 根据定理1.7.11立得唯一性. 下面分几步来证明存在性.

(a) 设λ 和μ 均为有限测度. 令

$$\varPhi=\left\{f: f\text{非负、可积且}\int_A f\mathrm{d}\mu\leqslant\lambda(A),\forall A\in\mathcal{F}\right\}.$$

在$\varPhi$上定义偏序"$\leqslant$"如下:

$$f\leqslant g\text{当且仅当}f\leqslant g\ \text{a.e.}[\mu].$$

令Φ_0为Φ的一个链，记$\alpha = \sup\left\{\int_\Omega f\mathrm{d}\mu : f \in \Phi_0\right\}$. 总可以找到$f_n \in \Phi_0$. 使得$\int_\Omega f_n\mathrm{d}\mu \uparrow \alpha(n \to \infty)$. 因为$\Phi_0$是全序的，故$f_n \leqslant f_{n+1}$ a.e.$[\mu]$. 由单调收敛定理知,$f_n \uparrow f(n \to \infty)$ 且$\alpha = \int_\Omega f\mathrm{d}\mu$. 下证$f$是$\Phi_0$的一个上界.

$\forall h \in \Phi_0$, 若存在n使$h \leqslant f_n$ a.e.$[\mu]$, 则$h \leqslant f$ a.e.$[\mu]$; 若对任意n,$h \geqslant f_n$ a.e.$[\mu]$, 则$h \geqslant f$ a.e.$[\mu]$, 从而$\int_\Omega f\mathrm{d}\mu = \int_\Omega h\mathrm{d}\mu$,于是$h = f$ a.e.$[\mu]$. 总之,f是Φ_0 的上界. 根据引理1.1.1(Zorn引理),存在极大元$g \in \Phi$. 要证g即为所求. 令

$$\lambda_1(A) = \lambda(A) - \int_A g\mathrm{d}\mu, \quad A \in \mathcal{F},$$

则λ_1为一个测度,$\lambda_1 \ll \mu$ 且$\lambda_1(\Omega) < \infty$. 若$\lambda_1$恒为零, 则$g$即为所求. 若$\lambda_1$不恒为零,则$\lambda_1(\Omega) > 0$, 从而存在$k > 0$使

$$\mu(\Omega) - k\lambda_1(\Omega) < 0. \tag{2.2.1}$$

注意$\mu - k\lambda_1$是一个符号测度,由推论2.1.1知,存在$D \in \mathcal{F}$使

$$\mu(A \cap D) - k\lambda_1(A \cap D) \leqslant 0, \quad \forall A \in \mathcal{F} \tag{2.2.2}$$

且

$$\mu(A \cap D^c) - k\lambda_1(A \cap D^c) \geqslant 0, \quad \forall A \in \mathcal{F}. \tag{2.2.3}$$

上述D必满足$\mu(D) > 0$,否则,由条件$\lambda \ll \mu$ 推出$\lambda(D) = 0$,进而$\lambda_1(D) = 0$,在(2.2.3)中取$A = \Omega$,则有

$$0 \leqslant \mu(D^c) - k\lambda_1(D^c) = \mu(\Omega) - k\lambda_1(\Omega) < 0,$$

这与(2.2.3)矛盾. 定义$h = \frac{1}{k}I_D$. 任取$A \in \mathcal{F}$, 由(2.2.2)有

$$\int_A h\mathrm{d}\mu = \frac{1}{k}\mu(A \cap D) \leqslant \lambda_1(A \cap D) \leqslant \lambda_1(A) = \lambda(A) - \int_A g\mathrm{d}\mu,$$

此即

$$\int_A (h+g)\mathrm{d}\mu \leqslant \lambda(A),$$

从而$h + g \in \Phi$. 但在D上$h + g > g$而且$\mu(D) > 0$,这与g是极大元矛盾,故λ_1恒为零,于是$\lambda(A) = \int_A g\mathrm{d}\mu, \forall A \in \mathcal{F}$.

(b) 设μ为有限测度,λ为σ有限测度.

令$\Omega = \bigcup_n A_n, A_n \in \mathcal{F}$两两不交,$\lambda(A_n) < \infty, \forall n$. 定义

$$\lambda_n(A) = \lambda(A \cap A_n), \quad \forall A \in \mathcal{F}.$$

取$g = \sum_n g_n$, 则由(a)及单调收级定理有$\lambda(A) = \int_A g\mathrm{d}\mu$.

(c) 设μ为有限测度,λ为任一测度.

令$\mathcal{G} = \{G : G \in \mathcal{F}, \lambda$在$G$上是$\sigma$有限的$\}$. 注意$\varnothing \in \mathcal{G}$, 故$\mathcal{G}$非空. 令$s = \sup\{\mu(A) : A \cup \mathcal{G}\}$, 取$F_n \in \mathcal{G}$ 使$\mu(F_n) \to s$.令$F = \bigcup_n F_n$,则$F \in \mathcal{G}$,从而$s = \mu(F)$. 由(b)知,存在非负$\tilde{g} : (F, \tilde{\mathcal{F}}) \to (\bar{\mathbb{R}}, \mathcal{B}(\bar{\mathbb{R}}))$, 其中$\tilde{\mathcal{F}} = \{F \cap A : A \cup \mathcal{F}\}$,使

$$\lambda(A \cap F) = \int_{A\cap F} \tilde{g}\mathrm{d}\mu, \quad A \in \mathcal{F}.$$

现在任取$A \in \mathcal{F}$,若$\mu(A \cap F^c) > 0$,则必有$\lambda(A \cap F^c) = \infty$, 若不然,$F \cup (A \cap F^c) \in \mathcal{G}$, 从而

$$s \geqslant \mu(F \cup (A \cap F^c)) = \mu(F) + \mu(A \cap F^c) > \mu(F).$$

这与$\mu(F) = s$矛盾;若$\mu(A \cap F^c) = 0$,则$\lambda(A \cap F^c) = 0$. 令$g(\Omega) = \tilde{g}(\Omega), \Omega \in F; g(w) = \infty, \Omega \in F^c$, 根据以上的讨论,在任何情况下都有

$$\lambda(A) = \lambda(A \cap F) + \lambda(A \cap F^c) = \int_A g\mathrm{d}\mu, \quad A \in \mathcal{F}.$$

(d) 设μ是一个σ有限测度,λ是任一测度.

由(c)中的结论及(b)中的证明方法知,总存在非负可测的g使

$$\lambda(A) = \int_A g\mathrm{d}\mu, \quad A \in \mathcal{F}.$$

(e) 设μ是一个σ有限测度,λ是任一符号测度.

注意$\lambda = \lambda^+ - \lambda^-$. 不妨设$\lambda^-$为有限测度. 由(d)知存在非负可测函数$g_1$与$g_2$使

$$\lambda^+(A) = \int_A g\mathrm{d}\mu \text{ 且} \lambda^-(A) = \int_A g_2\mathrm{d}\mu, \quad A \in \mathcal{F}.$$

因为λ^-有限,所以g_2关于μ几乎处处有限,因此

$$\lambda(A) = \int_A (g_1 - g_2)\mathrm{d}\mu, \quad A \in \mathcal{F}.$$

定理证毕.

定义2.2.2 设μ_1与μ_2是$(\Omega, \mathcal{F})$上的两个测度,称μ_1关于μ_2奇异,如果存在$A \in \mathcal{F}$使$\mu_1(A) = 0, \mu_2(A^c) = 0$. 记为$\mu_1 \perp \mu_2$. 若$\lambda_1$与$\lambda_2$是两个符号测度,称$\lambda_1$关于$\lambda_2$奇异,如果$|\lambda_1| \perp |\lambda_2|$.

命题2.2.1 设μ为σ代数$\mathcal{F}$上的测度,λ_1与λ_2为$\mathcal{F}$上的符号测度,则

(a) 若$\lambda_1 \perp \mu, \lambda_2 \perp \mu$, 则$\lambda_1 + \lambda_2 \perp \mu$;

(b) 若$\lambda_1 \ll \mu, \lambda_2 \perp \mu$, 则$\lambda_1 \perp \lambda_2$;

(c) 若$\lambda_1 \ll \mu$ 且$\lambda_1 \perp \mu$, 则$\lambda_1 \equiv 0$.

证明 留作练习.

定理2.2.2(Lebesgue分解定理) 设μ是可测空间$(\Omega, \mathcal{F})$ 上的σ有限测度,λ是σ有限的符号测度(即$|\lambda|$是σ有限测度),则λ具有唯一的分解$\lambda_1 + \lambda_2$, 其中$\lambda_1 \ll \mu, \lambda_2 \perp \mu$.

证明 先证分解的存在性.

当λ是σ有限的测度时,令$m = \mu + \lambda$, 则$\mu \ll m$, 由假设知m是σ有限的,用Radon-Nikodym定理:存在非负Borel可测函数f使$\mu(A) = \int\limits_A f\mathrm{d}\mu$. 令$B = \{f > 0\}$, 定义测度$\lambda_1$和$\lambda_2$如下:

$$\lambda_1(A) = \lambda(A \cap B),\ \lambda_2(A) = \lambda(A \cap B^{\mathrm{c}}), \quad A \in \mathcal{F},$$

容易验证$\lambda_1 \ll \mu$ 且$\lambda_2 \perp \mu$.

当λ是σ有限的符号测度时,由于$\lambda = \lambda^+ - \lambda^-$, 用前面的结论可得分解的存在性.

现在证明分解的唯一性. 先设λ为有限符号测度. 若$\lambda = \lambda_1 + \lambda_2 = \lambda_1' + \lambda_2'$, 其中$\lambda_1 \ll \mu, \lambda_1' \ll \mu, \lambda_2 \perp \mu, \lambda_2' \perp \mu$, 则$\lambda_1 - \lambda_1' = \lambda_2' - \lambda_2$, 而且$\lambda_1 - \lambda_1'$ 既关于μ绝对连续,也关于μ奇异,由命题2.2.1知,$\lambda_1 = \lambda_1', \lambda_2' = \lambda_2$.

当λ为σ有限的符号测度时,令$\Omega = \bigcup\limits_n A_n, |\lambda|(A_n) < \infty$, A_n与A_m不交$(m \neq n)$, $m, n \in \mathbb{N}$. 在每个A_n上重复前面的证明则得分解的唯一性. 证毕.

命题2.2.2 设μ为σ代数$\mathcal{F}$上的测度,λ是$\mathcal{F}$上的符号测度. 若λ有限,则λ关于μ绝对连续当且仅当$\lim\limits_{\mu(A) \to 0} \lambda(A) = 0$.

证明 易见当$\lim\limits_{\mu(A) \to 0} \lambda(A) = 0$ 时,$\lambda \ll \mu$.

反之,设$\lambda \ll \mu$. 若$\lim\limits_{\mu(A) \to 0} |\lambda|(A) \neq 0$, 则存在$\varepsilon > 0$ 和$A_n \in \mathcal{F}$ 使$\mu(A_n) \leqslant 2^{-n}$, 但$|\lambda|(A_n) \geqslant \varepsilon, \forall n$. 令

$$A = \limsup_n A_n,$$

则

$$\mu(A) = \lim_n \mu\left(\bigcup_{k \geqslant n} A_k\right) \leqslant \lim_n \sum_{k \geqslant n} \mu(A_k) = 0,$$

但是$|\lambda|(A) \geqslant \varepsilon$, 矛盾. 因此$\lim\limits_{\mu(A) \to 0} \lambda(A) = 0$. 证毕.

2.3 Radon-Nikodym定理在实分析中的应用

设μ是$(\mathbb{R}, \mathcal{B}(\mathbb{R}))$ 上的符号测度, μ在每个有界区间上是有限的, 又设m为$\mathbb{R}$上

的Lebesgue测度. 对任意的$x\in\mathbb{R}$,定义

$$\overline{\mathrm{D}}\mu(x)=\lim_{r\to 0}\sup_{C_r\in\mathcal{G}_{r,x}}\frac{\mu(C_r)}{m(C_r)},\quad \underline{\mathrm{D}}\mu(x)=\lim_{r\to 0}\inf_{C_r\in\mathcal{G}_{r,x}}\frac{\mu(C_r)}{m(C_r)},\tag{2.3.1}$$

其中$\mathcal{G}_{r,x}=\{C_r:C_r$是包含$x$的长度小于或等于$r$的开区间$\}$. 称$\mu$在$x$可微, 若$\overline{\mathrm{D}}\mu(x)=\underline{\mathrm{D}}\mu(x)=$某个实数, 以$\mathrm{D}\mu(x)$记它们的共同值.

假设$C_1,\cdots,C_n$ 是直线上的开区间且$m(C_{i+1})\geqslant m(C_i)$. 取$i_1=1,i_2=\inf\{k>i_1:C_k$与$C_{i_1}$不相交$\}$. 一般地,取$i_s=\inf\{k>i_{s-1}:C_k$与$C_{i_1}\cup\cdots\cup C_{i_{s-1}}$不相交$\}$, 当满足上述条件的$k$不存在时,定义$i_s=\infty$. 设$t$是有限的$i_s$的个数,则得到$\{C_1,\cdots,C_n\}$的一个两两不交的子族$\{C_{i_1},\cdots,C_{i_n}\}$. 任取$1\leqslant j\leqslant n$,必存在i_s使$i_s\leqslant j<i_{s+1}$使$C_j\cap C_{i_s}\neq\varnothing$ 而且$m(C_j)\leqslant m(C_{i_s})$,令B_s为以C_{i_s} 中心为中心以$3m(C_{i_s})$为直径的开区间,则$C_j\subset B_s$, 于是

$$m\left(\bigcup_{j=1}^{n}C_j\right)\leqslant m\left(\bigcup_{s=1}^{t}B_s\right)\leqslant 3\sum_{s=1}^{t}m\left(C_{i_s}\right).\tag{2.3.2}$$

现在假设μ是$\mathbb{R}$上的Lebesgue-Stieltjes测度,A是有界Borel可测集,$\mu(A)=0$. 定义

$$T=\left\{x\in A:\overline{\mathrm{D}}\mu\left(x\right)>a\right\}.$$

固定$r=0$,令K是含于T的一个紧集,根据K的紧性,K总可以被有限个开区间$C_1,\cdots$, C_n覆盖而且$\mu(C_i)>am(C_i),m(C_i)<r$. 若$\{C_{i_1},\cdots C_{i_t}\}$是满足(2.3.2)的子族,则

$$m\left(K\right)\leqslant m\left(\bigcup_{j=1}^{n}C_j\right)\leqslant 3\sum_{s=1}^{t}m\left(C_{i_s}\right)\leqslant\frac{3}{a}\sum_{s=1}^{t}\mu\left(C_{i_s}\right)\leqslant\frac{3}{a}\mu\left(K_r\right),$$

其中$K_r=\{x\in\mathbb{R},\operatorname{dist}(x,K)<r\}$, $\operatorname{dist}(x,K)$表示x与K之间的距离.因为r是任意的,所以$m\left(K\right)\leqslant 3\mu\left(K\right)/a\leqslant 3\mu\left(A\right)/a=0$,根据实变函数论的知识,$m\left(T\right)=0$,可以把上述结论总结为以下的引理.

引理2.3.1 设μ是$(\mathbb{R},\mathcal{B}(\mathbb{R}))$ 上的Lebesgue-Stieltjes测度, 若$\mu(A)=0$, 则在A上$\mathrm{D}\mu=0$ a.e. $[m]$,m为$\mathbb{R}$上的Lebesgue测度.

现在利用引理2.3.1来证明$\mathrm{D}\mu$的存在性.

定理2.3.1 设μ是$(\mathbb{R},\mathcal{B}(\mathbb{R}))$上的符号测度,$\mu$在有界集上有限,令$\mu=\mu_1+\mu_2$,其中$\mu_1\ll m,\mu_2\perp m$,$m$为Lebesgue测度,则对几乎所有的$x\in\mathbb{R}$(关于Lebesgue测度$m$) $\mathrm{D}\mu(x)$存在且$\mathrm{D}\mu=\mathrm{d}\mu_1/\mathrm{d}m$ a.e.$[m]$, $\mathrm{d}\mu_1/\mathrm{dm}$为$\mu_1$关于$m$的Radon-Nikodym导数.

证明 设a是任一实数,C是一个长度小于r的开区间,若记$g=\mathrm{d}\mu_1/\mathrm{dm}$,有

$$\mu_1(C)-am\left(C\right)=\int_{C}(g-a)\mathrm{d}m\leqslant\int_{C\cap\{g\geqslant a\}}(g-a)\mathrm{d}m.\tag{2.3.3}$$

令$A=\{g<a\}$, $\lambda(E)=\int_{E\cap\{g\geqslant a\}}(g-a)\,\mathrm{d}m, E\in\mathcal{B}(\mathbb{R})$, 则$\lambda(A)=0$, 由引理2.3.1, 在$A$上, $\overline{\mathrm{D}}\lambda=0$ a.e.$[m]$,从而由(2.3.3)推出:在A上,$\overline{\mathrm{D}}\mu_1\leqslant a$ a.e.$[m]$. 定义

$$E_a=\left\{x\in\mathbb{R}:g(x)<a<\overline{\mathrm{D}}\mu_1(x)\right\},$$

则$m(E_a)=0$,但$\{\overline{\mathrm{D}}\mu_1>g\}\subset\cup\{E_a:a\text{为有理数}\}$,故$\overline{\mathrm{D}}\mu_1\leqslant g$ a.e.$[m]$,以$-\mu_1$代替μ_1,$-g$代替g,则得$\overline{\mathrm{D}}\mu_1\geqslant g$ a.e.$[m]$,注意到$|\mu_1|$是σ有限测度,因此g是关于m几乎处处有限的.定理证毕.

定义2.3.1 设$[a,b]$是一个有界闭区间, $f:[a,b]\to\mathbb{R}$, 称f是绝对连续的, 如果对任意$\varepsilon>0$, 存在$\delta>0$, 使得对所有正整数n及所有含于$[a,b]$的不相交的开区间族$(a_1,b_1),\cdots,(a_n,b_n)$, 只要$\sum\limits_{i=1}^{n}(b_i-a_i)\leqslant\delta$, 就有

$$\sum_{i=1}^{n}|f(b_i)-f(a_i)|<\varepsilon.$$

显然$[a,b]$上的绝对连续函数一定是连续函数,反之则不然.

定理2.3.2 设f是$[a,b]$上的分布函数, μ 是对应于f的Lebesgue-Stieltjes测度, 则$\mu\ll m$当且仅当f是$[a,b]$上的绝对连续函数, m表示Lebesgue测度.

证明 设$\mu\ll m$. 根据命题2.2.2, 任给$\varepsilon>0$, 必存在$\delta>0$,只要$m(A)\leqslant\delta$,必有$\mu(A)\leqslant\varepsilon$. 现取不相交的子区间:$(a_1,b_1),\cdots,(a_n,b_n)$, $\sum\limits_{i=1}^{n}(b_i-a_i)\leqslant\delta$,于是

$$\begin{aligned}\sum_{i=1}^{n}|f(b_i)-f(a_i)|&=\sum_{i=1}^{n}\mu(a_i,b_i]\\&=\sum_{i=1}^{n}\mu(a_i,b_i)\quad(m(\{b_i\})=0,\text{故}\mu(b_i)=0)\\&=\mu\left(\bigcup_{i=1}^{n}(a_i,b_i)\right)\leqslant\varepsilon,\end{aligned}$$

由定义知f是绝对连续的.

反之, 设f是绝对连续的. 若$\mu\ll m$不成立, 则存在$A_n\in\mathcal{B}([a,b])$使$m(A_n)\to 0$ $(n\to\infty)$, 但$m(A_n)\geqslant\varepsilon,\forall n$.

注意$m(A_n)=\inf\{m(V):V\text{是开集},\ A_n\subset V\}$, 故对每个$k$, 存在$n_k$使$m(A_{n_k})\leqslant 1/2^k$, 而且可以找到开集$V_k$满足: $A_{n_k}\subset V_k, m(V_k)\leqslant 1/2^{k-1}$. 根据文献[6]中的结论, V_k可以表示为

$$V_k=\bigcup_{j\in J}\left(a_j^{(k)},b_j^{(k)}\right),\quad J\text{为可数集},\left(a_j^{(k)},b_j^{(k)}\right)\cap\left(a_j^{(k)},b_j^{(k)}\right)=\varnothing,i+j.$$

由f的绝对连续性

$$\sum_{j\in J}\left|f\left(b_j^{(k)}\right)-f\left(a_j^{(k)}\right)\right|\leqslant\frac{\varepsilon}{2},\quad k\text{充分大},$$

而这与$\mu(A_n)\geqslant\varepsilon$矛盾,故$\mu\ll m$. 定理证毕.

设$f:[a,b]\to\mathbb{R}$, $P:a=x_0<x_1<\cdots<x_n=b$ 是$[a,b]$ 的一个分割, 以$\mathcal{P}$记$[a,b]$ 上分割的全体,定义

$$V(P)=\sum_{i=1}|f(x_i)-f(x_{i-1})|,\quad V_f(a,b)=\sup_{P\in\mathcal{P}}V(P)$$

称$V_f(a,b)$为f在$[a,b]$上的变差,若$V_f(a,b)<\infty$,则称f在$[a,b]$上具有有界变差.易见, $\forall c\in(a,b)$, 总有$V_f(a,b)=V_f(a,c)+V_f(c,b)$.

下面的几个定理将给出函数的绝对连续性、有界变差性质与可微之间的关系.

定理2.3.3 设$f:[a,b]\to\mathbb{R}$是绝对连续的, 则f在$[a,b]$上具有有界变差.

证明 任意给定$\varepsilon>0$. 选定$\delta>0$满足如下条件:对任意的n,N 若$a\leqslant a_1<b_1\leqslant a_2<b_2\leqslant a_3<b_3\leqslant\cdots\leqslant a_n<b_n\leqslant b$, $\sum\limits_{i=1}^{n}(b_i-a_i)\leqslant\delta$, 则$\sum\limits_{i=1}^{n}|f(b_i)-f(a_i)|\leqslant\varepsilon$.

设P是$[a,b]$的一个分割, $Q:q=x_0<x_1<\cdots<x_m=b$ 是P的一个加细, $x_i-x_{i-1}\leqslant\delta/2$. 令$i_0=0, i_1=\sup\{k:x_k-x_{i_0}<\delta\}, i_2=\sup\{k>i_1:x_k-x_{i_1}<\delta\}$, 继续下去直到这一过程终结, 记$i_r$为最后一个这样的正整数, 必有$i_r=m$. 由$Q$的构造知, $x_{i_k}-x_{i_{k-1}}\geqslant\delta/2, k=1,2,\cdots,r-1$, 因此

$$r\leqslant 1+\frac{2(b-a)}{\delta}=:M.$$

根据δ的选取知, $V(Q)\leqslant M\varepsilon$, 但$V(P)\leqslant V(Q)$,由$P$的任意性得$V_f(a,b)\geqslant M\varepsilon<\infty$. 定理证毕.

引理2.3.2 设$f:[a,b]\to\mathbb{R}$具有有界变差, 则在$[a,b]$上存在单调上升的函数H与G, 使$f=H-G$, 若f是绝对连续的,则H与G也可选作绝对连续的单调上升函数.

证明 令$H(x)=V_f(a,x), G(x)=H(x)-f(x), x\in[x,b]$. 由有界变差的定义知$H(x)$与$G(x)$均为单调上升函数.

现设f 是绝对连续的. 任取$\varepsilon>0$, 选定$\delta>0$ 满足: 对于$\forall n$, 只要$a\leqslant a_1<b_1\leqslant a_2<b_2\leqslant\cdots\leqslant a_n<b_n\leqslant b$, $\sum\limits_{i=1}^{n}(b_i-a_i)\leqslant\delta$, 就有$\sum\limits_{i=1}^{n}|f(b_i)-f(a_i)|\leqslant\varepsilon$. 设$(c_1,d_1),\cdots,(c_m,d_m)$是$[a,b]$的不相交的子开区间, $\sum\limits_{i=1}^{m}(d_i-c_i)\leqslant\delta$. 若$P_i$是$[c_i,d_i]$的一个分割, $i=1,\cdots,m$, 则由f的绝对连续性, $\sum\limits_{i=1}^{m}V(P_i)\leqslant\varepsilon$, 进而$\sum\limits_{i=1}^{m}V_f(c_i,d_i)\leqslant\varepsilon$, 此即$\sum\limits_{i=1}^{m}[H(d_i)-H(c_i)]\leqslant\varepsilon$. 因此$H(x)$是绝对连续的,而绝对连续函数之差依然是绝对连续的, 故$G(x)$亦为绝对连续函数. 定理证毕.

定理2.3.4 设$f:[a,b]\to\mathbb{R}$具有有界变差, 则f在$[a,b]$上几乎处处可微(关于Lebesgue测度).

证明 根据引理2.3.2, 不妨假设f是$[a,b]$上的单调上升函数. 令μ是对应于f的Lebesgue-Stieltjes测度. 由定理2.3.1知, $\mathrm{D}\mu$几乎处处存在(关于Lebesgue测度). 下面要证

$$\mathrm{D}\mu=f' \ \ \text{a.e.}[\text{Lebesgue测度}].$$

事实上,对任意$x\in[a,b]$, 若$\mathrm{D}\mu(x)$存在, 则f在点x连续. 如果$\lim\limits_{h\to0}\frac{f(x+h)-f(x)}{h}\neq\mathrm{D}\mu(x)=c$, 那么必有$\varepsilon>0$及序列$h_n\to0$使$|[f(x+h_n)-f(x)]/h_n-c|\geqslant\varepsilon,\forall n$. 不妨设$h_n>0,\forall n$. 由于$f$在$x$连续, 故存在$h_n^2>k_n>0$使得$|f(x)-f(x-k_n)|\leqslant h_n^2$, 从而

$$\left|\frac{f(x+h_n)-f(x-k_n)}{h_n+k_n}-c\right|\geqslant\frac{\varepsilon}{2},\quad\forall n. \tag{2.3.4}$$

因为f在$[a,b]$上至多只有可数个不连续点,所以不妨假设f在$x+h_n$和$x-k_n$均连续, 此时由(2.3.4)有$\mu(x-k_n,x+h_n)/(h_n+k_n)\nrightarrow c$, 矛盾. 定理证毕.

注2.3.1 连续且关于Lebesgue测度几乎处处可微的函数不一定绝对连续.

下面证明关于绝对连续函数的重要定理.

定理2.3.5 f在$[a,b]$上绝对连续的充要条件是

$$f(x)-f(a)=\int_a^x f'(t)\mathrm{d}t,\quad a\leqslant x\leqslant b.$$

证明 充分性是显然的.

反之, 不妨设f单调上升且绝对连续. 令μ为对应于f的Lebesgue-Stieltjes测度, m表示Lebesgue测度, 则由定理2.3.2知$\mu\ll m$, 因此存在可积函数g使$\mu(A)=\int\limits_A g\mathrm{d}m$. 特别地,$f(x)-f(a)=\int_a^x g(t)\mathrm{d}m(t)$, 但此时$f'$几乎处处存在, 且在$[a,b]$上有$f'=\mathrm{D}\mu=g$ a.e. $[m]$, 所以

$$f(x)-f(a)=\int_a^x f'(t)\mathrm{d}t,\quad a\leqslant x\leqslant b.$$

定理证毕.

习 题 2

1. 设g是$(\Omega,\mathcal{F},\mu)$上的非负Borel可测函数. 在$\mathcal{F}$上定义测度λ如下:

$$\lambda(A)=\int\limits_A g\mathrm{d}\mu,\quad A\in\mathcal{F}.$$

试证:对Ω上任一Borel可测函数f, 总有

$$\int_{\Omega} f \mathrm{d}\lambda = \int_{\Omega} fg \mathrm{d}\mu,$$

意即:其中一个积分存在时, 另一个也存在且它们相等. 2. 设λ 使σ代数$\mathcal{F}$上的符号测度, 试证:

$$|\lambda|(A) = \sup\left\{\sum_{i=1}^{n} |\lambda(E_i)| : E_1, \cdots, E_n \text{ 是}A\text{的互不相交的可测子集}, n = 1, 2, \cdots\right\}.$$

3. 设$(\Omega, \mathcal{F})$是一个可测空间, 称λ为一个复测度, 如果$\lambda = \lambda_1 + \mathrm{i}\lambda_2$, 其中$\lambda_1$和$\lambda_2$均为有限的符号测度.

(a) 定义λ的全变差如下:

$$|\lambda|(A) = \sup\left\{\sum_{i=1}^{u} |\lambda(E_i)| : E_1, \cdots, E_n \text{ 是}A\text{的互不相交的可测子集}, n = 1, 2, \cdots\right\}.$$

试证:$|\lambda|$是$\mathcal{F}$上的一个测度.

现设μ是一个非负实值测度, λ, λ_1 和λ_2为复测度. 若对任意的$A \in \mathcal{F}, \mu(A) = 0$, 总有$\lambda(A) = 0$, 则记$\lambda \ll \mu$; 若$|\lambda_1| \perp |\lambda_2|$, 则记$\lambda_1 \perp \lambda_2$.

(b) 试证$|\lambda_1 + \lambda_2| \leqslant |\lambda_1| + |\lambda_2|$, $|a\lambda| = |a|\,|\lambda|, a \in C$. 特别地, 若$\lambda = \lambda_1 + \mathrm{i}\lambda_2$, λ_1, λ_2为符号测度, 则$|\lambda| \leqslant |\lambda_1| + |\lambda_2|$.

(c) 若$\lambda_1 \perp \mu, \lambda_2 \perp \mu$, 则$\lambda_1 + \lambda_2 \perp \mu$.

(d) 若$\lambda \ll \mu$, 则$|\lambda| \ll \mu$, 反之亦然.

(e) 若$\lambda_1 \ll \mu, \lambda_2 \perp \mu$, 则$\lambda_1 \perp \lambda_2$.

(f) 若$\lambda \ll \mu, \lambda \perp \mu$, 则$\lambda = 0$.

4. 若λ, μ和ν是有限的符号测度(i.e. $|\lambda|, |\mu|$ 和$|\nu|$ 是σ有限的), $\mu \ll \lambda$ 且$\nu \ll \mu$, 则

$$\frac{\mathrm{d}\nu}{\mathrm{d}\lambda} = \frac{\mathrm{d}\nu}{\mathrm{d}\mu} \cdot \frac{\mathrm{d}\mu}{\mathrm{d}\lambda} \quad [\lambda],$$

由此结论推出:在上述条件下, 当$\lambda \ll \mu$ 且$\mu \ll \lambda$ 时, $\mathrm{d}\mu/\mathrm{d}\lambda = 1/(\mathrm{d}\lambda/\mathrm{d}\mu)$.

5. 若μ和ν是σ有限的符号测度且$\nu \ll \mu$, 则

$$\nu\left(\left\{x : \frac{\mathrm{d}\nu}{\mathrm{d}\mu}(x) = 0\right\}\right) = 0.$$

6. 设$E_1 = \left(\frac{1}{3}, \frac{2}{3}\right), E_2 = \left(\frac{1}{9}, \frac{2}{9}\right) \cup \left(\frac{7}{9}, \frac{8}{9}\right), \cdots, E_n$ 为$[0,1] - \bigcup\limits_{j=1}^{n-1} E_j$的每个闭区间的中间1/3 部分之并, 称$C = [0,1] - \bigcup\limits_{n=1}^{\infty} E_n$为Cantor 集. 定义函数$F_n : [0,1] \to [0,1]$ 如下:设$A_1, \cdots, A_{2^n-1}$ 为$\bigcup\limits_{i=1}^{n} E_i$ 的全体子区间, 按其端点由小至大的方式排列. 例如, $n = 3$时,

$$\begin{aligned} & E_1 \cup E_2 \cup E_3 \\ = & \left(\frac{1}{27}, \frac{2}{27}\right) \cup \left(\frac{1}{9}, \frac{2}{9}\right) \cup \left(\frac{7}{27}, \frac{8}{27}\right) \cup \left(\frac{1}{3}, \frac{2}{3}\right) \cup \left(\frac{19}{27}, \frac{20}{27}\right) \cup \left(\frac{7}{9}, \frac{8}{9}\right) \cup \left(\frac{25}{27}, \frac{26}{27}\right) \\ = & A_1 \cup A_2 \cup \cdots \cup A_7. \end{aligned}$$

令$F_n(0)=0, F_n(x)=k/2^n$，当$x\in A_k(k=1,2,\cdots,2^2-1)$，$F_n(1)=1$，当$x$ 在A_k 的左端点b_k与A_{k+1}的左端点a_{k+1}之间时，$F_n(x)$是连接$(b_k,k/2^n)$ 与$(a_{k+1},(k+1)/2^n)$ 之间的直线段. 试证$F_n(x)\to F(x)$，$x\in[0,1]$. 极限函数$F(x)$称为Cantor函数. 进一步证明$F(x)$具有以下性质:

(1) F 连续且单调上升;

(2) $F'(x)=0$ a.e. $[m]$，m 为Lebesgue测度;

(3) F不绝对连续;

(4) F对应的Lebesgue-Stieltjes测度关于Lebesgue测度奇异.

第 3 章　乘积空间上的测度与积分

3.1　乘 积 测 度

以 $\overset{n}{\underset{i=1}{\times}}[a_i,b_i]$表示集合$A_1,A_2,\cdots,A_n$的乘积, 现在考虑$\mathbb{R}^n$中的矩形 $\overset{n}{\underset{i=1}{\times}}[a_i,b_i]$, 它的Lebesgue测度是$\prod\limits_{i=1}^{n}(b_i-a_i)$, 但$b_i-a_i$是$[a_i,b_i]$的Lebesgue测度,可以看出对$\mathbb{R}^n$中任一矩形而言, 其$n$维Lebesgue测度值正是它的每个区间的一维Lebesgue测度之积, 下面沿着这一思路引入一般的乘积测度的概念.

定义3.1.1　设$(\Omega_i,F_i), i=1,2,\cdots,n$为$n$个可测空间, 若$A_i\in\mathcal{F}_i, i=1,\cdots,n$, 则称 $\overset{n}{\underset{i=1}{\times}}A_i$为可测矩形, 称由可测矩形生成的$\sigma$代数为乘积集 $\overset{n}{\underset{i=1}{\times}}\Omega_i$上的乘积$\sigma$代数, 记为$\mathcal{F}_1\times\cdots\times\mathcal{F}_n$(或 $\overset{n}{\underset{i=1}{\times}}\mathcal{F}_{i,}$) $\left(\overset{n}{\underset{i=1}{\times}}\Omega_i;\ \overset{n}{\underset{i=1}{\times}}\mathcal{F}_i\right)$则称为乘积空间.

注3.1.1　全体可测矩形的有限并构成一个代数,其次σ代数的乘积具有结合律.

设$(\Omega_1,\mathcal{F}_1),(\Omega_2,\mathcal{F}_2)$为两个可测空间. 令$E\subset\Omega_1\times\Omega_2$, 称$E_x=\{y\in\Omega_2:(x,y)\in E\}$ 为由点x决定的截面.

命题3.1.1　设$E\in\mathcal{F}_1\times F_2$,则$E_x\in\mathcal{F}_2,\forall x\in\Omega_1$.

证明　若$E=A\times B, A\in\mathcal{F}_1, B\in\mathcal{F}_2$,则

$$E_x=\begin{cases}\varnothing, & x\notin A,\\ B, & x\in B.\end{cases}$$

因此任一可测矩形之截面必可测. 以$\mathcal{F}_0$记全体可测矩形的有限并构成的域, 则$\mathcal{F}_0$中任一集合的截面是可测的. 令

$$\mathcal{M}=\{E\in\mathcal{F}_1\times F_2: E_x\in\mathcal{F}_2,\forall x\in\Omega_1\},$$

由于$\mathcal{M}$是包含$\mathcal{F}_0$的单调族,故根据单调族定理(定理1.2.2)得$\mathcal{M}=\mathcal{F}_1\times\mathcal{F}_2$. 证毕.

命题3.1.2　设$f:(\Omega_1\times\Omega_2,\mathcal{F}_1\times\mathcal{F}_2)\to(\mathbb{R},B(\mathbb{R}))$,任意固定$\omega_1\in\Omega_1$,则$f(\omega_1,\cdot)$是从$(\Omega_2,\mathcal{F}_2)$到$(\mathbb{R},B(\mathbb{R}))$的Borel可测函数.

证明　记$f_{\omega_1}(\cdot)=f(\omega_1,\cdot)$. 注意到

$$f_{\omega_1}^{-1}(A)=\left[f^{-1}(A)\right]_{\omega_1},\quad \forall A\subset\mathbb{R},$$

由命题3.1.1立得. 证毕.

定理3.1.1　设$(\Omega_1,\mathcal{F}_1,\mu_1)$是一个测度空间, μ_1在$\mathcal{F}_1$上是σ有限的, $(\Omega_2,\mathcal{F}_2)$是一个可测空间. 定义$\mu(\cdot,\cdot):\Omega_1\times\mathcal{F}_2\to\overline{\mathbb{R}}$, 对每个$\omega_1\in\Omega_1$, $\mu(\omega_1,\cdot)$是$\mathcal{F}_2$上的一个测度, 对每个$B\in\mathcal{F}_2$, $\mu(\cdot,B)$是一个Borel可测函数, 还假设$\Omega_2=\bigcup\limits_n B_n$, $B_n\in\mathcal{F}_2$两两不交,

$\mu(\omega_1, B_n) \leqslant k_n$(对一切$\omega_1 \in \Omega_1$), k_n是常数, 则存在唯一一个$\mathcal{F}_1 \times \mathcal{F}_2$上的测度$\mu$使得

$$\mu(A \times B) = \int\limits_A \mu(\omega_1, B)\mu_1(\mathrm{d}\omega_1), \quad \forall A \in \mathcal{F}_1, B \in \mathcal{F}_2.$$

一般地,

$$\mu(F) = \int_{\Omega_1} \mu\left(\omega_1, F_{\omega_1}\right)\mu_1(\mathrm{d}\omega_1), \quad \forall F \in \mathcal{F}_1 \times \mathcal{F}_2,$$

μ在$\mathcal{F}_1 \times \mathcal{F}_2$上还是$\sigma$有限的.

证明 分三步证明.先假设$\mu(\omega_1, \cdot)$是有限的.记 $\mathcal{F} = \mathcal{F}_1 \times \mathcal{F}_2$. 根据命题3.1.1, 只要$C \in \mathcal{F}$, 就有$C_{\omega_1} \in \mathcal{F}_2$.下证$\mu(\omega_1, C_{\omega_1})$是$(\Omega_1, \mathcal{F}_1)$上的Borel可测函数.事实上,若令

$$\mathcal{J} = \left\{C \in \mathcal{F} : \mu(\omega_1, C_{\omega_1})\,\text{Borel可测}\right\},$$

则有{全体可测矩形} $\subset \mathcal{J}$. 易见,有限个不相交的可测矩形的并也属于$\mathcal{J}$, 而$\mathcal{J}$又是单调族, 应用单调族定理可得$\mathcal{J} = \mathcal{F}$.

定义

$$\nu(F) = \int\limits_{\Omega_1} \mu(\omega_1, F_{\omega_1})\mu_1(\mathrm{d}\omega_1), \quad F \in \mathcal{F},$$

由于

$$\mu(\omega_1, (A \times B)_{\omega_1}) = \mu(\omega_1, B)I_A(\omega_1),$$

故

$$\nu(A \times B) = \int\limits_A \mu(\omega_1, B)\mu_1(\mathrm{d}\omega_1), \quad \forall A \in \mathcal{F}_1, B \in \mathcal{F}_2.$$

设$A_n \in \mathcal{F}$两两不交, 则

$$\begin{aligned}
\nu\left(\bigcup_n A_n\right) &= \int\limits_{\Omega_1} \mu\left(\omega_1, \left(\bigcup_n A_n\right)_{\omega_1}\right)\mu_1(\mathrm{d}\omega_1) \\
&= \int\limits_{\Omega_1} \mu\left(\omega_1, \left(\bigcup_n A_n\right)_{\omega_1}\right)\mu_1(\mathrm{d}\omega_1) \\
&= \sum_n \int\limits_{\Omega_1} \mu\left(\omega_1, (A_n)_{\omega_1}\right)\mu_1(\mathrm{d}\omega_1) \quad (\text{单调收敛定理}) \\
&= \sum_n \nu(A_n),
\end{aligned}$$

故ν是$\mathcal{F}$上的测度.

现在假设$\mu(\omega_1, \cdot)$在$\mathcal{F}_2$上一致σ有限. 令

$$\mu_n(\omega_1, B) = \mu(\omega_1, B \cap B_n), \quad B \in \mathcal{F}_2.$$

定义

$$\nu_n(F)=\int\limits_{\Omega_1}\mu_n(\omega_1,F_{\omega_1})\mu_1(\mathrm{d}\omega_1),\quad \nu=\sum_n\nu_n,\mathcal{F}\in\mathcal{F}.$$

根据前面的证明, ν即为所求.

最后证明唯一性. 令λ,ν均为满足定理中要求的$\mathcal{F}$上的测度. 由于μ_1在$\mathcal{F}_1$上σ有限, $\mu(\omega_1,\cdot)$在$\mathcal{F}_2$上一致σ有限, 因此存在$A_n\in\mathcal{F}_1$ 两两不交, $B_n\in\mathcal{F}_2$两两不交, 使得$\Omega_1=\bigcup\limits_m A_m,\mu_1(A_m)<\infty,\Omega_2=\bigcup\limits_n B_n,\mu(\omega_1,B_n)\leqslant k_n<\infty$, 故$\nu(A_m\times B_n)=\int\limits_{A_m}\mu(\omega_1,B_n)\mu_1(\mathrm{d}\omega_1)\leqslant k_n\mu_1(A_m)<\infty$,而$\Omega_1\times\Omega_2=\bigcup\limits_m\bigcup\limits_n(A_m\times B_n)$, 因此$\nu$在由可测矩形生成的域上是$\sigma$有限的, 由测度扩张存在唯一性定理知, $\nu=\lambda$. 定理证毕.

注3.1.2 称满足定理3.1.1中条件的$\mu(\omega_1,\cdot)\,(\omega_1\in\Omega_1)$ 为$\mathcal{F}_2$上一致σ有限的测度.

推论3.1.1 设$(\Omega_i,\mathcal{F}_i),i=1,2$为测度空间, μ_i在$\mathcal{F}_i$上σ有限,记 $\mathcal{F}=\mathcal{F}_1\times\mathcal{F}_2$, 则

$$\nu(F)=\int\limits_{\Omega_1}\mu_2(F_{\omega_1})\mu_1(\mathrm{d}\omega_1)=\int\limits_{\Omega_2}\mu_1(F_{\omega_2})\mu_2(\mathrm{d}\omega_2)$$

是$\mathcal{F}$上唯一满足

$$\mu(A\times B)=\mu_1(A)\mu_2(B),\quad A\in\mathcal{F}_1,B\in\mathcal{F}_2$$

的测度, 而且μ在 $\mathcal{F}$上σ有限. 称μ为μ_1与μ_2的乘积测度, 记作$\mu_1\times\mu_2$.

上述结果对n维乘积空间也是成立的, 见文献[1].

3.2 Fubini 定 理

设$f(x)$是定义在$\mathbb{R}^n$空间上的Borel可测函数, 若$f(x)$关于n维Lebesgue测度可积, 其积分是否可以像微积分中Riemann积分那样转化成几重Lebesgue积分逐步计算呢?下面的Fubini定理将回答这个问题.

定理3.2.1(Fubini定理) 沿用定理3.1.1的符号. 在同样的条件下,令

$$f:(\Omega,\mathcal{F})\to(\bar{\mathbb{R}},\mathcal{B}(\bar{\mathbb{R}})).$$

(a) 若f非负, 则$\int\limits_{\Omega_2}f(\omega_1,\omega_2)\,\mu(\omega_1,\mathrm{d}\omega_2)$存在且为$(\Omega_1,F_1)$上的Borel可测函数, 进而

$$\int\limits_{\Omega}f(\omega_1,\omega_2)\mathrm{d}\mu(\omega_1,\omega_2)=\int\limits_{\Omega_1}\left[\int\limits_{\Omega_2}f(\omega_1,\omega_2)\mu(\omega_1,\mathrm{d}\omega_2)\right]\mu_1(\mathrm{d}\omega_1);$$

(b) 若$\int\limits_{\Omega} f\mathrm{d}\mu$存在,则积分$\int\limits_{\Omega_2} f(\omega_1,\omega_2)\,\mu(\omega_1,\mathrm{d}\omega_2)$关于$\mu_1$几乎处处存在, 而且定义了一个Borel可测函数, 还有

$$\int\limits_{\Omega} f(\omega_1,\omega_2)\mathrm{d}\mu(\omega_1,\omega_2)=\int\limits_{\Omega_1}\left[\int\limits_{\Omega_2} f(\omega_1,\omega_2)\,\mu(\omega_1,\mathrm{d}\omega_2)\right]\mu_1(\mathrm{d}\omega_1).$$

证明 (a) 根据f的可测性及定理3.1.1的证明,

$$\{\omega_2\in\Omega_2: f(\omega_1,\omega_2)\in B\}=\left[f^{-1}(B)\right]_{\omega_1}\in\mathcal{F}_2,\quad \forall\omega_1\in\Omega_1,\forall B\in\mathcal{B}(\overline{\mathbb{R}}),$$

因此积分$\int\limits_{\Omega_2} f(\omega_1,\omega_2)\mu(\omega_1,\mathrm{d}\omega_2)$总存在.

任意给定$F\in\mathcal{F}$, 则有

$$\int\limits_{\Omega_2} I_F(\omega_1,\omega_2)\mu(\omega_1,\mathrm{d}\omega_2)=\int\limits_{\Omega_2} I_{F_{\omega_1}}(\omega_2)\,\mu(\omega_1,\mathrm{d}\omega_2)=\mu(\omega_1,F_{\omega_1}),$$

再次根据定理3.1.1的证明, 可以知道$\int\limits_{\Omega_2} I_F(\omega_1,\omega_2)\mu(\omega_1,\mathrm{d}\omega_2)$是Borel可测的,故

$$\begin{aligned}\int\limits_{\Omega} I_F\mathrm{d}\mu=\mu(F)&=\int\limits_{\Omega_1}\mu(\omega_1,F_{\omega_1})\,\mu_1(\mathrm{d}\omega_1)\\&=\int\limits_{\Omega_1}\left[\int\limits_{\Omega_2} I_F(\omega_1,\omega_2)\,\mu(\omega_1,\mathrm{d}\omega_2)\right]\mu_1(\mathrm{d}\omega_1),\end{aligned}$$

这说明当f为非负简单函数时, (a)是成立的.

当f是$(\Omega,\mathcal{F})$ 上一般的非负Borel可测函数时, 令$\{f_n\}$ 为单调上升收敛于f的非负简单函数列, 则

$$\int\limits_{\Omega_2} f(\omega_1,\omega_2)\mu(\omega_1,\mathrm{d}\omega_1)=\lim_n\int\limits_{\Omega_2} f_n(\omega_1,\omega_2)\mu(\omega_1,\mathrm{d}\omega_2)$$

在$(\Omega_1,\mathcal{F}_1)$上Borel可测且由单调收敛定理有

$$\begin{aligned}\int\limits_{\Omega} f\mathrm{d}\mu=\lim_n\int\limits_{\Omega} f_n\mathrm{d}\mu&=\lim_n\int\limits_{\Omega_1}\left[\int\limits_{\Omega_2} f_n(\omega_1,\omega_2)\mu(\omega_1,\mathrm{d}\omega_2)\right]\mu_1(\mathrm{d}\omega_1)\\&=\int\limits_{\Omega_1}\int\limits_{\Omega_2} f(\omega_1,\omega_2)\mu(\omega_1,\mathrm{d}\omega_2)\mu_1(\mathrm{d}\omega_1).\end{aligned}$$

(b) 不妨设$\int_{\Omega} f^{-1}\mathrm{d}\mu<\infty$. 由(a),

$$\int\limits_{\Omega_1}\left[\int\limits_{\Omega_2} f^{-1}(\omega_1,\omega_2)\mu(\omega_1,\mathrm{d}\omega_2)\right]\mu_1(\mathrm{d}\omega_1)=\int\limits_{\Omega} f^{-1}\mathrm{d}\mu<\infty,$$

故$\int\limits_{\Omega_2} f^{-1}(\omega_1,\omega_2)\mu(\omega_1,\mathrm{d}\omega_2)$ 为μ_1可积且关于μ_1几乎处处有限, 于是对a.e.$[\mu_1]\omega_1$有

$$\begin{aligned}&\int\limits_{\Omega_2} f(\omega_1,\omega_2)\mu(\omega_1,\mathrm{d}\omega_2)\\ &=\int\limits_{\Omega_2} f^{+}(\omega_1,\omega_2)\mu(\omega_1,\mathrm{d}\omega_2)-\int\limits_{\Omega_2} f^{-}(\omega_1,\omega_2)\,\mu(\omega_1,\mathrm{d}\omega_2),\end{aligned} \tag{3.2.1}$$

因此$\int\limits_{\Omega_2} f\left(\omega_1,\omega_2\right)\mu\left(\omega_1,\mathrm{d}\omega_2\right)$定义了一个Borel可测函数(不妨在例外集上取零). 对式(3.2.1)两边关于μ_1积分, 则得

$$\int\limits_{\Omega_1}\left[\int\limits_{\Omega_2} f(\omega_1,\omega_2)\mu(\omega_1,\mathrm{d}\omega_2)\right]\mu_1(\mathrm{d}\omega_1)=\int\limits_{\Omega} f^{+}\mathrm{d}\mu-\int\limits_{\Omega} f^{-}\mathrm{d}\mu=\int\limits_{\Omega} f\mathrm{d}\mu.$$

定理证毕.

推论3.2.1 设$\Omega=\Omega_1\times\Omega_2, \mathcal{F}=\mathcal{F}_1\times\mathcal{F}_2, \mu=\mu_1\times\mu_2$, μ_j在σ代数 $\mathcal{F}_j$上σ有限, $j=1,2$. 若积分$\int\limits_{\Omega} f\mathrm{d}\mu$存在, 则

$$\int\limits_{\Omega} f\mathrm{d}\mu=\int\limits_{\Omega_1}\int\limits_{\Omega_2} f\mathrm{d}\mu_1\mathrm{d}\mu_2=\int\limits_{\Omega_2}\int\limits_{\Omega_1} f\mathrm{d}\mu_2\mathrm{d}\mu_1.$$

上述结果对n维情形亦成立,见文献[1].

3.3 无穷维乘积空间上的测度

正如在3.1节中一样,需要先构造可数无穷多个σ代数的乘积.

定义3.3.1 对每个$j\in\mathbb{N}$, 令$(\Omega_j,\mathcal{F}_j)$ 为一个可测空间. 令$\Omega=\mathop{\times}\limits_{j=1}^{\infty}\Omega_j$. 任意给定${}^nB\subset\mathop{\times}\limits_{j=1}^{n}\Omega_j$, 定义

$$B_n=\left\{\omega\in\Omega:(\omega_1,\cdots,\omega_n)\in{}^nB\right\}.$$

称上述B_n为n维的以${}^nB$为基的柱体, 若${}^nB\in\mathop{\times}\limits_{j=1}^{n}\mathcal{F}_j$, 则称$B_n$为可测柱体, 当${}^nB=\mathop{\times}\limits_{j=1}^{n}A_j, A_j\in\mathcal{F}_j$时, 称$B_n$为可测矩形. 由全体可测柱体生成的最小$\sigma$代数称为$\Omega$上的乘积$\sigma$代数,记为$\mathop{\times}\limits_{j=1}^{\infty}F_j$.

注3.3.1 任一n维柱体必为一个$n+k$维柱体$(k\geqslant 1)$.

注3.3.2 $\mathop{\times}\limits_{j=1}^{\infty}\mathcal{F}_j$也是由全体可测矩形生成的最小$\sigma$代数.

事实上,令$\mathcal{G}$=全体可测矩形生成的σ代数, $\mathcal{H}$=全体可测柱体生成的σ代数. 由定义易见$\mathcal{G}\subset\mathcal{H}$. 另一方面, 令

$$\mathcal{H}_n=\left\{A\in\mathop{\times}\limits_{j=1}^{n}\mathcal{F}_j:\{\omega\in\Omega:(\omega_1,\cdots,\omega_n)\in A\}\in\mathcal{G}\right\}.$$

不难验证$\mathcal{H}_n$是一个包含$\mathop{\times}\limits_{j=1}^{n}\Omega_j$上可测矩形的$\sigma$代数, 故任一$n$维可测柱体都含在$\mathcal{G}$中, 总之$\mathcal{H}\subset\mathcal{G}$.

定理3.3.1 设$(\Omega_j,\mathcal{F}_j),j=1,2,\cdots$是任意的可测空间, 又令$\Omega=\mathop{\times}\limits_{j=1}^{\infty}\Omega_j,\mathcal{F}=\mathop{\times}\limits_{j=1}^{\infty}F_j$. 设$P_1$是$\mathcal{F}_1$上的概率测度, 对每个$j\in\mathbb{N}$和每个$(\omega_1,\cdots,\omega_j)\in\mathop{\times}\limits_{i=1}^{j}\Omega_i$, $P(\omega_1,\cdots,\omega_j,\cdot)$ 是$\mathcal{F}_{j+1}$上的概率测度, 而且$P(\omega_1,\cdots,\omega_j,C):\left(\mathop{\times}\limits_{i=1}^{j}\Omega_i,\mathop{\times}\limits_{i=1}^{j}\mathcal{F}_i\right)\to(\mathbb{R},\mathcal{B}(\mathbb{R}))$, $\forall C\in\mathcal{F}_{j+1}$. 任取${}^nB\in\mathop{\times}\limits_{j=1}^{n}F_j$, 定义

$$\begin{aligned}P_n({}^nB)=&\int_{\Omega_1}P_1(\mathrm{d}\omega_1)\int_{\Omega_2}P(\omega_1,\mathrm{d}\omega_2)\cdots\int_{\Omega_{n-1}}P(\omega_1,\cdots,\omega_{n-2},\mathrm{d}\omega_{n-1})\\&\times\int_{\Omega_n}I_{{}^nB}(\omega_1,\cdots,\omega_n)P(\omega_1,\cdots,\omega_{n-1},\mathrm{d}\omega_n),\end{aligned}$$

则存在$\mathcal{F}$上唯一一个概率测度P满足

$$P(\omega\in\Omega:(\omega_1,\cdots,\omega_n)\in{}^nB)=P_n({}^nB),\quad n\in\mathbb{N},{}^nB\in\mathop{\times}\limits_{j=1}^{n}\mathcal{F}_j.$$

特别地, 若P_j是$\mathcal{F}_i$上的概率测度, $j=1,2,\cdots$, 则在$\mathcal{F}=\mathop{\times}\limits_{j=1}^{\infty}\mathcal{F}_j$上存在唯一的概率测度, 使

$$P(\omega\in\Omega:\omega_1\in A_1,\cdots,\omega_n\in A_n)=\prod_{j=1}^{n}P_j(A_j),$$

其中$A_j\in\mathcal{F}_j,j=1,\cdots,n=1,2,\cdots$. 称$P$为概率测度$P_j$的乘积,记为$P=\prod\limits_{j=1}^{\infty}P_j$.

证明 参见文献[1]或[7].

习 题 3

1. 设$(\Omega,\mathcal{F})$ 为可测空间. f 是定义于Ω 上的非负实值函数. 定义

$$V^*(f)=\{(x,y):x\in\Omega,0\leqslant y\leqslant f(x)\},\quad V_*(f)=\{(x,y):x\in\Omega,\ 0\leqslant y<f(x)\}.$$

试证(a) 若f是非负简单函数, 则$V^*(f)$和$V_*(f)$是$\mathcal{F}\times\mathcal{B}(\mathbb{R})$中的可测集;

(b) 若f 与g 均为Ω 上的非负函数, $f(x) \leqslant g(x), \forall x \in \Omega$, 则$V^*(f) \subset V^*(g)$ 且$V_*(f) \subset V_*(g)$;

(c) 若$\{f_n, n \geqslant 1\}$是一列单调上升的非负实值函数, f_n点点收敛于f, 则$\{V_*(f_n)\}$ 是个单调上升的集合列, 且$\bigcup\limits_n V_*(f_n) = V_*(f)$, 类似地, 若$f_n$ 点点下降收敛于f, 则$\{V^*(f_n)\}$ 单调下降且$\bigcap\limits_n V^*(f_n) = V^*(f)$;

(d) 若f 非负可测,则$V^*(f)$和$V_*(f)$均为可测集;

(e) 若E是$\Omega \times \mathbb{R}$上的任意可测集, $\alpha > 0$, $\beta \in \mathbb{R}$, 则集合$\{(x, y) : (x, \alpha y + \beta) \in E\}$ 是可测的;

(f) 若$V^*(f)$和$V_*(f)$可测,则f是Borel可测的;

(g) 称集合$\{(x, y) : f(x) = y\}$为f的图. 若f是可测的, 则其图必可测.

2. 设$(\Omega_1, \mathcal{F}_1, \mu_1)$与$(\Omega_2, \mathcal{F}_2, \mu_2)$均为$\sigma$有限测度空间. 记$\{X_n, n \geqslant 1\}$. 试证: $\mathcal{F}_1 \times \mathcal{F}_2$ 中任一集合E之λ测度为零当且仅当$\mu_2(E(\omega_1)) = 0$ a.e. ω_1 (或$\mu_1(E(\omega_2)) = 0$ a.e. ω_2), 其中$E(\omega_1) = \{\omega_2 \in \Omega_2 : (\omega_1, \omega_2) \in E\}$.

3. 设$(\Omega_i, \mathcal{F}_i, \mu_i), i = 1,2$ 为有限测度空间. 又设f_i是定义于Ω_i上的可积函数,$i = 1$, 2. 令$h = f_1, f_2$,则

$$\int\limits_{\Omega_1 \times \Omega_2} h\mathrm{d}(\mu_1 \times \mu_2) = \int\limits_{\Omega_1} f_1 \mathrm{d}\mu_1 \cdot \int\limits_{\Omega_2} f_2 \mathrm{d}\mu_2.$$

4. 设$g : (\Omega_1, \mathcal{F}_1) \to (\Omega', \mathcal{F}')$, 定义$f : \Omega_1 \times \Omega_2 \to \Omega'$ 如下:$f(\omega_1, \omega_2) = g(\omega_1)$, 则$f$ 关于$\mathcal{F}_1 \times \mathcal{F}_2$ 与$\mathcal{F}'$ 可测,即$\forall F \in \mathcal{F}'$, $f^{-1}(F) \in \mathcal{F}_1 \times \mathcal{F}_2$.

5. 设$\Omega_1 = \Omega_2 = \mathbb{N}, \mathcal{F}_1 = \mathcal{F}_2 = \mathbb{N}$ 的全体子集, $\mu_1 = \mu_2 =$ 计数测度,$f(n, n) = n$, $f(n, n+1) = -n, n = 1, 2, \cdots$, $f(i, j) = 0$, 若$j \neq i$ 或$j \neq i+1$. 试证:

$$\int\limits_{\Omega_1}\int\limits_{\Omega_2} f \mathrm{d}\mu_2 \mathrm{d}\mu_1 = 0, \quad \int\limits_{\Omega_2}\int\limits_{\Omega_1} f \mathrm{d}\mu 1 \mathrm{d}\mu_2 = 0.$$

6. 设$a_{m,\, n} \geqslant 0$,$m \geqslant 1$,$n \geqslant 1$,则$\sum\limits_m \sum\limits_n a_{m,\, n} = \sum\limits_n \sum\limits_m a_{m,\, n}$.

第 4 章　概率论基础

4.1　符号与概念

本节中, 首先介绍概率论中常用的基本概念和相关符号, 然后介绍几个常见的不等式.

设Ω为任一抽象空间, $\mathcal{F}$是Ω上的σ代数, P是定义在$\mathcal{F}$上的概率测度, 称三元组$(\Omega,\mathcal{F},P)$为一个概率空间.

若$X:(\Omega,\mathcal{F})\to(\bar{\mathbb{R}},\mathcal{B}(\bar{\mathbb{R}}))$,则称$X$为一个随机变量,任取$A\in\mathcal{B}(\bar{\mathbb{R}})$,定义$P^X(A)=P(X^{-1}(A))$, 称$P^X$为随机变量$X$诱导的测度. 特别地, 当$A=(-\infty,x]$时,有

$$P^X((-\infty,x])=P(X\leqslant x):=F(x),\quad x\in\mathbb{R}.$$

$F(x)$通常称为随机变量X的分布(函数).当X与$-X$具有相同的分布函数时, X称为对称随机变量.

当随机变量X的值域是一个可数集时, X称为离散随机变量,当X的诱导测度P^X关于Lebesgue测度绝对连续时, 对应的Radon-Nikodym导数$f(x)$称为X的密度(函数), 总有$F(x)=\int_{-\infty}^{x}f(t)\mathrm{d}t$, 其中$F$为$X$的分布.

定义4.1.1　设X是概率空间$(\Omega,\mathcal{F},P)$上的一个随机变量, 若对某个正整数k, 有$\int\limits_{\Omega}|X|^k\,\mathrm{d}P<\infty$, 则称$X$的$k$阶矩存在. 特别地, $k=1$时, 称X的期望存在, 记为$E(X)$. 若X二阶矩存在, 称 $\mathrm{var}(X):=E(X-E(X))^2$为$X$ 的方差. k阶矩存在时, $n(\leqslant k)$阶矩总存在(见命题4.1.2, Hölder不等式).

若X与Y具有二阶矩, 称 $\mathrm{cov}(X,Y):=E\left[(X-E(X))(Y-E(Y))\right]$ 为X与Y的协方差, 称 $\mathrm{corr}(X,Y):=\frac{\mathrm{cov}(X,Y)}{[\mathrm{var}(X)\mathrm{var}(Y)]^{1/2}}$ 为X与Y的相关系数.

定义4.1.2　设$(\Omega,\mathcal{F},P)$为一概率空间, $A_i\in\mathcal{F},1\leqslant i\leqslant n$. 若$P\left(\bigcap\limits_{i=1}^{n}A_i\right)=\prod\limits_{i=1}^{n}P(A_i)$, 则称$A_1,A_2,\cdots,A_n$ 相互独立, 设$X_i,1\leqslant i\leqslant n$是$n$个随机变量. 若任取$B_i\in\mathcal{B}(\bar{\mathbb{R}}),1\leqslant i\leqslant n$, 总有

$$P(X_i\in B_i,1\leqslant i\leqslant n)=\prod_{i=1}^{n}P(X_i\in B_i),$$

则称$X_1,X_2,\cdots,X_n$是相互独立的随机变量.

注4.1.1　若随机变量X与Y相互独立, 则$\mathrm{corr}(X,Y)=0$, 由$\mathrm{corr}(X,Y)=0$ 不一定能够推出X与Y独立, 例如, X服从$\{-1,0,1\}$上的均匀分布, $Y=X^2$, 易见X与Y不独立, 但$\mathrm{corr}(X,Y)=0$.

注4.1.2　若X与Y均为正态随机变量, 则$\mathrm{corr}(X,Y)=0$当且仅当X与Y独立.

注4.1.3 若$X_1, X_2, \cdots, X_n$相互独立, 则$\operatorname{var}\left(\sum\limits_{i=1}^{n} X_i\right) = \sum\limits_{i=1}^{n} \operatorname{var}(X_i)$.

设$X_1, X_2, \cdots, X_n$是$(\Omega, \mathcal{F}, P)$上n个随机变量, 定义

$$F(x_1, \cdots, x_n) = P(X_1 \leqslant x_1, \cdots, X_n \leqslant x_n), \quad (x_1, \cdots, x_n) \in \bar{\mathbb{R}}^n,$$

称$F(x_1, \cdots, x_n)$是$X_1, \cdots, X_{n-1}$与X_n的联合分布.

若存在非负Borel可测函数$f(x_1, \cdots, x_n)$ 使

$$F(x_1, \cdots, x_n) = \int_{-\infty}^{x_1} \cdots \int_{-\infty}^{x_n} f(t_1, \cdots, t_n) \mathrm{d}t_1 \cdots \mathrm{d}t_n,$$

则称$f(x_1, \cdots, x_n)$ 为$X_1, \cdots, X_{n-1}$ 与X_n的联合密度函数, 对$\forall k < n$, $\{i_1, \cdots, i_k\} \subset \{1, \cdots, n\}$, $F(x_{i_1}, \cdots, x_{i_k})$称为边际分布,

$$f(x_{i_1}, \cdots, x_{i_k}) := \int\limits_{\mathbb{R}^{n-k}} f(t_1, \cdots, t_n) \mathrm{d}t_1 \cdots t_{i_1-1} t_{i_1+1} \cdots t_{i_k-1} t_{i_k+1} \cdots t_n$$

称为边际密度.

$$\begin{aligned} & f(x_{i_1}, \cdots, x_{i_k} | x_1, \cdots, x_{i_1-1}, x_{i_1+1}, \cdots, x_{i_2-1}, \cdots, x_n) \\ := & \frac{f(x_1, \cdots, x_n)}{f(x_1, \cdots, x_{i_1-1}, x_{i_1+1}, \cdots, x_{i_2-1}, \cdots, x_n)} \end{aligned}$$

称为当$X_1 = x_1, \cdots, X_{i_1-1} = x_{i_1-1}, X_{i_1+1} = x_{i_1+1}, \cdots, X_{i_2-1} = x_{i_2-1}, \cdots, X_n = x_n$时, $(X_{i_1}, \cdots, X_{i_k})$的条件密度.

设F与G为两个分布函数. 定义

$$F * G(x) = \int\limits_{\mathbb{R}} F(x-y) G(\mathrm{d}y). \tag{4.1.1}$$

称$F*G$为F与G的卷积, 若随机变量X与Y独立, 它们的分布分别为F与G, 则$X+Y$的分布为$F*G$ (由4.2节条件期望的定义直接验证). 若μ_1, μ_2为两个测度, μ_1与μ_2的卷积则定义为$\mu_1 * \mu_2(A) = \int\limits_A \mu_1(A-y)\mu_2(\mathrm{d}y)$.

下面介绍几个常用不等式.

命题4.1.1 设X是概率空间$(\Omega, \mathcal{F}, P)$上的随机变量, 又设X的期望为m, 则对任意的实数$a > 0$, 总有

$$P(|x| \geqslant a) \leqslant \frac{m}{a}; \tag{4.1.2}$$

若进一步假设X的方差存在且为σ^2, 则对任意的实数$k > 0$,有

$$P(|x-m| \geqslant k\sigma) \leqslant \frac{1}{k^2}. \tag{4.1.3}$$

式(4.1.2)通常称为Markov不等式, (4.1.3)称为Chebyshev不等式.

证明 留作练习.

命题4.1.2 设X与Y是概率空间$(\Omega,\mathcal{F},P)$上的随机变量, 又设$p>1$, $q>1$且$1/p+1/q=1$, 则当$X\in L^p(\Omega,\mathcal{F},P)$(即$\int_\Omega |X|^p\,\mathrm{d}P<\infty$), $Y\in L^q(\Omega,\mathcal{F},P)$时,

$$E|XY|\leqslant [E(|X|^p)]^{1/p}[E(|Y|^q)]^{1/q}. \tag{4.1.4}$$

证明 记$\|X\|_p=[E(|X|^p)]^{1/p}$, $\|Y\|_q=[E(|Y|^q)]^{1/q}$. 不妨设$\|X\|_p\cdot\|Y\|_q>0$, 否则(4.1.4)自然成立.

注意$-\log t$在$(0,\infty)$上是凸函数, 故对任意的$a,b>0$有

$$-\log\left(\frac{a^p}{p}+\frac{b^q}{q}\right)\leqslant -\frac{1}{p}\log a^p-\frac{1}{q}\log b^q=-\log ab,$$

此即$ab\leqslant a^p/p+b^q/q$. 令

$$U=\frac{|X|}{\|X\|_p},\quad V=\frac{|Y|}{\|Y\|_q},$$

则有$UV\leqslant U^p/p+V^q/q$, 对不等式两边积分得

$$E(UV)\leqslant \frac{1}{p}E(U^p)+\frac{1}{q}E(V^q)=1,$$

(4.1.4)得证. 命题证毕.

通常(4.1.4)称为Hölder不等式. 特别地, $p=q=2$时, (4.1.4)则被称为Schwarz不等式.

命题4.1.3 设$X,Y\in L^p(\Omega,\mathcal{F},P)$ $(1\leqslant p<\infty)$, 则$X+Y\in L^p(\Omega,\mathcal{F},P)$且

$$\|X+Y\|_p\leqslant \|X\|_p+\|Y\|_p, \tag{4.1.5}$$

其中$\|\cdot\|_p$如命题4.1.2中所定义, 式(4.1.5)称为Minkowski不等式.

证明 当$a,b\geqslant 0$, $p\geqslant 1$时总有$(a+b)^p\leqslant 2^{p-1}(a^p+b^p)$, 所以$|X+Y|^p\leqslant (|X|+|Y|)^p\leqslant 2^{p-1}(|X|^p+|Y|^p)$, 此即$X+Y\in L^p(\Omega,\mathcal{F},P)$. 当$p=1$时, 式(4.1.5)显然成立. 现设$p>1$. 取$q>1$使$1/p+1/q=1$. 为方便起见, 将$L^t(\Omega,\mathcal{F},P)$记为$L^t$. 注意$|X+Y|^{p-1}\in L^q$,由Hölder不等式得$|X|\,|X+Y|^{p-1}\in L^1$, $|Y|\,|X+Y|^{p-1}\in L^1$且

$$\int_\Omega |X|\,|X+Y|^{p-1}\,\mathrm{d}P\leqslant \|X\|_p\,\|X+Y\|_p^{p/q}, \tag{4.1.6}$$

$$\int_\Omega |Y|\,|X+Y|^{p-1}\,\mathrm{d}P\leqslant \|Y\|_p\,\|X+Y\|_p^{p/q}, \tag{4.1.7}$$

又

$$|X+Y|^p = |X+Y|\,|X+Y|^{p-1} \leqslant |X|\,|X+Y|^{p-1} + |Y|\,|X+Y|^{p-1}, \tag{4.1.8}$$

结合(4.1.6)~(4.1.8)得(4.1.5). 命题证毕.

注4.1.4 将命题4.1.1~命题4.1.3中概率空间换成一般测度空间, 结论依然成立.

4.2 条件概率与条件期望

设$(\Omega, \mathcal{F}, P)$为一概率空间, $A, B \in \mathcal{F}$, 若$P(A) > 0$, 已知A发生时B发生的条件概率定义为

$$P(B|\,A) = \frac{P(AB)}{P(A)}, \tag{4.2.1}$$

但当$P(A) = 0$时, (4.2.1)无意义.

例4.2.1 一容器中有若干硬币, 任取一硬币抛掷, 其出现正面的概率为X, X服从(0,1)上的均匀分布, 以Y记抛掷一个硬币n次, 其出现正面的次数.

从直观来看, 当已知$X = p$时, Y的分布应该是二项分布, 每次试验成功的概率为p, 也就是说条件分布$P(Y = k\,|X = p) = \begin{pmatrix} n \\ k \end{pmatrix} p^k(1-p)^{n-k}, k = 0, 1, \cdots, n$. 注意此处$P(X = p) = 0, p \in (0, 1)$.

一般而言, 应该如何定义条件概率$P(A|X = x)$?

定理4.2.1 设X是$(\Omega, \mathcal{F})$上的实值随机变量, P是$(\Omega, \mathcal{F})$上的概率测度. 给定$B \in \mathcal{F}$, 总存在实值Borel可测函数g使得

$$P(\{X \in A\} \cap B) = \int_A g(x) \mathrm{d}P^X(x), \quad \forall A \in \mathcal{B}(\mathbb{R}), \tag{4.2.2}$$

其中, $P^X(\cdot) = P\left(X^{-1}(\cdot)\right)$, 称$P^X$为由$X$诱导的测度. 若$h$ 也满足式(4.2.2), 则$h = g$ a.e.$[P^X]$.

证明 在$\lfloor(\mathbb{R})$上定义概率测度

$$\lambda(A) = P(\{X \in A\} \cap B), \quad A \in \mathcal{B}(\mathbb{R}).$$

由上述定义知l关于P^X绝对连续, 而P^X是$\mathcal{B}(\mathbb{R})$上概率测度, 应用Radon-Nikodym定理立得(4.2.2)中g的存在唯一性.证毕.

定义4.2.1 设$(\Omega, \mathcal{F}, P)$为一概率空间, X是$(\Omega, \mathcal{F})$ 上实值随机变量, $B \in \mathcal{F}$, 已知$X = x$时集合B的条件概率为

$$P(B|X = x) = g(x), \tag{4.2.3}$$

$g(x)$满足式(4.2.2).

注4.2.1 在式(4.2.2)中取$A=\mathbb{R}$, 则有

$$P(B)=\int_{\Omega} P(B|X=x)\,\mathrm{d}P^{X}(x). \tag{4.2.4}$$

现在设Y是另一个实值随机变量, 取$B=\{Y\in C\}$, $C\in\mathcal{B}(\mathbb{R})$, 则有$P(Y\in C)=\int_{\Omega} P(Y\in C|X=x)\,\mathrm{d}P^{X}(x)$. 因此在例4.2.1中$Y$的分布应是

$$P(Y=k)=\int_0^1\binom{n}{k}x^k(1-x)^{n-k}\mathrm{d}x=\frac{1}{n+1},\quad k=0,1,2,\cdots,n.$$

定理4.2.2 设X与Y为实值随机变量, $E(Y)$存在, 则存在唯一的Borel可测函数$g(x)$(在a.e.$[P^X]$相等的意义下)使

$$\int_{\{X\in A\}} Y\mathrm{d}P=\int_{A} g(x)\mathrm{d}P^{X}(x),\quad A\in\mathcal{B}(\mathbb{R}). \tag{4.2.5}$$

证明 当$Y=I_B, B\in\mathcal{F}$时,由式(4.2.2)得(4.2.5). 因此Y为简单函数时,(4.2.5)亦成立,设Y非负可测,则用单调收敛定理可证(4.2.5)成立,现设Y是任一积分存在的实值随机变量, 则$E(Y^+),E(Y^-)$均存在且至少有一个是有限的, 根据前面的证明可知, 存在唯一的$g_1(x)$ 使得 $\int_{\{X\in A\}} Y^+\mathrm{d}P=\int_A g_1(x)\mathrm{d}P^X(x)$, 还存在唯一的$g_2(x)$ 使得 $\int_{\{X\in A\}} Y^-\mathrm{d}P=\int_A g_2(x)\mathrm{d}P^X(x)$, 取$g=g_1-g_2$, 则有

$$\begin{aligned}\int_{\{X\in A\}} Y\mathrm{d}P &= \int_{\{X\in A\}} Y^+\mathrm{d}P-\int_{\{X\in A\}} Y^-\mathrm{d}P\\ &=\int_A g_1(x)\mathrm{d}P^X(x)-\int_A g_2(x)\mathrm{d}P^X(x)\\ &=\int_A g(x)\mathrm{d}P^X(x).\end{aligned}$$

定理证毕.

定义4.2.2 设X与Y为实值随机变量, $E(Y)$存在, 记

$$E(Y|X=x)=g(x), \tag{4.2.6}$$

$g(x)$满足(4.2.5), 易见, $Y=I_B$时, $P(B|X=x)=E(I_B|X=x)$.定义

$$E(Y|X)(\omega)=E(Y|X=x),\quad \omega\in\{\omega\in\Omega:X(\omega)=x\},$$

称$E(Y|X)$为给定X,Y的条件期望.

注4.2.2 根据定理4.2.2, 存在唯一的Borel可测函数f使$E(Y|X)=f(x)$. 因此条件期望$E(Y|X)$是关于X生成的σ代数$(X^{-1}(\mathcal{B}(\mathbb{R})))$可测的, 即

$$E(Y|X):(\Omega,X^{-1}\mathcal{B}(\mathbb{R}))\to(\mathbb{R},\mathcal{B}(\mathbb{R})).$$

定义4.2.3 设Y是$(\Omega,\mathcal{F},P)$上的随机变量, $E(Y)$存在, 又设$\mathcal{G}\subset\mathcal{F}$为一子$\sigma$代数, 若$(\Omega,\mathcal{G},P)$上的Borel可测函数$Z$满足

$$\int_A Y\mathrm{d}P=\int_A Z\mathrm{d}P,\quad \forall A\in\mathcal{G}, \tag{4.2.7}$$

则称Z为给定子σ代数$\mathcal{G}$时Y的条件期望. 记为$Z=E(Y|\mathcal{G})$.

注4.2.3 当$\mathcal{G}=X^{-1}(B(\mathbb{R}))=:\sigma(x)$时, $E(Y|X)=E(Y|\mathcal{G})$. 当$Y=I_A$时, 以$P(A|\mathcal{G})$记$E(I_A|\mathcal{G})$, 以$P(A|X)$记$E(I_A|X)$, $A\in\mathcal{F}$, $\mathcal{G}\subset\mathcal{F}$为子$\sigma$代数. 设$I$为一个可数集, $X_i,i\in I$为随机变量, 定义

$$\begin{aligned}\sigma(X_i,i\in I)=&\sigma\left(\left\{\bigcap_{k=1}^{n}X_{i_k}^{-1}(A_k):A_k\in\mathcal{B}(\mathbb{R}),1\leqslant k\leqslant n,n\geqslant 1\right\}\right)\\ :=&\text{由}\left\{\bigcap_{k=1}^{n}X_{i_k}^{-1}(A_k),A_k\in\mathcal{B}(\mathbb{R}),1\leqslant k\leqslant n,n\geqslant 1\right\}\text{生成的}\sigma\text{域}.\end{aligned}$$

当$\mathcal{G}=\sigma(X_i,i\in I)$时, 记$E(Y|\mathcal{G})=E(Y|X_i,i\in I)$.

从现在起直到本节结束, 我们总在概率空间$(\Omega,\mathcal{F},P)$上讨论问题. $\mathcal{G}\subset\mathcal{F}$ 为子σ代数.

定理4.2.3 (a) 若$Y=k$ a.s., k为常数, 则$E(Y|\mathcal{G})=k$ a.s..

(b) 若随机变量Y_1,Y_2满足$Y_1\leqslant Y_2$ a.s. 且$E(Y_1),E(Y_2)$存在, 则

$$E(Y_1|\mathcal{G})\leqslant E(Y_2|\mathcal{G})\ \text{a.s.}.$$

(c) 若$aE(Y_1)+bE(Y_2)$有意义, 则

$$E(aY_1+bY_2|\mathcal{G})=aE(Y_1|\mathcal{G})+bE(Y_2|\mathcal{G})\ \text{a.s.}.$$

(d) 若$E(Y)$存在, 则$E(E(Y|\mathcal{G}))=E(Y)$ a.s., $E(Y|\mathcal{F})=Y$ a.s..

证明 由条件期望的定义立得.

定理4.2.4 (a) 若随机变量序列$\{Y_n,n\geqslant 1\}$满足$Y_n\geqslant 0$且$Y_n\uparrow Y$ a.s., 则有

$$E(Y_n|\mathcal{G})\uparrow E(Y|\mathcal{G})\ \text{a.s.}.$$

(b) 若随机变量$Y_n \geqslant 0, n \geqslant 1$,则

$$E\left(\sum_{n\geqslant 1} Y_n|\mathcal{G}\right) = \sum_{n\geqslant 1} E\left(Y_n|\mathcal{G}\right) \text{ a.s..}$$

特别地, 当$B_n \in F_n, n \geqslant 1$且$B_n$两两不交时, 有

$$P\left(\bigcup_{n\geqslant 1} B_n|\mathcal{G}\right) = \sum_{n\geqslant 1} P\left(B_n|\mathcal{G}\right) \text{ a.s..}$$

(c) 设$Y_n \geqslant Z, \forall n, E(Z) > -\infty$.

若$Y_n \uparrow Y$, 则$E\left(Y_n|\mathcal{G}\right) \uparrow E\left(Y|\mathcal{G}\right)$ a.s.. 一般地,

$$\liminf_{n\to\infty} E\left(Y_n|\mathcal{G}\right) \geqslant \left(\liminf_{n\to\infty} Y_n|\mathcal{G}\right) \text{ a.s..}$$

(d) 设$Y_n \geqslant Z, \forall n, E(Z) < \infty$.

若$Y_n \uparrow Y$ a.s., 则$E\left(Y_n|\mathcal{G}\right) \downarrow E\left(Y|\mathcal{G}\right)$ a.s.. 一般地,

$$\limsup_{n\to\infty} E\left(Y_n|\mathcal{G}\right) \leqslant \left(\limsup_{n\to\infty} Y_n|\mathcal{G}\right) \text{ a.s..}$$

(e) 若$|Y_n| \leqslant Z, \forall n, E(Z)$有限, $Y_n \to Y$ a.s. $(n\to\infty)$, 则

$$E\left(Y_n|\mathcal{G}\right) \to E\left(Y|\mathcal{G}\right) \text{ a.s..}$$

证明 (a) 根据定理4.2.3(b)知$E\left(Y_n|\mathcal{G}\right) \leqslant E\left(Y|\mathcal{G}\right)$ a.s.,$\forall n$. 任取$G \in \mathcal{G}$, 因为$Y_n I_G \uparrow Y I_G$, 所以由积分单调收敛定理有

$$\int_G \lim_{n\to\infty} E\left(Y|\mathcal{G}\right) \mathrm{d}P = \int_\Omega Y I_G \mathrm{d}P = \int_G E\left(Y|\mathcal{G}\right) \mathrm{d}P,$$

但$E\left(Y_n|\mathcal{G}\right), E\left(Y|\mathcal{G}\right)$均关于$\mathcal{G}$可测, 故由定理1.7.11得(a).

(b) 由(a)立得(b).

(c) 由定理4.2.3(b)、定理1.7.4(a)和定理1.7.11可得(c)的前半部分. 令$W_k = \inf\limits_{n\geqslant k} Y_n$, $W = \lim\limits_{k\to\infty} W_k$, 由前半部结果有

$$E\left(W_k|\mathcal{G}\right) \uparrow E\left(W|\mathcal{G}\right) \text{ a.s.,}$$

但$E\left(W_k|\mathcal{G}\right) \leqslant \inf\limits_{n\geqslant k} E\left(Y_n|\mathcal{G}\right)$, 对不等式两边取极限得(c)的后半部.

(d) 由(c)立得(d).

(e) 由(c)与(d)则得(e). 定理证毕.

定理4.2.5 (a) 设$\mathcal{G}_1$与$\mathcal{G}_2$均为$\mathcal{F}$ 的子σ代数, 若$\mathcal{G}_1 \subset \mathcal{G}_2$, $E(Y)$存在, 则

$$E\left(E\left(Y|\mathcal{G}_2\right)|\,\mathcal{G}_1\right) = E\left(Y|\mathcal{G}_1\right) \text{ a.s.}. \tag{4.2.8}$$

且

$$E\left(E\left(Y|\mathcal{G}_1\right)|\,\mathcal{G}_2\right) = E\left(Y|\mathcal{G}_1\right) \text{ a.s.}. \tag{4.2.9}$$

(b) 设Z是$\mathcal{G}$可测的, $E(Y)$和$E(YZ)$存在, 则

$$E\left(YZ|\mathcal{G}\right) = ZE\left(Y|\mathcal{G}\right) \text{ a.s.}.$$

特别地,

$$E\left(Z|\mathcal{G}\right) = Z \text{ a.s.}.$$

(c) 若X与Y独立, $E(Y)$存在, 则

$$E\left(Y|X\right) = E\left(Y\right) \text{ a.s.}.$$

一般地, 若Y与$\mathcal{G}$独立(即$\forall a \in \mathbb{R}, P\left(\{Y < a\} \cap G\right) = P\left(Y < a\right)P(G), G \in \mathcal{G}$), 则

$$E\left(Y|\mathcal{G}\right) = E\left(Y\right) \text{ a.s.}.$$

证明 (a) 任取$G_1 \in \mathcal{G}_1$, 则$G_1 \in \mathcal{G}_2$. 由条件期望定义有

$$\int\limits_{G_1} E\left(Y|\mathcal{G}_2\right)\mathrm{d}P = \int\limits_{G_1} Y\mathrm{d}P = \int\limits_{G_1} E\left(Y|\mathcal{G}_1\right)\mathrm{d}P,$$

(4.2.8)得证. 用定理4.2.3(d)后一个结论则得(4.2.9). (a)得证.

(b) 当$Z = I_A, A \in \mathcal{G}$时, 任取$G \in \mathcal{G}$, 总有

$$\int\limits_{G} E\left(YZ|\mathcal{G}\right)\mathrm{d}P = \int\limits_{G\cap A} Y\mathrm{d}P = \int\limits_{G} I_A E\left(Y|\mathcal{G}\right)\mathrm{d}P,$$

此时(b)成立, 用定理4.2.4(b)可证得Z为非负$\mathcal{G}$可测函数时(b)亦成立, 从而对一切关于$\mathcal{G}$可测的随机变量Z, (b)是成立的.

(c) 当$Y = I_A, A \in \mathcal{F}$ 时, 易见(c)成立. 仿(b)的证明方法得(c). 定理证毕.

定义4.2.4 设$E(XY)$存在, 称X与Y关于$\mathcal{G}$条件独立, 如果

$$P\left(\{X \in A\} \cap \{Y \in B\}|\mathcal{G}\right) = P\left(\{X \in A\}|\mathcal{G}\right)P\left(\{Y \in B\}|\mathcal{G}\right) \text{ a.s.},$$

其中$A \in \mathcal{B}(\mathbb{R}), B \in \mathcal{B}(\mathbb{R})$.

设$\mathcal{G}_1$与$\mathcal{G}_2$为$\mathcal{F}$ 的子σ代数, 称$\mathcal{G}_1$与$\mathcal{G}_2$ 关于$\mathcal{G}$条件独立, 如果

$$P\left(G_1 \cap G_2|\mathcal{G}\right) = P\left(G_1|\mathcal{G}\right)P\left(G_2|\mathcal{G}\right) \text{ a.s.}, \quad G_i \in \mathcal{G}_i, i = 1, 2.$$

本节的最后介绍Jensen不等式.

定义4.2.5 设$g: I \to \mathbb{R}, I$是$\mathbb{R}$上的一个开区间, 称g是凸函数, 如果对$\forall x, y \in I$, $\forall a \in [0,1]$,

$$g(ax + (1-a)y) \leqslant ag(x) + (1-a)g(y),$$

如果可以将上式中"$\leqslant$"换成"$<$", 则称g是严凸函数.

定理4.2.6(Jensen不等式) 设g是从I到$\mathbb{R}$的一个凸函数, I是$\mathbb{R}$上的一个开区间, X是$(\Omega, \mathcal{F}, P)$上的一个随机变量, 而且对所有$\omega \in \Omega, X(\omega) \in I$. 又设$E(X)$有限, 则$E(g(X|\mathcal{G})) \geqslant g(E(X|\mathcal{G}))$ a.s., 若g是严凸的, 只有在$P(X = E(X|\mathcal{G})) = 1$时, 才有$E(g(X|\mathcal{G})) = g(E(X|\mathcal{G}))$ a.s.. 特别地, $E(g(X)) \geqslant g(E(X))$, 若$g$严凸, 则只有$P(X = E(X)) = 1$ 时, 才有$E(g(X)) = g(E(X))$.

证明 任意给定$\omega \in \Omega$. $y = g(x)$是$\mathbb{R}^2$中的一条凸曲线, 而点$(E(X|\mathcal{G})(\omega), g(E(X|\mathcal{G})(\omega)))$在此曲线上, 由凸集论中事实知, 存在一个通过此点的直线使上述曲线全在此直线之上. 若以$y = g(E(X|\mathcal{G})(\omega)) + c(x - E(X|\mathcal{G})(\omega))$ 记此直线方程(c是$\mathcal{G}$可测的随机变量), 则有$g(x) \geqslant g(E(X|\mathcal{G})(\omega)) + c(x - E(X|\mathcal{G})(\omega))$. 特别地,

$$g(x(\omega)) \geqslant g(E(X|\mathcal{G})(\omega)) + c(x - E(X|\mathcal{G})(\omega)). \tag{4.2.10}$$

事实上, (4.2.10)对一切ω均成立, 故对(4.2.10)两边取条件期望则有

$$E(g(X)|\mathcal{G}) \geqslant E(g(E(X|\mathcal{G}))) \text{ a.s.}, \tag{4.2.11}$$

注意c是$\mathcal{G}$可测的.

若g严凸, 则只有在$\{\omega \in \Omega : X(\omega) = E(X|\mathcal{G})(\omega)\}$上, (4.2.11)中等式才成立, 因此只有当$P(X = E(X|\mathcal{G})) = 1$ 时, 才有

$$E(g(X)|\mathcal{G}) = g(E(X|\mathcal{G})) \text{ a.s..}$$

定理证毕.

4.3 Borel-Cantelli引理

定理4.3.1(Borel-Cantelli引理) 设$(\Omega, \mathcal{F}, P)$为一个概率空间,若$A_n \in \mathcal{F}$, $n \geqslant 1$, $\sum\limits_{n \geqslant 1} P(A_n) < \infty$,则$P\left(\limsup\limits_{n} A_n\right) = 0$.

证明 因为

$$P\left(\limsup_{n} A_n\right) = \lim_{m \to \infty} P\left(\bigcup_{n \geqslant m} A_n\right) \leqslant \lim_{m \to \infty} \sum_{n \geqslant m} P(A_n),$$

而$\sum\limits_{n\geqslant 1} P(A_n) < \infty$, 故 $\lim\limits_{m\to\infty} \sum\limits_{n\geqslant m} P(A_n) = 0$. 定理得证.

定理4.3.2(Borel-Cantelli第二引理) 设$A_n \in \mathcal{F}(n \geqslant 1)$相互独立, $\sum\limits_{n\geqslant 1} P(A_n) = \infty$, 则$P\left(\limsup\limits_{n} A_n\right) = 1$.

证明 由于$P\left(\bigcup\limits_{n\geqslant m} A_n\right) = 1 - P\left(\bigcap\limits_{n\geqslant m} A_n^{\mathrm{c}}\right)$, 只需证

$$P\left(\bigcap_{n\geqslant m} A_n^{\mathrm{c}}\right) = 0, \quad \forall m.$$

事实上, A_n^{c}相互独立, 故

$$P\left(\bigcap_{n\geqslant m} A_n^{\mathrm{c}}\right) = \prod_{n\geqslant m} P(A_n^{\mathrm{c}}) = \prod_{n\geqslant m} (1 - P(A_n)),$$

注意$1 - x \leqslant \mathrm{e}^{-x}\,(x > 0)$, 所以根据定理条件有

$$P\left(\bigcap_{n\geqslant m} A_n^{\mathrm{c}}\right) \leqslant \mathrm{e}^{-\sum\limits_{n\geqslant m} P(A_n)} = 0.$$

定理证毕.

定理4.3.3 设$A_n \in \mathcal{F}(n \geqslant 1)$, $\sum\limits_{n\geqslant 1} P(A_n) = \infty$且

$$\liminf_{n\to\infty} \frac{\sum\limits_{j,k=1}^{n} P(A_j \cap A_k)}{\left(\sum\limits_{j=1}^{n} P(A_j)\right)^2} = 1, \tag{4.3.1}$$

则$P\left(\limsup\limits_{n} A_n\right) = 1$.

证明 令$I_n = I_{A_n}$. 给定$\varepsilon > 0$, 由Chebyshev不等式有

$$P\left\{\left|\sum_{k=1}^{n} I_k - \sum_{k=1}^{n} P(A_k)\right| > \varepsilon \sum_{k=1}^{n} P(A_k)\right\} \leqslant \frac{\operatorname{var}\left(\sum\limits_{k=1}^{n} I_k\right)}{\varepsilon^2 \left[\sum\limits_{k=1}^{n} P(A_k)\right]^2},$$

但$\operatorname{var}\left(\sum\limits_{k=1}^{n} I_k\right) = \sum\limits_{j,k=1}^{n} P(A_j \cap A_k) - \left[\sum\limits_{j=1}^{n} P(A_j)\right]^2$, 故由(4.3.1)知

$$\liminf_{n\to\infty} P\left\{\left|\sum_{k=1}^{n} I_k - \sum_{k=1}^{n} P(A_k)\right| > \varepsilon \sum_{k=1}^{n} P(A_k)\right\} = 0. \tag{4.3.2}$$

令$d_n = P\left(\sum_{k=1}^{n} I_k < \frac{1}{2}\sum_{k=1}^{n} P(A_k)\right)$, 则

$$d_n \leqslant P\left(\left|\sum_{k=1}^{n} I_k - \sum_{k=1}^{n} P(A_k)\right| > \frac{1}{2}\sum_{k=1}^{n} P(A_k)\right),$$

根据(4.3.2), $\liminf_{n\to\infty} d_n = 0$, 从而存在子列$\{n_j, j \geqslant 1\}$ 使$\sum_{j=1}^{\infty} d_{n_j} < \infty$. 应用Borel-Cantelli引理则得:对a.s.ω, 当$j \geqslant j_0(\omega)$时,

$$\sum_{k=1}^{n_j} I_k \geqslant \frac{1}{2}\sum_{k=1}^{n_i} P(A_k).$$

注意到$\sum_{n\geqslant 1} P(A_n) = \infty$,故上式意味着$\sum_{k-1}^{\infty} I_k = \infty$ a.s.,此即$P\left(\limsup_n A_n\right) = 1$.

注4.3.1 定理4.3.3是Borel-Cantelli第二引理的推广. 事实上, 当$A_n(n \geqslant 1)$相互独立时,

$$\frac{\sum_{j,k=1}^{n} P(A_j \cap A_k)}{\left[\sum_{k=1}^{n} P(A_k)\right]^2} = \frac{\sum_{j,k=1}^{n} P(A_j)P(A_k) + \sum_{k=1}^{n} P(A_k) - \sum_{k=1}^{n} (P(A_k))^2}{\sum_{j,k=1}^{n} P(A_j)P(A_k)},$$

但

$$0 \leqslant \frac{\sum_{k=1}^{n} P(A_k)(1 - P(A_k))}{\left[\sum_{k=1}^{n} P(A_k)\right]^2} \leqslant \frac{\sum_{k=1}^{n} P(A_k)}{\left[\sum_{k=1}^{n} P(A_k)\right]^2} \to 0, \quad n \to \infty,$$

故(4.3.1)成立.

4.4 Kolmogorov零一律

设$X_1, X_2, \cdots$为一列实值随机变量,$\mathcal{J} = \bigcap_{n\geqslant 1} \sigma(X_n, X_{n+1}, \cdots)$, 其中,$\sigma(X_n, X_{n+1}, \cdots)$为由$X_n, X_{n+1}, \cdots$生成的$\sigma$代数, 称$\mathcal{J}$ 中任一集合E为尾事件, $\mathcal{J}$为尾σ代数.

定理4.4.1 若$X_1, X_2, \cdots$是一列相互独立的实值随机变量序列,

$$\mathcal{J} = \bigcap_{n\geqslant 1} \sigma(X_n, x_{n+1},\ \cdots),$$

则$\mathcal{J}$中尾事件的概率非零即一.

证明 令$\mathcal{F}_0=\bigcup\limits_{n\geqslant 1}\sigma(X_1,\cdots,X_n)$, 则$\sigma(X_1,X_2,\cdots)=\sigma(\mathcal{F}_0)$. 任取$E\in\mathcal{J}$, 由定理1.3.5知, 存在$E_n\in\sigma(X_1,\cdots,X_n)$, 使$P(E_n\triangle E)\to 0$, 从而$P(E_n)\to P(E)$且$P(E_n\cap E)\to P(E)$. 对任意$n$, $E\in\sigma(X_{n+1},\cdots)$, 故$E$与$E_n$独立, 进而

$$P(E_n\cap E)=P(E_n)P(E).$$

在上式中让$n\to\infty$, 有$P(E)=[P(E)]^2$, 所以$P(E)$非零即一. 定理证毕.

习 题 4

1. 设$X_1,\cdots,X_n$是离散随机变量. 试证X_i是独立的当且仅当

$$P(X_1=x_1,\cdots,X_n=x_n)=\prod_{i=1}^n P(X_i=x_i),\quad x_1,\cdots,x_n\text{为任意实数}.$$

2. 设$(\Omega,\mathcal{F},P)$为一个概率空间, $\mathcal{G}_i\subset\mathcal{F}$, $i\in I$. 称$\{\mathcal{G}_i,i\in I\}$相互独立, 如果对任意的$C_i\in\mathcal{G}_i$, $i\in I$, 总有

$$P\left(\bigcap_{j\in I_0}C_{i_j}\right)=\prod_{j\in I_0}P(C_{i_j}),$$

其中I_0为I的任一有限子集. 试证下列集族仍然独立:

(1) $\mathcal{B}_i:=\{A-B:A,B\in\mathcal{G}_i,B\subset A\}$, $i\in I$;

(2) $\mathcal{D}_i:=\{\varnothing,\Omega\}\cup\mathcal{G}_i$, $i\in I$;

(3) $\mathcal{M}_i:=\left\{A=\bigcup\limits_{j=1}^{\infty}A_j:A_j\in\mathcal{G}_i,A_j\text{互不相交}\right\},i\in I$.

试举一例说明由$\mathcal{G}_i$中集合的有限交生成的集族Γ_i,$i\in I$不一定还是相互独立的.

3. 试证:

(1) $X_1,\cdots,X_n$相互独立当且仅当对任意的非负Borel可测实值函数g_i, $1\leqslant i\leqslant n$, 总有

$$E(g_1(X_1)\cdots g(X_n))=\prod_{i=1}^n E(g_i(X_i));$$

(2) $X_1,\cdots,X_n$ 相互独立当且仅当对所有满足下列条件的Borel可测函数g_i: $E(g_i(X_i))$存在且有限, $1\leqslant i\leqslant n$, 总有

$$E(g(X_1)\cdots g(X_n))=\prod_{i=1}^n E(g_i(X_i)).$$

4. (1) 设X是离散随机变量, 当$X=x$时, Y具有条件密度$h(y|x)$. 试证:

$$P(X=x|Y=y)=\frac{P(X=x)h(y|x)}{\sum\limits_{x'}(X=x')h(y|x')};$$

(2) 设X是绝对连续的随机变量, 当$X=x$时, Y是离散的且条件分布为$P(Y=y|X=x)=p(y|x)$. 试证: X关于Y的条件密度为

$$h(x|y)=\frac{f_X(x)p(y|x)}{p_Y(y)},$$

其中$p_Y(y)=P(Y=y)=\int_{-\infty}^{\infty} f_X(x)p(y|x)\mathrm{d}x$, $f_X(x)$ 为X的密度.

5. 设Y是一个可积随机变量. X与Z为任意两个随机变量. 试证: 若(X,Y)与Z相互独立, 则$E(Y|X,Z)=E(Y|X)$.

6. 设$X:(\Omega,\mathcal{F})\to(\Omega',\mathcal{F}')$与$Y:(\Omega,\mathcal{F})\to(\Omega'',\mathcal{F}'')$为两个可测映射. 又设对每个$x$, $P^x(B)=P(Y\in B|X=x)$是一个概率测度. 若$g:(\Omega'\times\Omega'',\mathcal{F}'\times\mathcal{F}'')\to\left(\overline{\mathbb{R}},\mathcal{B}(\overline{\mathbb{R}})\right)$且$E(g(X,Y))$存在, 则

$$E(g(X,Y)|X=x)=\int_{\Omega''} g(x,y)\ \mathrm{d}P^x(y)\ \text{a.e.}[P^X],$$

其中P^X为X诱导的测度,即$P^X(A)=P(X^{-1}(A))$. 特别地, 若$g=I_C, C\in\mathcal{F}'\times\mathcal{F}''$, 则有$P((X,Y)\in C)=P^x\left(C(x)\right)\text{a.e.}[P^X]$, 其中$C(x)=\{y\in\Omega'':(x,y)\in C\}$.

7. 设$Y_1,\cdots,Y_n$ 是相互独立的$[0,1]$上的均匀随机变量. 令$Z_k=Y_1\cdots Y_k, 1\leqslant k\leqslant n$. 试证:

$$P(Z_{k+1}\in B|Z_1=z_1,\cdots,Z_k=z_k)=\int_B g_k(z)d_z,$$

其中$g_k(z)=1/z_k, 0\leqslant z\leqslant z_k; g_k(z)=0$, 其他.

8. 设$\{X_n,n\geqslant 1\}$是一列随机变量, $\{c_n,n\geqslant 1\}$是一列正数, $\sum\limits_n P(|X_n|\leqslant c_n)<\infty$. 试证:

(1) 若$Y_n=X_nI_{\{|X_n|\leqslant c_n\}}$, $P\left(\lim\limits_n Y_n=X\right)=1$, 则

$$P\left(\lim_n X_n\right)=X;$$

(2) $P\left(\sum\limits_n X_n\text{收敛}\right)=P\left(\sum\limits_n X_nI_{\{|X_n|\leqslant c_n\}}\text{收敛}\right)$.

9. 设$\{X_n,n\geqslant 1\}$ 是一列相互独立的随机变量, 则

$$P\left(\sum_n X_n\text{收敛}\right)=0\text{或}1.$$

10. 设$\{X_\lambda,\lambda\in\Lambda\}$是一组相互独立的随机变量(即$\sigma$代数族$\{X_\lambda^{-1}(\mathcal{B}(\mathbb{R})),\lambda\in\Lambda\}$是独立的, 参见第2题). 记$\mathcal{J}$为$\Lambda$的全体有限子集构成的集族. 又令

$$\mathcal{G}=\bigcap_{A\in\mathcal{J}}\sigma\{X_\lambda:\lambda\notin A\}.$$

试证: $\mathcal{G}$是一个σ代数且对任意的$G\in\mathcal{G}$, $P(G)=0$或1.

第 5 章　中心极限定理

设$X_1, X_2, \cdots$是一列相互独立且同分布的随机变量, X_1的期望为m, 标准差为σ, 称$S_n = \sum\limits_{i=1}^{n} X_i$为部分和, 将$S_n$正则化如下:

$$S_n' = \frac{S_n - nm}{\sqrt{n}\sigma},$$

以F_n记S_n'的分布, 则当$n \to +\infty$时, F_n的(弱)极限为标准正态分布, 这是中心极限定理的一个结果. 本章专门讨论独立随机变量序列部分和的分布之弱极限问题, 为此, 我们需要先引入两个工具: 一是测度的弱收敛理论; 二是特征函数.

5.1　测度的弱收敛

定义5.1.1　设$f: \mathbb{R}^d \to \bar{\mathbb{R}}$, 如果$\{\boldsymbol{x} \in \mathbb{R}^d : f(\boldsymbol{x}) > a\}$是$\mathbb{R}^d$ 中开集, 则称f是下半连续的; 如果$\{\boldsymbol{x} \in \mathbb{R}^d : f(\boldsymbol{x}) < a\}$是$\mathbb{R}^d$ 中开集, 则称f是上半连续的, 其中$a \in \bar{\mathbb{R}}$.

注5.1.1　f上半连续等价于$-f$下半连续. 上(下)半连续函数总是Borel可测的. f是连续函数等价于f既是上半连续的, 又是下半连续的.

引理5.1.1　设$f: \mathbb{R}^d \to \bar{\mathbb{R}}$. 定义

$$\underline{f}(\boldsymbol{x}) = \liminf_{\boldsymbol{y} \to \boldsymbol{x}} f(\boldsymbol{y}), \quad \bar{f}(\boldsymbol{x}) = \limsup_{\boldsymbol{y} \to \boldsymbol{x}} f(\boldsymbol{y}), \quad \boldsymbol{x} \in \mathbb{R}^d,$$

则$\underline{f}$ $(\bar{f})$是下(上)半连续的, 而且$\underline{f} \leqslant f, \bar{f} \geqslant f$. 对任意的$\mathbb{R}^d$上的下半连续函数$g$, 若$g \leqslant f$, 则$g \leqslant \underline{f}$ 对任意的$\mathbb{R}^d$上的上半连续函数h, 若$h \geqslant f$, 则$h \geqslant \bar{f}$.

引理5.1.2　设f是$\mathbb{R}^d$上的下半连续函数, 则有$f_n: \mathbb{R}^d \to \bar{\mathbb{R}}$, f_n连续且$f_n \uparrow f$, 若$|f| \leqslant M < \infty$, 则f_n也可取成满足条件$|f_n| \leqslant M$ 的连续函数列.

引理5.1.1和引理5.1.2的证明见文献[1].

引理5.1.3　设$F \subseteq \mathbb{R}^d$为闭集, ε为一正实数, 则存在$\mathbb{R}^d$ 上的实值函数f满足如下条件: $f(\boldsymbol{x}) = 1$(当$\boldsymbol{x} \in F$), $f(\boldsymbol{x}) = 0$(当$\rho(\boldsymbol{x}, F) \geqslant \varepsilon$), $0 \leqslant f(\boldsymbol{x}) \leqslant 1, \forall \boldsymbol{x} \in \mathbb{R}^d$, $f(\boldsymbol{x})$有界一致连续, 其中$\rho(\boldsymbol{x}, F)$表示点$\boldsymbol{x}$与F之间的距离.

证明　定义$\mathbb{R}$上的实值函数φ如下:

$$\varphi(t) = \begin{cases} 1, & t \leqslant 0, \\ 1 - t, & 0 \leqslant t \leqslant 1, \\ 0, & t \geqslant 1, \end{cases} \tag{5.1.1}$$

易见φ是连续函数, 定义$\mathbb{R}^d$上实值函数f如下:

$$f(\boldsymbol{x}) = \varphi\left(\frac{1}{2}\rho(\boldsymbol{x}, F)\right), \tag{5.1.2}$$

f即为所求.

定理5.1.1 设$\mu, \mu_1, \mu_2, \cdots$是定义在$\mathcal{B}(\mathbb{R}^d)$ 上的有限测度, 下列条件是等价的:

(a) 对全体有界连续函数$f:\mathbb{R}^d \to \mathbb{R}$,

$$\lim_{n\to\infty}\int_{\mathbb{R}^d} f\mathrm{d}\mu_n = \int_{\mathbb{R}^d} f\mathrm{d}\mu.$$

(b) 对全体有界下半连续函数$f:\mathbb{R}^d \to \mathbb{R}$,

$$\liminf_{n\to\infty}\int_{\mathbb{R}^d} f\mathrm{d}\mu_n \geqslant \int_{\mathbb{R}^d} f\mathrm{d}\mu.$$

(c) 对全体有界上半连续函数$f:\mathbb{R}^d \to \mathbb{R}$,

$$\limsup_{n\to\infty}\int_{\mathbb{R}^d} f\mathrm{d}\mu_n \leqslant \int_{\mathbb{R}^d} f\mathrm{d}\mu.$$

(d) 对全体有界函数$f:\left(\mathbb{R}^d,\mathcal{B}\left(\mathbb{R}^d\right)\right) \to \left(\mathbb{R},\mathcal{B}\left(\mathbb{R}^d\right)\right)$, f a.e.$[\mu]$ 连续,

$$\lim_{n\to\infty}\int_{\mathbb{R}^d} f\mathrm{d}\mu_n = \int_{\mathbb{R}^d} f\mathrm{d}\mu.$$

(e) 对全体有界一致连续函数$f:\mathbb{R}^d \to \mathbb{R}$,

$$\lim_{n\to\infty}\int_{\mathbb{R}^d} f\mathrm{d}\mu_n = \int_{\mathbb{R}^d} f\mathrm{d}\mu.$$

(f) 对$\mathbb{R}^d$中任意闭集F, $\limsup\limits_{n\to\infty}\mu_n(F) \leqslant \mu(F)$ 且 $\lim\limits_{n\to\infty}\mu_n\left(\mathbb{R}^d\right) = \mu\left(\mathbb{R}^d\right)$.

(g) 对$\mathbb{R}^d$中任意开集G, $\liminf\limits_{n\to\infty}\mu_n(G) \geqslant \mu(G)$且 $\lim\limits_{n\to\infty}\mu_n\left(\mathbb{R}^d\right) = \mu\left(\mathbb{R}^d\right)$.

(h) 对全体μ连续集A, 即$A\in\mathcal{B}\left(\mathbb{R}^d\right)$, $\mu(\partial A)=0$, 有

$$\lim_{n\to\infty}\mu_n(A) = \mu(A).$$

证明 (a)⇒(b). 任取$g\leqslant f$, g有界连续, 则

$$\liminf_{n\to\infty}\int_{\mathbb{R}^d} f\mathrm{d}\mu_n \geqslant \liminf_{n\to\infty}\int_{\mathbb{R}^d} g\mathrm{d}\mu_n = \int_{\mathbb{R}^d} g\mathrm{d}\mu, \tag{5.1.3}$$

根据引理5.1.2, 对任意下半连续函数f, 总有连续函数列f_n使$f_n\uparrow f$, 当$|f|\leqslant M$时, 可取f_n满足$|f_n|\leqslant M$, 在(5.1.3)中对g取上确界则得(b).

(b)⇒(c). 注意$-f$是上半连续的, 由(b)立得(c).

(c)⇒(d). 令

$$\underline{f}(\boldsymbol{x})=\liminf_{\boldsymbol{y}\to\boldsymbol{x}} f(\boldsymbol{y}), \quad \bar{f}(\boldsymbol{x})=\limsup_{\boldsymbol{y}\to\boldsymbol{x}} f(\boldsymbol{y}),$$

根据引理5.1.1知$\underline{f}(\bar{f})$为下(上)半连续函数且

$$\underline{f}=\sup\{g\leqslant f: g\text{下半连续}\}, \quad \bar{f}=\inf\{g\geqslant f: g\text{上半连续}\},$$

当f a.e.$[\mu]$连续时, $f=\bar{f}=\underline{f}$ a.e.$[\mu]$, 故

$$\begin{aligned}\int_{\mathbb{R}^d} f\,\mathrm{d}\mu &= \int_{\mathbb{R}^d} \underline{f}\,\mathrm{d}\mu \leqslant \liminf_{n\to\infty}\int_{\mathbb{R}^d}\underline{f}\,\mathrm{d}\mu_n \\ &\leqslant \liminf_{n\to\infty}\int_{\mathbb{R}^d} f\,\mathrm{d}\mu_n \leqslant \limsup_{n\to\infty}\int_{\mathbb{R}^d} f\,\mathrm{d}\mu_n \\ &\leqslant \limsup_{n\to\infty}\int_{\mathbb{R}^d}\bar{f}\,\mathrm{d}\mu_n \leqslant \int_{\mathbb{R}^d}\bar{f}\,\mathrm{d}\mu_n \int_{\mathbb{R}^d} f\,\mathrm{d}\mu,\end{aligned}$$

(d)得证.

(d)⇒(e). 这是显然的.

(e)⇒(f). 首先由(e)有

$$\lim_{n\to\infty}\mu_n\left(\mathbb{R}^d\right)=\mu\left(\mathbb{R}^d\right). \tag{5.1.4}$$

令

$$P_n(\cdot)=\frac{\mu_n(\cdot)}{\mu_n\left(\mathbb{R}^d\right)}, \quad P(\cdot)\frac{\mu(\cdot)}{\mu\left(\mathbb{R}^d\right)}, \quad n\geqslant 1,$$

则P_n与P均为概率测度且由(e)及(5.1.4)有

$$\lim_{n\to\infty}\int_{\mathbb{R}^d} g\mathrm{d}P_n=\int_{\mathbb{R}^d} g\mathrm{d}P, \quad g\text{有界一致连续}. \tag{5.1.5}$$

设F为闭集. 任给$\delta>0$, 取ε充分小, 使$G_\varepsilon:=\left\{\boldsymbol{x}\in\mathbb{R}^d: f(\boldsymbol{x},F)<\varepsilon\right\}$满足

$$P\left(G_\varepsilon\right)<P(F)+\delta. \tag{5.1.6}$$

取f如(5.1.2)所定义, 则f有界一致连续, 而且$f(\boldsymbol{x})=1, \boldsymbol{x}\in F, f(\boldsymbol{x})=0, \boldsymbol{x}\in G_\varepsilon^{\mathrm{c}}$, $0\leqslant f(\boldsymbol{x})\leqslant 1, \boldsymbol{x}\in\mathbb{R}^d$. 因此由(5.1.5)有

$$\lim_{n\to\infty}\int_{\mathbb{R}^d} f\mathrm{d}P_n=\int_{\mathbb{R}^d} f\mathrm{d}P.$$

但是

$$P_n(F)=\int_F f\mathrm{d}P_n\leqslant\int_{\mathbb{R}^d} f\mathrm{d}P_n$$

且应用(5.1.6)得

$$\int_{\mathbb{R}^d} f\mathrm{d}P=\int_{G_\varepsilon} f\mathrm{d}P\leqslant P\left(G_\varepsilon\right)\leqslant P\left(F\right)+\delta.$$

总之,

$$\limsup_{n\to\infty}P_n\left(F\right)\leqslant\limsup_{n\to\infty}\int_{\mathbb{R}^d} f\mathrm{d}P_n\leqslant P\left(F\right)+\delta,$$

由δ的任意性得(f).

(f)⇒(g). 设G为$\mathbb{R}^d$中一开集, 则G^c为闭集, 根据μ_n,μ的有限性及(f)立得(g).

(g)⇒(h). 以A°记A的内集,$\bar{A}$记A的闭包,则由(g)及(h)中的假设得$\limsup\limits_{n\to\infty}\mu_n\left(A\right)\leqslant\limsup\limits_{n\to\infty}\mu_n\left(\bar{A}\right)\leqslant\mu\left(\bar{A}\right)=\mu\left(A\right)$.

注意(g)与(f)是等价的, 故(g)成立时, 也有

$$\liminf_{n\to\infty}\mu_n\left(A\right)\geqslant\liminf_{n\to\infty}\mu_n\left(A^\circ\right)\geqslant\mu\left(A^\circ\right)=\mu\left(A\right).$$

故(h)成立.

(h)⇒(a). 设f 为$\mathbb{R}^d$ 上的一个有界连续函数, 并且$|f|\leqslant M<\infty$. 令$A=\left\{c\in\mathbb{R}:\mu\left(f^{-1}\left(\{c\}\right)\right)>0\right\}$. 因为$\mu$是有限测度, 故$A$至多为可数无穷集.

构造$[-M,M]$上一个分割: $-M=t_0<t_1<\cdots<t_k=M,t_i\notin A,i=0,1,\cdots,k$. 又设

$$B_i=\left\{\boldsymbol{x}\in\mathbb{R}^d:t_i\leqslant f(\boldsymbol{x})<t_{i+1}\right\},\quad i=0,1,\cdots,k-1,$$

则$\mu_n\left(B_i\right)\to\mu\left(B_i\right),i=0,1,\cdots,k-1$. 注意

$$\begin{aligned}\left|\int_{\mathbb{R}^d} f\mathrm{d}\mu_n-\int_{\mathbb{R}^d} f\mathrm{d}\mu\right|\leqslant&\left|\int_{\mathbb{R}^d} f\mathrm{d}\mu_n-\sum_{i=0}^{k-1}t_i\mu_n\left(B_i\right)\right|\\&+\left|\sum_{i=0}^{k-1}t_i\mu_n\left(B_i\right)-\sum_{i=0}^{k-1}t_i\mu\left(B_i\right)\right|\\&+\left|\sum_{i=0}^{k-1}t_i\mu\left(B_i\right)-\int_{\mathbb{R}^d} f\mathrm{d}\mu_n\right|\\:=&I_{1,n}+I_{2,n}+I_3,\end{aligned}$$

$n \geqslant n_0$时(n_0不依赖于分割), $I_{1,n} \leqslant \left[M\left(\mathbb{R}^d\right)+1\right] \max\limits_i \left(t_{i+1}-t_i\right)$. 至于第二项, 固定$k$, 任取$\varepsilon>0, n \geqslant n_1(\varepsilon, k)$时,

$$\left|\mu_n\left(B_i\right)-\mu\left(B_i\right)\right| \leqslant \frac{\varepsilon}{k}, \quad i=0,1,\cdots,k-1,$$

从而

$$I_{2,n} \leqslant M\varepsilon,$$

而当分割加细时,I_3是收敛于零的,故先让$n \to \infty$,再让分割加细,得到(a).定理证毕.

定义5.1.2 设$\mu, \mu_1, \mu_2, \cdots$是$\mathcal{B}(\mathbb{R})$上的有限测度, 称$\mu_n$弱收敛于$\mu$, 如果它们满足定理5.1.1中任一条件. 通常记为$\mu_n \xrightarrow{w} \mu$. 称$\mu$为$\mu_n$的弱极限.

定理5.1.2 设$\mu, \mu_1, \mu_2, \cdots$是$\mathcal{B}(\mathbb{R})$上的有限测度, 它们对应的分布函数分别为$F$, $F_1, \cdots$. 定义$F(\infty)=\lim\limits_{x \to \infty} F(x)$, $F(-\infty)=\lim\limits_{x \to \infty} F(x)$. 易见$F(x)$ 在$\pm\infty$ 是连续的. 下列两个结论等价:

(a) $\mu_n \xrightarrow{w} \mu$;

(b) $F_n(a,b] \to F(a,b]$,

其中a,b为$F(x)$的连续点, $F_n(a,b]=F_n(b)-F(a), F(a,b]=F(b)-F(a)$.

证明 设(a)成立.任取a,b为$F(x)$的连续点,则$(a,b]$为μ连续集,由定理5.1.1得(b).

设(b)成立. 任取开集G, 则存在一列不相交的有界开区间(a_i,b_i)使$G=\bigcup\limits_i (a_i,b_i)$, 故

$$\liminf_{n\to\infty} \mu_n(G) \geqslant \sum_{i=1}^{\infty} \liminf_{n\to\infty} \mu_n\left((a_i,b_i)\right), \tag{5.1.7}$$

因为F的不连续点至多可数个, 所以存在F的连续点$a_{i,k}$和$b_{i,k}$使$a_{i,k} \downarrow a_i, b_{i,k} \uparrow b_i, k \uparrow \infty$. 任意固定$k$,由(5.1.7)有

$$\liminf_{n\to\infty} \mu_n(G) \geqslant \sum_{i=1}^{\infty} \liminf_{n\to\infty} \mu_n\left((a_{i,k},b_{i,k}]\right)=\sum_{i=1}^{\infty} \mu\left((a_{i,k},b_{i,k}]\right),$$

在上式中让$k \to \infty$则得$\liminf\limits_{n\to\infty} \mu_n(G) \geqslant \mu_1(G)$, (a)成立. 定理证毕.

定义5.1.3 设$F, F_1, F_2, \cdots$ 是$\mathbb{R}$ 上的分布函数, 称F_n弱收敛于F, 如果对应的Lebesgue-Stieltjes测度$\mu, \mu_1, \mu_2, \cdots$满足

$$\mu_n \xrightarrow{w} \mu$$

记为$F_n \xrightarrow{w} F$. 称F为F_n的弱极限.

又设$X, X_1, X_2, \cdots$是$(\Omega, \mathcal{F}, P)$上的实值随机变量, $F, F_1, F_2, \cdots$ 是对应的分布函数, 称X_n依分布收敛于X, 如果$F_n \xrightarrow{w} F$, 记为$X_n \xrightarrow{\mathrm{d}} X$.

注5.1.2 设X_n的分布为F_n, X的分布为F, 则$X_n \xrightarrow{\mathrm{d}} X$当且仅当$F_n(x) \to F(x)$ $(n \to \infty)$, $x \in \mathbb{R}$为F的连续点.

定理5.1.3(Helly定理) 设$F_1, F_2, \cdots$为$\mathbb{R}$上的分布函数, $F_n(-\infty)=0, F_n(\infty)\leqslant M<\infty, \forall n$, 则存在分布$F$及子列$\{F_{n_k}, k\geqslant 1\}$使$F_{n_k}(x)\to F(x)\ (k\to\infty)$, 当$F$在点$x$连续.

证明 令$D=\{x_1, x_2, \cdots\}$为$\mathbb{R}$的一个可数稠子集, 由于$\{F_{n_k}(x_1), n\geqslant 1\}$有界, 存在其子列$\{F_{1,j}(x_1), j\geqslant 1\}$ 使$F_{1,j}(x_1)\to y_1(j\to\infty)$. 同样地, 由于$\{F_{1,j}(x_2), j\geqslant 1\}$有界, 存在子列$\{F_{2,j}(x_2), j\geqslant 1\}$使$F_{2,j}(x_2)\to y_2(j\to\infty)$. 类似地, 总可以从$\{F_{m-1,j}, j\geqslant 1\}$中找到$\{F_{m,j}, j\geqslant 1\}$ 使$F_{m,j}(x_m)\to y_m(j\to\infty)$.

定义$F_D: D\to\mathbb{R}, F_D(x_j)=y_j$. 取$F_{n_k}=F_{k,k}$, 则$F_{n_k}(x)\to F_D(x), x\in D$. 注意到$F_n$的单调性, 我们得知$F_D$亦是单调上升的. 现在定义

$$F(x)=\inf\{F_D(y): y\in D, y>x\},$$

易见F 单调上升且右连续. 现证$F_{n_k}(x)\to F(x)$, 当x为F的连续点.

对$x<y, y\in D$, 有

$$\limsup_{n\to\infty} F_{n_k}(x)\leqslant \limsup_{k\to\infty} F_{n_k}(y)=F_D(y),$$

在上式中对全体$y\in D$取下确界, 得

$$\limsup_{k\to\infty} F_{n_k}(x)=F(x), \tag{5.1.8}$$

对$x'<y<x, y\in D$, 则有

$$F(x')\leqslant F_D(y)=\lim_{k\to\infty} F_{n_k}(y)\leqslant \liminf_{k\to\infty} F_{n_k}(x).$$

让x'从x的左边趋向于x, 得

$$F(x-)\leqslant \liminf_{k\to\infty} F_{n_k}(x), \tag{5.1.9}$$

若F在点x连续, 应用(5.1.8)和(5.1.9)得$F_{n_k}(x)\to F(x), k\to\infty$.

定义5.1.4 设$\mathcal{M}=\{\mu_i, i\in I\}$是$B(\mathbb{R}^d)$上一个有限测度族, 称$\mathcal{M}$是紧的, 如果对任意$\varepsilon>0$, 存在$\mathbb{R}^d$中紧集$K$, 使得$\mu_i(K^c)<\varepsilon, \forall i\in I$; 称$\mathcal{M}$是相对紧的, 如果$\mathcal{M}$中每个有限测度序列都有一个子序列弱收敛到某个$\mathcal{B}(\mathbb{R}^d)$上的有限测度; 称一个分布族是紧(或相对紧)的, 如果其对应的Lebesgue-Stieltjes测度族是紧(或相对紧)的.

定理5.1.4(Prokhorov定理) 设$\mathcal{M}=\{F_i, i\in I\}$是$\mathcal{B}(\mathbb{R}^d)$ 上的一族分布, $F_i(\infty)-F_i(-\infty)\leqslant M<\infty, \forall i\in I$. $\mathcal{M}$是紧的当且仅当$\mathcal{M}$是相对紧的.

证明 设$\mathcal{M}$是紧的, 由已知条件及定理5.1.3知, 存在子列F_{n_k}及有界分布F使

$$F_{n_k}(a,b]\to F(a,b], \quad a, b\text{是}F\text{在}\mathbb{R}\text{上的连续点}.$$

因为$\mathcal{M}\cup\{F\}$是紧的, 所以对任意$\varepsilon>0$, 存在$a,b\in\mathbb{R}$, a和b为F的连续点, 使得

$$\mu_F(\mathbb{R}-(a,b])<\varepsilon, \mu_{F_{n_k}}(\mathbb{R}-(a,b])<\varepsilon, \quad \forall n_k,$$

其中μ_F和$\mu_{F_{n_k}}$是分别对应于F和F_{n_k}的Lebesgue-Stieltjes测度.

取F的连续点x, 使$a<x\leqslant b$. 由于

$$\begin{aligned}&|F_{n_k}(\infty)-F_{n_k}(x)-[F(\infty)-F(x)]|\\ \leqslant&|F_{n_k}(\infty)-F(b)|+|F_{n_k}(x,b]-F(x,b]|+|F(\infty)-F(b)|,\end{aligned}$$

因此$F_{n_k}(\infty)-F_{n_k}(x)\to F(\infty)-F(x)$.

同理可证$F_{n_k}(x)-F_{n_k}(-\infty)\to F(x)-F(-\infty)$, x为F的连续点. 总之,$F_{n_k}\xrightarrow{w}F$, 故$\mathcal{M}$是相对紧的.

反之, 若$\mathcal{M}$相对紧, 但不是紧的, 则存在$\varepsilon>0$, 对每个正整数n, 存在$F_n\in\mathcal{M}$,使

$$\mu_{F_n}(\mathbb{R}-(-n,n))\geqslant\varepsilon,$$

其中μ_{F_n}是对应于F_n的Lebesgue-Stieltjes测度.

设$F_{n_k}\xrightarrow{w}F$, 因为$\mathbb{R}-(-n,n)$闭, 故由定理5.1.1有

$$\limsup_{k\to\infty}\mu_{F_{n_k}}(\mathbb{R}-(-n,n))\leqslant\mu_F(\mathbb{R}-(-n,n)),$$

于是$\mu_F(\mathbb{R}-(-n,n))\geqslant\varepsilon,\forall n$, 但$\mu_F(\mathbb{R}-(-n,n))\to 0$, 当$n\to\infty$时, 矛盾, 因此$\mathcal{M}$应是紧的. 定理证毕.

注5.1.3 设S为一度量空间, $\mathcal{B}(S)$是S上的Borel σ代数(由S上开集生成的σ代数), $\mu,\mu_n,n\geqslant 1$ 是$\mathcal{B}(S)$上的有限测度. 可以仿照定义5.1.1来定义度量空间上(下)半连续函数, 进而引理5.1.1~引理5.1.3均可在$(S,\mathcal{B}(S))$上成立, 见文献[1]及[8], 由此可推出定理5.1.1 在任一度量空间上是成立的, 故而可以在$(S,\mathcal{B}(S))$ 上定义测度的弱收敛、紧性和相对紧性. 度量空间上的Prokhorov定理的形式如下:

设$\mathcal{M}$是度量空间S上的概率测度族, 则

(i) 若$\mathcal{M}$是紧的, 则$\mathcal{M}$一定是相对紧的;

(ii) 若S可分且完备(即S为Polish空间), 则由$\mathcal{M}$的相对紧性可推出$\mathcal{M}$的紧性. 证明可参见文献[8].

假定S为Polish空间, $\mathcal{P}(S)$为$\mathcal{B}(S)$上概率测度的全体, 在$\mathcal{P}(S)$定义度量如下:

$$d(P_1,P_2)=\sum_{j=1}^{\infty}\frac{1}{2^j}\left(1\wedge\int_S f_j\mathrm{d}P_1-\int_S f_j\mathrm{d}P_2\right),\quad P_1,P_2\in\mathcal{P}(S),$$

其中$a\wedge b$表示a与b的最小值, 当且仅当$P_n\xrightarrow{w}P$, 此时, $\mathcal{M}\subset\mathcal{P}(S)$ 是相对紧的当且仅当$\mathcal{M}$是$\mathcal{P}(S)$中的紧集. 上述结论的证明可参见文献[9].

5.2 特征函数

本节介绍特征函数的基本性质、反演公式和Lévy连续定理. 引入特征函数的定义之前, 先给出如下定理.

定理5.2.1 设P与Q是$(\mathbb{R}^d, \mathcal{B}(\mathbb{R}^d))$ 上的两个概率测度, 则P与Q相等当且仅当

$$\int_{\mathbb{R}^d} f\mathrm{d}P = \int_{\mathbb{R}^d} f\mathrm{d}Q, \quad f\text{为}\mathbb{R}^d\text{上任一有界连续函数}. \tag{5.2.1}$$

证明 设F为$\mathbb{R}^d$中的闭集, $\varphi(t)$如式(5.1.1)中所定义. 对每个整数n, 令$\varphi_n(t) = \varphi(nt), f_n(\boldsymbol{x}) = \varphi_n(\rho(\boldsymbol{x}, F)), t \in \mathbb{R}, \boldsymbol{x} \in \mathbb{R}^d$, 则$\{f_n, n \geqslant 1\}$ 是一列单调下降的有界连续函数且$f_n(\boldsymbol{x}) \to I_F(\boldsymbol{x}), \boldsymbol{x} \in \mathbb{R}^d$. 由控制收敛定理及(5.2.1)得$P(F) = Q(F)$. 因此, 对$\mathcal{F}_0 := \{\mathbb{R}^d\text{中左开右闭区间之有限并}\}$中任一集合$H$, 总有$P(H) = Q(H)$,再用测度扩张的唯一性定理则得$P(A) = Q(A)$, $A \in \mathcal{B}(\mathbb{R}^d)$.

注5.2.1 若μ, ν为$\mathcal{B}(\mathbb{R}^d)$上两个有限测度, μ和ν 满足式(5.2.1)且$\mu(\mathbb{R}^d) = \nu(\mathbb{R}^d)$, 则$\mu \equiv \nu$.

注5.2.2 $d = 1$时, 式(5.2.1)事实上等价于

$$\int_{\mathbb{R}} \mathrm{e}^{\mathrm{i}ux}\mathrm{d}P = \int_{\mathbb{R}} \mathrm{e}^{\mathrm{i}ux}\mathrm{d}Q, \quad u \in \mathbb{R}. \tag{5.2.2}$$

易见(5.2.1)成立时, (5.2.2)必成立. 反之, 定义

$$g : \mathbb{R} \to \mathbb{C}, \quad g\text{连续}, \ g \equiv 0 \ \text{当} \ x \in [-T, T]^{\mathrm{c}}, T > 0.$$

由于$g(-T) = g(T)$, 故可将g转换到单位圆上, 即存在连续函数

$$h : E\{z \in \mathbb{C} : |z| = 1\} \to \mathbb{C},$$

使得

$$g(x) = h\left(\exp\left(\frac{\mathrm{i}\pi x}{T}\right)\right), \quad -T \leqslant x \leqslant T.$$

根据Stone-Weierstrass定理知, 存在多项式函数列

$$h_n(z) = \sum_{k=-m_n}^{m_n} a_k z^k$$

一致收敛于h, 从而$g_n(x) = \sum\limits_{k=-m_n}^{m_n} a_k \exp\left(\frac{\mathrm{i}k\pi}{T}\right)$一致收敛于$g$. 用(5.2.2)不难证明$g$满足(5.2.1). 对任一有界连续函数$f$, 定义

$$f_n(x) = \begin{cases} f(x), & x \in [-n, n], \\ 0, & x \in [-n, n]^{\mathrm{c}}, \end{cases}$$

则f_n点点收敛于f, 由控制收敛定理知f满足(5.2.1).

定义5.2.1 设μ为$B\left(\mathbb{R}^d\right)$上的有限测度, 称

$$\int\limits_{\mathbb{R}^d} \mathrm{e}^{\mathrm{i}\langle \boldsymbol{t},\boldsymbol{x}\rangle}\mathrm{d}\mu,\quad \boldsymbol{t}=(t_1,\ \cdots,t_2)\in\mathbb{R}^d, \boldsymbol{x}=(x_1,\cdots,x_2)\in\mathbb{R}^d, \langle \boldsymbol{t},\boldsymbol{x}\rangle=\sum_{i=1}^{d}t_ix_i$$

为测度μ的特征函数. 若X为概率空间$(\Omega,\mathcal{F},P)$上的随机变量, $x)$为X的分布, μ_F为对应的Lebesgue-Stieltjes测度, 称

$$\int\limits_{\mathbb{R}} \mathrm{e}^{\mathrm{i}tx}\mathrm{d}F(x)=\int\limits_{\mathbb{R}} \mathrm{e}^{\mathrm{i}tx}\mu_F(x)=\int\limits_{\mathbb{R}} \mathrm{e}^{\mathrm{i}tX}\mathrm{d}P$$

为X的特征函数, 也记为$E\mathrm{e}^{\mathrm{i}tX}$.

注5.2.3 根据注5.2.2,随机变量的分布函数与其特征函数相互唯一决定.

下面的定理总结了特征函数的基本性质.

定理5.2.2 设μ为$\mathbb{R}^d$上的有限测度, $f(t)$为对应的特征函数, 则

(1) $|f(t)|\leqslant|f(0)|\leqslant\mu\left(\mathbb{R}^d\right)$.

(2) $f(-t)=\overline{f(t)}(\overline{f(t)}$表示$f$的复共轭).

(3) $f(t)$在$\mathbb{R}^d$上一致连续.

(4) 若X与Y为实值随机变量, 对应的分布为F与G, 对应的特征函数为$f(t)$与$g(t)$, 则$X+Y$ 的分布为$F*G$当且仅当$X+Y$的特征函数为$f(t)\ g(t)$.

(5) 设X为实值随机变量, X对称(即X与$-X$同分布)当且仅当其特征函数$f(t)$是实值的.

证明 (1)与(2)是显然的.

(3) 首先注意, 对任意$A\in\mathcal{B}\left(\mathbb{R}^d\right), t\in\mathbb{R}^d$,

$$\begin{aligned}|f(t+h)-f(t)| &\leqslant \int\limits_{\mathbb{R}^d}\left|1-\mathrm{e}^{\mathrm{i}\langle h,x\rangle}\right|d\mu(x)\\ &\leqslant \int\limits_{A}\left|1-\mathrm{e}^{\mathrm{i}\langle h,x\rangle}\right|d\mu(x)+2\mu\left(\mathbb{R}^d-A\right),\end{aligned}$$

任给$\varepsilon>0$,可取A使$m\left(\mathbb{R}^d-A\right)<\varepsilon/4$,对这一固定集合$A$,可取$\delta$充分小,使$\left|1-\mathrm{e}^{\mathrm{i}\langle h,x\rangle}\right|<\varepsilon/2$, 当$x\in A$时, $|h|<\delta$, 所以

$$|f(t+h)-f(t)|<\varepsilon,\quad |h|<\delta, \forall t\in\mathbb{R}^d.$$

此即$f(t)$在$\mathbb{R}^d$上一致连续.

(4) 考虑$(a,b]$上的分割: $a=x_{n,0}<x_{n,1}<\cdots<x_{n,k_n}=b, n\geqslant 1, \max\limits_{0\leqslant k\leqslant k_n-1}(x_{n,k+1}-x_{n,k})\to 0$, 当$n\to\infty$时:

以H记$F*G$.因为e^{itx}是x的连续函数,所以根据实变函数论的知识, $\int\limits_{(a,\beta]} e^{itx}dH(x)$可表示成下面的形式.

$$\begin{aligned}\int\limits_{(a,b]} e^{itx}d\mu(x) &= \lim_{n\to\infty}\sum_{k=0}^{k_n-1} e^{itx_{n,k}}\mu((x_{n,k},x_{n,k+1}])\\ &= \lim_{n\to\infty}\int\limits_{\mathbb{R}}\sum_{k=0}^{k_n-1} e^{it(x_{n,k}-y)}F((x_{n,k}-y,x_{n,k+1}-y])e^{ity}dG(y)\\ &= \int\limits_{\mathbb{R}}\left(\int\limits_{(a-y,b-y]} e^{itx}dF(x)\right)e^{ity}dG(y).\end{aligned}$$

让$a\to\infty, b\to\infty$, 由控制收敛定理得

$$\int\limits_{\mathbb{R}} e^{itx}dF*G(x) = \int\limits_{\mathbb{R}} e^{itx}dF(x)\cdot\int\limits_{\mathbb{R}} e^{itx}dG(y), \quad \forall t\in\mathbb{R}.$$

反之, 若$X+Y$的特征函数为$f(t)\cdot g(t)$, 由前面的证明知, $F*G$的特征函数是$f(t)g(t)$, 而概率分布与特征函数相互唯一决定(见注5.2.3), 因此$X+Y$的分布必为$F*G$.

(5) 必要性. 由于X与$-X$同分布, 故X与$-X$的特征函数相等, 即$f(t)=f(-t)$, 但由(2)知:$f(-t)=\overline{f(t)}$, 因此$f(t)$是实值的.

充分性. 设X的特征函数是实值的, 则$f(t)=\overline{f(t)}=f(-t)$, 此即$X$与$-X$有相同的特征函数, 从而$X$ 与$-X$同分布, 即X上对称的.

例5.2.1 若X服从参数为λ的Poisson分布, 即X的特征函数为$f(t)=e^{\lambda(e^{it}-1)}$.

例5.2.2 设X服从正态分布$N(\mu,\sigma^2)$, 则X的特征函数为$f(t)=e^{i\mu t-\frac{1}{2}\sigma^2t^2}$.

解 当$\mu=0,\sigma^2=1$时, X的特征函数为

$$f(t)=\int\limits_{\mathbb{R}} e^{itx}\frac{1}{\sqrt{2\pi}}e^{-\frac{1}{2}x^2}dx,$$

而

$$\left|\frac{\partial}{\partial t}\left(e^{itx}\frac{1}{\sqrt{2\pi}}e^{-\frac{1}{2}x^2}\right)\right| = \left|\frac{x}{\sqrt{2\pi}}e^{-\frac{1}{2}x^2}\right|$$

且

$$\int\limits_{\mathbb{R}}\left|\frac{x}{\sqrt{2\pi}}e^{-\frac{1}{2}x^2}\right|dx<\infty,$$

所以由控制收敛定理(定理1.7.8)有

$$\begin{aligned} f'(t) &= \int\limits_{\mathbb{R}} \mathrm{i}x\mathrm{e}^{\mathrm{i}tx} \frac{1}{\sqrt{2\pi}} \mathrm{e}^{-\frac{1}{2}x^2} \mathrm{d}x \\ &= \int\limits_{\mathbb{R}} -x \frac{1}{\sqrt{2\pi}} \mathrm{e}^{-\frac{1}{2}x^2} \sin tx \mathrm{d}x \\ &= -t \int\limits_{\mathbb{R}} \frac{1}{\sqrt{2\pi}} \mathrm{e}^{-\frac{1}{2}x^2} \cos tx \mathrm{d}x \\ &= -tf(t). \end{aligned}$$

解方程$\frac{f'(t)}{f(t)} = -t$得$\log f(t) = -\frac{1}{2}t^2 + c$, 但$f(0) = 1$, 故$c = 0$, 此即$f(t) = \varepsilon^{-\frac{1}{2}t^2}$.

若X服从$N(0,1)$, 则$Y := \mu + \sigma X$服从$N(\mu, \sigma^2)$, 于是Y的特征函数为

$$g(t) = E^{\mathrm{i}tY} = \mathrm{e}^{\mathrm{i}t\mu} E\mathrm{e}^{\mathrm{i}t\sigma X} = \mathrm{e}^{\mathrm{i}t\mu - \frac{1}{2}\sigma^2 t^2}.$$

定理5.2.3(反演公式) 设h是有限测度μ 的特征函数, F是对应于μ的分布, 记$F(a,b] = F(b) - F(a)$, 则对所有F的连续点$a < b$,

$$F(a,b] = \lim_{c\to\infty} \frac{1}{2\pi} \int_{-C}^{C} \frac{\mathrm{e}^{-\mathrm{i}ua} - \mathrm{e}^{-\mathrm{i}ub}}{\mathrm{i}u} h(u)\mathrm{d}u, \tag{5.2.3}$$

进而, 若h在$\mathbb{R}$上是可积的, 则F具有密度

$$f(x) = \frac{1}{2\pi} \int_{-\infty}^{\infty} \mathrm{e}^{-\mathrm{i}ux} h(u)\mathrm{d}u, \tag{5.2.4}$$

此即

$$F(x) = \int_{-\infty}^{x} \left[\frac{1}{2\pi} \int_{-\infty}^{\infty} \mathrm{e}^{-\mathrm{i}tu} h(u)\mathrm{d}u \right] \mathrm{d}t.$$

证明 令

$$I_C = \frac{1}{2\pi} \int_{-C}^{C} \frac{\mathrm{e}^{-\mathrm{i}ua} - \mathrm{e}^{-\mathrm{i}ub}}{\mathrm{i}u} h(u)\mathrm{d}u, \quad c > 0,$$

由于

$$\left| \frac{\mathrm{e}^{-\mathrm{i}ua} - \mathrm{e}^{-\mathrm{i}ub}}{\mathrm{i}u} \mathrm{e}^{-\mathrm{i}ux} \right| = \left| \int_a^b \mathrm{e}^{-\mathrm{i}ux} \mathrm{d}x \right| \leqslant b - a$$

且

$$\int_{-C}^{C} \int_{-\infty}^{\infty} (b-a)\mathrm{d}F(x)\mathrm{d}u = 2c(b-a)\mu(\mathbb{R}) < \infty,$$

故用Fubini定理得

$$\begin{aligned} I_C &= \frac{1}{2\pi}\int_{-\infty}^{\infty}\left[\int_{-C}^{C}\frac{\mathrm{e}^{-\mathrm{i}ua}-\mathrm{e}^{-\mathrm{i}ub}}{\mathrm{i}u}\mathrm{e}^{-\mathrm{i}ux}\mathrm{d}u\right]\mathrm{d}F(x) \\ &:= \int_{-\infty}^{\infty} J_C(x)\mathrm{d}F(x) \end{aligned}$$

其中

$$J_C(x) = \frac{1}{2\pi}\int_{-C}^{C}\frac{\sin u(x-a)-\sin u(x-b)}{u}\mathrm{d}u.$$

令$v=u(x-a), w=u(x-b)$, 则

$$J_C(x) = \frac{1}{2\pi}\int_{-C(x-a)}^{C(x-a)}\frac{\sin v}{v}\mathrm{d}v - \frac{1}{2\pi}\int_{-C(x-b)}^{C(x-b)}\frac{\sin w}{w}\mathrm{d}w,$$

又

$$\int_v^s \frac{\sin v}{v}\mathrm{d}v \to \pi, \quad s\to\infty, v\to -\infty,$$

因此$J_C(x)\to J(x), C\to\infty$, 其中

$$J(x) = \begin{cases} 0, & x<a\text{或}x>b, \\ 1, & a<x<b, \\ \frac{1}{2}, & x=a\text{或}x=b, \end{cases}$$

而$J_C(x)$是有界的, 故用控制收敛定理得

$$\begin{aligned} \lim_{c\to\infty} J_C &= \int_{-\infty}^{\infty} J(x)\mathrm{d}F(x) \\ &= F(b-)-F(a)+\frac{1}{2}\left[F(a)-F(a-)+F(b)-F(b-)\right], \end{aligned}$$

当F在a,b连续时, 可以得到反演公式(5.2.3).

(5.2.4)由(5.2.3)立得. 定理证毕.

注5.2.4(多维反演公式) 设μ是$\mathbb{R}^d$上有限测度, F是对应的$\mathbb{R}^d$上的分布函数. 任取F的连续点$\boldsymbol{a}=(a_1,\cdots,a_d)<\boldsymbol{b}=(b_1,\cdots,b_d)$, 则有

$$F\left(a,b\right] = \lim_{c_j\to\infty}\int_{-\boldsymbol{c}}^{\boldsymbol{c}}\left(\prod_{j=1}^{d}\frac{\mathrm{e}^{-\mathrm{i}c_ja_j}-\mathrm{e}^{-\mathrm{i}c_jb_j}}{\mathrm{i}2\pi c_j}\right)f(t)\mathrm{d}t,$$

其中$\boldsymbol{c}=(c_1,\cdots,c_d)$. 详细证明请参见文献[10]中定理7.2.

定理5.2.4 设$f(t)$是连续函数, $f(0)=1$, 则$f(t)$是某随机变量的特征函数的充要条件是$f(t)$为非负定函数, 即对任何$n\in\mathbb{N}, t_1,\cdots,t_n\in\mathbb{R}, \xi_1,\cdots,\xi_n\in\mathbb{C}$, 都有

$$\sum_{k=1}^{n}\sum_{j=1}^{n} f\left(t_j-f_k\right)\xi_j\bar{\xi}_k \geqslant 0.$$

证明请参见文献[10].

现在介绍中心极限定理证明所需的关键性定理——Lévy连续定理.

引理5.2.1 设h与F分别为随机变量X的特征函数和分布函数, $\mathcal{R}(h(t))$表示$h(t)$的实部, 则总存在常数$k>0$, 使

$$\int\limits_{\{x:|x|>1/u\}} \mathrm{d}F(x) \leqslant \frac{k}{u}\int_0^u (1-\mathcal{R}(h(v)))\,\mathrm{d}v, \quad u>0. \tag{5.2.5}$$

(5.2.5)通常称为截尾不等式.

证明 注意

$$\frac{1}{u}\int_0^u (1-\mathcal{R}(h(v)))\,\mathrm{d}v = \frac{1}{u}\int_0^u\int_{-\infty}^{\infty}(1-\cos vx)\,\mathrm{d}F(x)\mathrm{d}v,$$

由Fubini定理有

$$\begin{aligned}\frac{1}{u}\int_0^u\int_{-\infty}^{\infty}(1-\cos vx)\,\mathrm{d}F(x)\mathrm{d}v &= \int_{-\infty}^{\infty}\mathrm{d}F(x)\left[\frac{1}{u}\int_0^u(1-\cos vx)\,\mathrm{d}v\right]\\ &= \int_{-\infty}^{\infty}\left(1-\frac{\sin ux}{ux}\right)\mathrm{d}F(x)\\ &\geqslant \inf_{|t|\geqslant 1}\left(1-\frac{\sin t}{t}\right)\int\limits_{\{x:|ux|\geqslant 1\}}\mathrm{d}F(x),\end{aligned}$$

但

$$\inf_{|t|\geqslant 1}\left(1-\frac{\sin t}{t}\right) \geqslant 1-\sin 1 \geqslant \frac{1}{7},$$

取$k\geqslant 7$, 则得(5.2.5). 引理证毕.

定理5.2.5(Lévy连续定理) 设$\{F_n\}$是一列概率分布, $\{h_n\}$ 是对应的特征函数序列. 若$F_n \xrightarrow{w} F$, F为一个概率分布且h是F的特征函数, 则h_n点点收敛于h; 反之, 若h_n收敛于某个函数h, h在零点连续, 则h是某概率分布F的特征函数,而且$F_n \xrightarrow{w} F$.

证明 设$F_n \xrightarrow{w} F$, 则由弱收敛的定义立得h_n点点收敛于分布F的特征函数h.

反之, 设$\lim\limits_{n\to\infty} h_n(t)=h(t), \forall t\in\mathbb{R}$, h在零点连续. 根据截尾不等式, 对任意$u>0$,

$$\int\limits_{\{x:|x|>1/u\}} \mathrm{d}F_n(x) \leqslant \frac{k}{u}\int_0^u [1-\mathcal{R}(h_n(v))]\mathrm{d}v, \quad k\text{为常数},$$

又由控制收敛定理得

$$\lim_{n\to\infty}\frac{k}{u}\int_0^u [1-\mathcal{R}(h_n(v))]\mathrm{d}v = \frac{k}{u}\int_0^u [1-\mathcal{R}(h(v))]\mathrm{d}v,$$

但h在零点连续, 故

$$\lim_{u\to 0}\frac{k}{u}\int_0^u [1-\mathcal{R}(h_n(v))]\mathrm{d}v = 0,$$

因此对任意$\varepsilon > 0$, 存在$u_0 > 0$使

$$\int\limits_{\{x:|x|\geqslant 1/u_0\}} \mathrm{d}F_n(x) < \varepsilon, \quad \forall n \in \mathbb{N},$$

此即分布族$\{F_n : n \in \mathbb{N}\}$是紧的, 根据Prokhorov定理(定理5.1.4), $\{F_n : n \in \mathbb{N}\}$ 是相对紧的.

设$F_{n_k} \xrightarrow{w} F, F_{m_k} \xrightarrow{w} G$, 则$F$与$G$依然为概率分布且$\lim\limits_{k\to\infty} h_{n_k}(t) = \int\limits_{\mathbb{R}} \mathrm{e}^{\mathrm{i}tx}\mathrm{d}F(x) = \lim\limits_{k\to\infty} h_{m_k}(t) = \int\limits_{\mathbb{R}} \mathrm{e}^{\mathrm{i}tx}\mathrm{d}G(x)$, 故$F = G$, 这意味着$F_n \xrightarrow{w} F$且$h$是$F$的特征函数. 定理证毕.

下面的定理加强了Lévy连续定理中的结论.

定理5.2.6 设$\{f, f_1, f_2, \cdots\}$是一列随机变量的特征函数, f_n点点收敛于f, 则在任一有界区间上, f_n一致收敛于f.

证明 设F_n是对应于f_n的分布, F是对应于f的分布. 由于$f_n(u) \to f(u), \forall u \in \mathbb{R}$, 故$F_n \xrightarrow{w} F$, 因此$\{F_n : n \in \mathbb{N}\}$是紧的. 任给$\varepsilon > 0$, 存在$K > 0$, 使$\int\limits_{\{x:|x|\geqslant K\}} \mathrm{d}F_n(x) < \varepsilon$.对上述$\varepsilon$及$K$, 存在$\delta > 0$, 使

$$|\exp(\mathrm{i}hx) - 1| < \varepsilon, \quad |h| \leqslant \delta, |x| < K.$$

于是对任意$u \in \mathbb{R}$,

$$\begin{aligned}
|f_n(u+h) - f_n(u)| &\leqslant \int\limits_{\mathbb{R}} |\exp[\mathrm{i}(u+h)x] - \exp(\mathrm{i}ux)|\,\mathrm{d}F_n(x) \\
&\leqslant 2\int\limits_{\{x:|x|\geqslant K\}} \mathrm{d}F_n(x) + \int_{-K}^{K} |\exp(\mathrm{i}hx) - 1|\mathrm{d}F_n(x) \\
&< 3\varepsilon, \quad |h| < \delta,
\end{aligned}$$

但f是一致连续的, 故存在$\eta < \delta$使$|f(u+h) - f(u)| < 3\varepsilon, |h| < \delta, u \in \mathbb{R}$. 取有界闭区间$[a, b]$. 令

$$a = t_0 < t_1 < \cdots < t_m = b$$

且$0 < t_j - t_{j-1} < \eta, j = 1, \cdots, m$. 对上述$t_j$存在正整数$N$使得

$$|f_n(t_j) - f(t_j)| < \varepsilon, \quad n \geqslant N, j = 1, \cdots, m.$$

任取$u \in [a, b]$, 存在$1 \leqslant j \leqslant m$使$u \in [t_{j-1}, t_j]$, 从而当$n \geqslant N$时,

$$\begin{aligned}
|f_n(u) - f_n(u)| &\leqslant |f_n(u) - f_n(t_j)| + |f_n(t_j) - f(t_j)| + |f(t_j) - f(u)| \\
&< 3\varepsilon + \varepsilon + \varepsilon = 5\varepsilon,
\end{aligned}$$

此即f_n在$[a, b]$上一致收敛于f. 定理证毕.

5.3 Lindeberg中心极限定理

本节假设$X_1, X_2, \cdots$ 是相互独立的随机变量序列, X_k 的期望为m_k, 方差为σ_k^2.

引理5.3.1 设y是任意实数, z是满足$|z| \leqslant \frac{1}{2}$的复数, 则

$$\mathrm{e}^{\mathrm{i}y} = 1 + \mathrm{i}y + \frac{\theta y^2}{2}, \tag{5.3.1}$$

$$\mathrm{e}^{\mathrm{i}y} = 1 + \mathrm{i}y - \frac{y^2}{2} + \frac{\theta_1 |y|^3}{6}, \tag{5.3.2}$$

其中$\theta = \theta(y), \theta_1 = \theta_1(y), |\theta_1| \leqslant 1, |\theta| \leqslant 1$, 且

$$\mathrm{Log}(1+z) = z + \theta_3 |z|^2, \quad |z| \leqslant \frac{1}{2}, \tag{5.3.3}$$

其中$\theta_3 = \theta_3(z), |\theta_3| \leqslant 1$, Log表示对数的主支.

证明 令

$$g_n(y) = \mathrm{e}^{\mathrm{i}y} - \left(1 - \frac{\mathrm{i}y}{1!} - \cdots - \frac{(\mathrm{i}y)^{n-1}}{(n-1)!}\right), \ n \geqslant 2, y \in \mathbb{R}, \quad g_1(y) = \mathrm{e}^{\mathrm{i}y} - 1,$$

则当$y > 0$时,

$$g_1(y) = \mathrm{i}\int_0^y \mathrm{e}^{\mathrm{i}x}\mathrm{d}x, \quad g_n(y) = \mathrm{i}\int_0^y g_{n-1}(x)\,\mathrm{d}x, \ n \geqslant 2,$$

用数学归纳法可得

$$|g_n(y)| \leqslant \frac{y^n}{n!}, \quad n \geqslant 1, y > 0, \tag{5.3.4}$$

但$|g_n(-t)| = \left|\overline{g_n(t)}\right| = |g_n(t)|$,故(5.3.4)对$y < 0$ 也成立,由(5.3.4)立得(5.3.1)和(5.3.2).

注意

$$\begin{aligned}\mathrm{Log}(1+z) &= z - \frac{z^2}{2} + \frac{z^3}{3} - \frac{z^4}{4} + \cdots \\ &= z + z^2\left(-\frac{1}{2} + \frac{z}{3} - \frac{z^2}{4} + \cdots\right),\end{aligned}$$

而

$$\left|-\frac{1}{2} + \frac{z}{3} - \frac{z^2}{4} + \cdots\right| \leqslant \frac{1}{2} + \frac{1}{3}\cdot\frac{1}{2} + \frac{1}{4}\cdot\left(\frac{1}{2}\right)^2 + \cdots \leqslant \frac{1}{2},$$

(5.3.3)得证.

定理5.3.1 令

$$S_n = \sum_{i=1}^n X_i, c_n^2 = \mathrm{var}(S_n) = \sum_{i=1}^n \sigma_i^2, \quad n \geqslant 1.$$

又设F_k 是X_k 的分布函数, 若对任意$\varepsilon > 0$,

$$\lim_{n\to\infty}\frac{1}{c_n^2}\sum_{k=1}^{n}\int\limits_{\{x:|x-m_k|\geqslant\varepsilon c_n\}}(x-m_k)^2\,\mathrm{d}F_k(x)=0,\tag{5.3.5}$$

则

$$T_n:=c_n^{-1}(S_n-E(S_n))\xrightarrow{\mathrm{d}}Z,$$

Z 服从标准正态分布.

证明 不妨假设$m_k=0$. 以h_k 记X_k 的特征函数, h_{Tn} 与h_{Sn} 分别表示T_n 与S_n 的特征函数. 由独立性有

$$h_{Tn}(u)=E\left(\mathrm{e}^{\mathrm{i}u\frac{S_n}{c_n}}\right)=h_{S_n}\left(\frac{u}{c_n}\right)=\prod_{k=1}^{n}h_k\left(\frac{u}{c_n}\right).\tag{5.3.6}$$

应用(5.3.1)和(5.3.2),

$$\begin{aligned}h_k(u)&=\int\limits_{\mathbb{R}}\mathrm{e}^{\mathrm{i}ux}\mathrm{d}F_k(x)\\&=\int\limits_{\{x:|x|\geqslant\varepsilon c_n\}}\left(1+\mathrm{i}ux+\frac{\theta_0u^2x^2}{2}\right)\mathrm{d}F_k(x)\\&\quad+\int\limits_{\{x:|x|<\varepsilon c_n\}}\left(1+\mathrm{i}ux-\frac{u^2x^2}{2}+\frac{\theta_1|ux|^3}{6}\right)\mathrm{d}F_k(x),\end{aligned}$$

其中$|\theta_0|\leqslant 1, |\theta_1|\leqslant 1$, θ_0 与θ_1 依赖于ux. 因为

$$\int\limits_{\mathbb{R}}\mathrm{i}ux\mathrm{d}F_k(x)=0,$$

所以

$$\begin{aligned}h_k\left(\frac{u}{c_u}\right)=&1+\frac{u^2}{2c_n^2}\int\limits_{\{x:|x|\geqslant\varepsilon c_n\}}\theta_0x^2\mathrm{d}F_k(x)-\frac{u^2}{2c_n^2}\int\limits_{\{x:|x|<\varepsilon c_n\}}x^2\mathrm{d}F_k(x)\\&+\frac{|u|^3}{6c_n^2}\int\limits_{\{x:|x|<\varepsilon c_n\}}\theta_1|x|^3\,\mathrm{d}F_k(x),\end{aligned}\tag{5.3.7}$$

注意

$$\left|\frac{1}{2}\int\limits_{\{x:|x|\geqslant\varepsilon c_n\}}\theta_0x^2\mathrm{d}F_k(x)\right|\leqslant\frac{1}{2}\int\limits_{\{x:|x|\geqslant\varepsilon c_n\}}x^2\mathrm{d}F_k(x)$$

和

$$\left|\frac{1}{6}\int\limits_{\{x:|x|<\varepsilon c_n\}}\theta_1|x|^3\mathrm{d}F_k(x)\right|\leqslant\frac{1}{6}\int\limits_{\{x:|x|<\varepsilon c_n\}}\varepsilon c_n x^2\mathrm{d}F_k(x),$$

故

$$\frac{1}{2}\int\limits_{\{x:|x|\geqslant\varepsilon c_n\}}\theta x^2\mathrm{d}F_k(x)=\theta_2\int\limits_{\{x:|x|\geqslant\varepsilon c_n\}}x^2\mathrm{d}F_k(x),\quad|\theta_2|\leqslant\frac{1}{2},$$

且

$$\frac{1}{6}\int\limits_{\{x:|x|<\varepsilon c_n\}}\theta_1|x|^3\mathrm{d}F_k(x)=\theta_3\int\limits_{\{x:|x|<\varepsilon c_n\}}\varepsilon c_n x^2\mathrm{d}F_k(x),\quad|\theta_3|\leqslant\frac{1}{6}.$$

设

$$\alpha_{nk}=\frac{1}{c_n^2}\int\limits_{\{x:|x|\geqslant\varepsilon c_n\}}x^2\mathrm{d}F_k(x),$$

$$\beta_{nk}=\frac{1}{c_n^2}\int\limits_{\{x:|x|<\varepsilon c_n\}}x^2\mathrm{d}F_k(x),$$

$$\gamma_{nk}=\theta_2u^2\alpha_{nk}-\frac{u^2}{2}\beta_{nk}+|u|^3\varepsilon\theta_3\beta_{nk},\tag{5.3.8}$$

其中$n\geqslant1,k=1,\cdots,n$.

由(5.3.7)和(5.3.8)有

$$h_k\left(\frac{u}{c_n}\right)=1+\gamma_{nk},\tag{5.3.9}$$

根据定理的条件: $\lim\limits_{n\to\infty}\sum\limits_{k=1}^{n}\alpha_{nk}=0$, 而且还有

$$\sum_{k=1}^{n}(\alpha_{nk}+\beta_{nk})=1.\tag{5.3.10}$$

因为$\beta_{nk}\leqslant\varepsilon^2$, 所以当$n$ 充分大时,

$$\max_{1\leqslant k\leqslant n}|\gamma_{nk}|\leqslant\frac{u^2\varepsilon}{2}+|u|^3\varepsilon,\quad\sum_{k=1}^{n}|\gamma_{nk}|\leqslant\frac{u^2}{2}+|u|^3\varepsilon,$$

故

$$\sum_{k=1}^{n}|\gamma_{nk}|^2\leqslant\left(\max_{1\leqslant k\leqslant n}|\gamma_{nk}|\right)\sum_{k=1}^{n}|\gamma_{nk}|\leqslant\varepsilon\left(\frac{u^2}{2}+|u^3|\right)\left(\frac{u^2}{2}+|u|^3\varepsilon\right).\tag{5.3.11}$$

现在考虑$u^2/2+h_{T_n}(u)$ 的极限($n\to\infty$). 由(5.3.3), (5.3.6)和(5.3.9)有

$$\begin{aligned}\frac{u^2}{2}+\mathrm{Log}h_{T_n}(u)&=\frac{u^2}{2}+\sum_{k=1}^{n}\mathrm{Log}\left(1+\gamma_{nk}\right)\\&=\frac{u^2}{2}+\sum_{k=1}^{n}\left(\gamma_{nk}+\theta_4\left|\gamma_{nk}\right|^2\right),\quad |\theta_4|\leqslant 1,\end{aligned}$$

再由(5.3.8)和(5.3.10)有

$$\begin{aligned}\left|\frac{u^2}{2}+\mathrm{Log}h_{T_n}(u)\right|&=\left|\frac{u^2}{2}-\frac{u^2}{2}\sum_{k=1}^{n}(\alpha_{nk}+\beta_{nk})+\sum_{k=1}^{n}\left(\theta_2u^2-\frac{u^2}{2}\right)\alpha_{nk}\right.\\&\left.\quad+\theta_4\sum_{k=1}^{n}\left|\gamma_{nk}\right|^2+\sum_{k=1}^{n}\beta_{nk}\left|u\right|^3\varepsilon\theta_3\right|\\&\leqslant\left|\theta_2u^2-\frac{u^2}{2}\right|\left(\sum_{k=1}^{n}\alpha_{nk}\right)+|\theta_4|\sum_{k=1}^{n}\left|\gamma_{nk}\right|^2+|\theta_3|\,\varepsilon\left|u\right|^3,\end{aligned}$$

从上式可知, $\lim\limits_{n\to\infty}\left|u^2/2+\mathrm{Log}h_{T_n}(u)\right|=0$, 此即

$$h_{T_n}(u)\to\mathrm{e}^{-\frac{u^2}{2}},\quad n\to\infty,$$

由Lévy连续定理得: $T_n\xrightarrow{\mathrm{d}}Z$, Z 为标准正态随机变量. 定理证毕.

注5.3.1 (5.3.5)常称为Lindeberg条件.

注5.3.2 当$|X_k|\leqslant M<\infty$, $\forall k$ 且$c_n\to\infty$ 时, 由Chebyshev不等式可证明(5.3.5)是成立的, 从而定理5.3.1成立.

注5.3.3 若$\{X_k\}$ 独立同分布, $E(X_k)=m, \mathrm{var}(X_k)=\sigma^2$, 则由控制收敛定理得(5.3.5)成立, 从而定理5.3.1成立.

注5.3.4 若存在$\sigma>0$, 使得

$$\frac{1}{C_n^{H\sigma}}\sum_{k=1}^{n}E\left(\left|X_k-m_k\right|^{2+\sigma}\right)\to 0,\quad n\to\infty, \tag{5.3.12}$$

则称$\{X_k\}$ 满足Lyapunov条件. 不难证明, (5.3.12)成立时, Lindeberg条件必成立.

注5.3.5 Lindeberg条件是T_n 依分布收敛于标准正态随机变量(即中心极限定理成立)的充分条件, 但不是必要条件.

例5.3.1 设$X_1,X_2,\cdots$ 是一列相互独立的期望为零的正态随机变量, $\mathrm{var}(X_1)=1, \mathrm{var}(X_k)=2^{k-2}, k=2$, 则$c_n^2=\sum\limits_{k=1}^{n}\mathrm{var}(X_k)=2^{n-1}$, 进而$T_n=\sum\limits_{k=1}^{n}X_k\Big/c_n$ 服从标准正态分布$N(0,1)$, 更有$T_n\xrightarrow{\mathrm{d}}Z, Z\sim N(0,1)$, 但$\{X_k,k=1\}$ 不满足Lindeberg条

件. 事实上,$\forall\varepsilon>0$,

$$\frac{1}{c_n^2}\sum_{k=1}^{n}\int_{\{x:|x|\geqslant\varepsilon c_n\}}x^2\mathrm{d}F_k(x)\geqslant\varepsilon^2\ \frac{n}{\underset{k=1}{2}}\ P(|X_k|\geqslant\varepsilon c_n)$$

$$\geqslant\varepsilon^2P\left(\left|\frac{X_n}{c_n}\right|\geqslant\varepsilon\right)\geqslant M>0,$$

M 仅依赖于ε.

从上面的例子看出, 由Lindeberg条件可推出$P(|X_n-m_n|/c_n\geqslant\varepsilon)\to0$, 甚至$\max\limits_{1\leqslant k\leqslant n}P(|X_k-m_k|/c_n\geqslant\varepsilon)\to0$.

定义5.3.1 称$\{X_k,k=1\}$ 为u.a.n. (uniform asymptotic negligibility)序列, 如果X_k 相互独立且

$$\lim_{n\to\infty}\max_{1\leqslant k\leqslant n}P\left(\frac{|X_k-m_k|}{c_n}\geqslant\varepsilon\right)=0,\quad\forall\varepsilon>0.$$

m_k,c_n 如本节开始所定义. 一般地, 称

$$\{X_{nk}\}=\left\{\begin{matrix}X_{11}&\cdots&X_{1k_1}\\X_{21}&\cdots&x_{2k_2}\\\vdots&&\vdots\end{matrix}\right\}$$

是一个u.a.n.二重序列, 如果$k_n\to\infty\,(n\to\infty)$, $\{X_{n1},\cdots,X_{nk_n}\}$ 相互独立且$\forall\varepsilon>0$,

$$\lim_{n\to\infty}\max_{1\leqslant k\leqslant k_n}P(|X_{nk}|\geqslant\varepsilon)=0.\tag{5.3.13}$$

命题5.3.1 以F_{nk} 记X_{nk} 的分布, f_{nk} 记X_{nk} 的特征函数. 下列6个条件等价:

(a) $\{X_{nk}\}$ 是u.a.n.二重序列;

(b) $\lim\limits_{n\to\infty}\max\limits_{1\leqslant k\leqslant k_n}\mathcal{R}(1-f_{nk}(t))=0$, 在$t$的任一有限区间上一致成立;

(c) $\lim\limits_{n\to\infty}\max\limits_{1\leqslant k\leqslant k_n}|1-f_{nk}(t)|=0$, 在$t$的任一有限区间上一致成立;

(d) $\lim\limits_{n\to\infty}\max\limits_{1\leqslant k\leqslant k_n}|1-f_{nk}(t)|=0$;

(e) $\lim\limits_{n\to\infty}\max\limits_{1\leqslant k\leqslant k_n}\mathcal{R}(1-f_{nk}(t))=0$;

(f) $\lim\limits_{n\to\infty}\max\limits_{1\leqslant k\leqslant k_n}\int_{\mathbb{R}}\frac{x^2}{1+x^2}\mathrm{d}F_{nk}(x)=0$.

证明不难, 请读者自己验证.

定理5.3.2 (Lindeberg中心极限定理) 设$\{X_k,k\geqslant1\}$ 是一列独立的随机变量, $E(X_k)=m_k$, $\mathrm{var}(X_k)=\sigma_k^2$, $c_n^2=\sum\limits_{k=1}^{n}\sigma_k^2$. Lindeberg条件成立当且仅当$T_n:=\sum\limits_{k=1}^{n}(X_k-m_k)/c_n\xrightarrow{\mathrm{d}}Z$, $Z\sim N(0,1)$ 且$\{X_k,k\geqslant1\}$ 为u.a.n.序列(i.e.$(X_k-m_k)/c_n$ 是u.a.n.二重序列).

证明 以F_k 和h_k 分别表示X_k 的分布及特征函数.

必要性 由定理5.3.1立得.

充分性 不妨设$m_k=0$. 先证

$$\lim_{n\to\infty}\left\{\frac{u^2}{2}+\sum_{k=1}^{n}\left[h_k\left(\frac{u}{c_n}\right)-1\right]\right\}=0,\quad \forall u\in\mathbb{R}. \tag{5.3.14}$$

因为T_n 的特征函数

$$h_{T_n}(u)=\prod_{k=1}^{n}\left[1+\left(h_k\left(\frac{u}{c_n}\right)-1\right)\right]\to\exp\left(-\frac{u^2}{2}\right)\quad (\text{在有限区间上一致收敛}),$$

而$\sum\limits_{k=1}^{n}\operatorname{Log}\left[1+\left(h_k\left(u/c_n\right)-1\right)\right]$ 是唯一的$h_{T_n}(u)$ 的连续函数且在$u=0$ 取值零, 所以

$$\sum_{k=1}^{n}\operatorname{Log}\left[1+\left(h_k\left(\frac{u}{c_n}\right)-1\right)\right]\to-\frac{u^2}{2}.$$

由(5.3.3)有

$$\frac{u^2}{2}+\sum_{k=1}^{n}\left[h_k\left(\frac{u}{c_n}\right)-1\right]+\sum_{k=1}^{n}\theta_k\left|h_k\left(\frac{u}{c_n}\right)-1\right|^2\to0,\quad |\theta_k|\leqslant1,1\leqslant k\leqslant n. \tag{5.3.15}$$

注意, 由$a_n+b_n\to0$ 总可推出$\limsup\limits_{n\to\infty}|a_u|=\limsup\limits_{n}|b_n|$, 因此应用(5.3.15)之后得

$$\begin{aligned}&\limsup_{n\to\infty}\left|\frac{u^2}{2}+\sum_{k=1}^{n}\left[h_k\left(\frac{u}{c_n}\right)-1\right]\right|\\=&\limsup_{n\to\infty}\left|\sum_{k=1}^{n}\theta_k\left|h_k\left(\frac{u}{c_n}\right)-1\right|^2\right|\\\leqslant&\limsup_{n\to\infty}\left[\max_{1\leqslant k\leqslant n}\left|h_k\left(\frac{u}{c_n}\right)-1\right|\right]\cdot\sum_{k=1}^{n}\left|h_k\left(\frac{u}{c_n}\right)-1\right|,\end{aligned}$$

但$\{X_k\}$ 为u.a.n.序列, 由命题5.3.1知$\max\limits_{1\leqslant k\leqslant n}|h_k(u/c_n)-1|\to0$, 而

$$\begin{aligned}\sum_{k=1}^{n}\left|h_k\left(\frac{u}{c_n}\right)-1\right|&=\sum_{k=1}^{n}\left|\int_{\mathbb{R}}\left(\mathrm{e}^{\frac{iux}{c_n}}-1\right)\mathrm{d}F_k(x)\right|\\&=\sum_{k=1}^{n}\left|\int_{\mathbb{R}}\theta\frac{u^2x^2}{2c_n^2}\mathrm{d}F_k(x)\right|\quad(\text{由(5.3.1)})\\&\leqslant\frac{u^2}{2c_n^2}\sum_{k=1}^{n}\sigma_k^2=\frac{u^2}{2}<\infty,\end{aligned}$$

故$\limsup\limits_{n\to\infty}\left|u^2/2+\sum\limits_{k=1}^{n}\left[h_k\left(u/c_n\right)-1\right]\right|=0$, 此即(5.3.14)成立.

现证: $\forall\varepsilon>0,\forall\varepsilon\in\mathbb{R}$,

$$\limsup_{n\to\infty}\left[1-\frac{1}{c_n^2}\sum_{k=1}^{n}\int\limits_{\{x:|x|<\varepsilon c_n\}}x^2\mathrm{d}F_k\left(x\right)\right]\leqslant\frac{4}{\varepsilon^2u^2}. \tag{5.3.16}$$

由(5.3.14)知,

$$\lim_{n\to\infty}\left[\frac{u^2}{2}-\sum_{k=1}^{n}\mathcal{R}\left(1-h_k\left(\frac{u}{c_n}\right)\right)\right]=0,$$

此即

$$\lim_{n\to\infty}\left[\frac{u^2}{2}-\sum_{k=1}^{n}\int\limits_{\{x:|x|<\varepsilon c_n\}}\left(1-\cos\frac{ux}{c_n}\right)\mathrm{d}F_k\left(x\right)\right.$$
$$\left.-\sum_{k=1}^{n}\int\limits_{\{x:|x|\geqslant\varepsilon c_n\}}\left(1-\cos\frac{ux}{c_n}\right)\mathrm{d}F_k\left(x\right)\right]=0,$$

从而

$$\begin{aligned}&\limsup_{n\to\infty}\left|\frac{u^2}{2}-\sum_{k=1}^{n}\int\limits_{\{x:|x|<\varepsilon c_n\}}\left(1-\cos\frac{ux}{c_n}\right)\mathrm{d}F_k\left(x\right)\right|\\&=\limsup_{n\to\infty}\left|\sum_{k=1}^{n}\int\limits_{\{x:|x|\geqslant\varepsilon c_n\}}\left(1-\cos\frac{ux}{c_n}\right)\mathrm{d}F_k\left(x\right)\right|,\end{aligned} \tag{5.3.17}$$

但是

$$\begin{aligned}\sum_{k=1}^{n}\int\limits_{\{x:|x|<\varepsilon c_n\}}\left(1-\cos\frac{ux}{c_n}\right)\mathrm{d}F_k\left(x\right)&\leqslant\sum_{k=1}^{n}\int\limits_{\{x:|x|<\varepsilon c_n\}}\frac{u^2x^2}{2c_n^2}\mathrm{d}F_k\left(x\right)\\&\leqslant\frac{u^2}{2c_n^2}\sum_{k=1}^{n}\sigma_k^2=\frac{u^2}{2},\end{aligned}$$

故(5.3.17)中绝对值符号可以去掉. 此时应用(5.3.17)有

$$\begin{aligned}
&\limsup_{n\to\infty}\frac{u^2}{2}\left(1-\frac{1}{c_n^2}\sum_{k=1}^{n}\int\limits_{\{x:|x|<\varepsilon c_n\}}x^2\mathrm{d}F_k(x)\right)\\
\leqslant&\limsup_{n\to\infty}\left[\frac{u^2}{2}-\sum_{k=1}^{n}\int\limits_{\{x:|x|<\varepsilon c_n\}}\left(1-\cos\frac{ux}{c_n}\right)\mathrm{d}F_k(x)\right]\\
=&\limsup_{n\to\infty}\sum_{k=1}^{n}\int\limits_{\{x:|x|\geqslant\varepsilon c_n\}}\left(1-\cos\frac{ux}{c_n}\right)\mathrm{d}F_k(x).
\end{aligned}\tag{5.3.18}$$

用Chebyshev不等式有

$$\begin{aligned}
\sum_{k=1}^{n}\int\limits_{\{x:|x|\geqslant\varepsilon c_n\}}\left(1-\cos\frac{ux}{c_n}\right)\mathrm{d}F_k(x)\leqslant&2\sum_{k=1}^{n}\int\limits_{\{x:|x|\geqslant\varepsilon c_n\}}\mathrm{d}F_k(x)\\
=&2\sum_{k=1}^{n}P(|X_k|\geqslant\varepsilon c_n)\\
\leqslant&2\sum_{k=1}^{n}\frac{\sigma_k^2}{\varepsilon^2c_n^2}=\frac{2}{\varepsilon^2},
\end{aligned}\tag{5.3.19}$$

结合(5.3.18)和(5.3.19)得(5.3.16). 注意u 是任意实数, 故可以在(5.3.16)中证u 趋于无穷大, 遂得Lindeberg条件. 定理证毕.

注5.3.6 设X_k, m_k, σ_k, c_n 如定理5.3.2所定义. $\{(X_k-m_k)/c_n, 1\leqslant k\leqslant n, n\geqslant 1\}$为u.a.n. 二重序列当且仅当

$$\lim_{n\to\infty}\max_{1\leqslant k\leqslant n}\frac{\sigma_k^2}{c_n^2}=0,\tag{5.3.20}$$

(5.3.20)称为Feller条件. 用Chebyshev不等式可证得充分性, 必要性则可由Prokhorov定理证得.

5.4 无穷可分分布族

定义5.4.1 称概率分布函数F是无穷可分的, 如果对任意正整数n, 存在概率分布F_n使得F是F_n的n重卷积, 即$F=F_n*\cdots*F_n$(n 重). 称随机变量X或特征函数f是无穷可分的, 如果它们对应的分布是无穷可分的.

注5.4.1 概率分布F是无穷可分的当且仅当对每个正整数n, 存在特征函数f_n使F的特征函数$f(t)=[f_n(t)]^n$. 设随机变量X的分布为F, 则F 无穷可分的充要条

件是对任意正整数n, 存在独立同分布的随机变量$X_{n,1},\cdots,X_{n,n}$ 使$X=X_{n,1}+\cdots+X_{n,n}$.

注5.4.2 若分布F是无穷可分的, 则对每个正整数n, 存在唯一一个分布F_n, 使$F=F_n*\cdots*F_n(n$ 重). 详细证明见文献[10].

例5.4.1 我们知道, 正态分布$N\left(\mu,\sigma^2\right)$ 的特征函数为$\varphi(t)=\exp\left\{\mathrm{i}t\mu-\frac{1}{2}\sigma^2t^2\right\}$, 参数为$\lambda$ 的Poisson分布的特征函数为$\psi(t)=\exp\left\{\lambda\left(\mathrm{e}^{\mathrm{i}t}-1\right)\right\}$, $\varphi(t)$ 与$\psi(t)$ 均为无穷可分的特征函数.

命题5.4.1 (a) 若F 是一个无穷可分分布, 则$G(x)=1-F(-x-0)$ 也是无穷可分的;

(b) 若X 与Y 是相互独立的两个无穷可分随机变量, 则$X+Y$ 也是无穷可分的;

(c) 若特征函数f 是无穷可分的, 则$|f|^2$ 也是无穷可分的.

证明 (a) 显然G 是一个概率分布. 设f 与g 分别是F 与G 的特征函数, 则$g(u)=\overline{f(u)}$. 由于f 无穷可分, 故对每个正整数n, 存在特征函数f_n 使$f(t)=[f_n(t)]^n$, 但$\overline{f_n(t)}$ 也是特征函数, 故$g(t)=\left[\overline{f_n(t)}\right]^n$, 此即$g$ 无穷可分.

(b) 设f与g分别为X与Y的特征函数, 对每个正整数n, 存在特征函数f_n 与g_n, 使$f(t)=[f_n(t)]^n, g(t)=[g_n(t)]^n$,注意$f_ng_n$也是特征函数, 故$f(t)g(t)=[f_n(t)g_n(t)]^n$ 是无穷可分的.

(c) 由(a)的证明可知, $\bar{f}$ 是无穷可分的, 又由(b)知$|f|^2=f\cdot\bar{f}$ 是无穷可分的.

定理5.4.1 设$\{F_n,n\geqslant1\}$ 是一列无穷可分分布, F_n 弱收敛于一个概率分布F, 则F 也是无穷可分的.

证明 对每对(n,k) 存在概率分布$F_{n,k}$ 使得$F_n=F_{n,k}*\cdots*F_{n,k}$ (k 重), 根据Helly定理(定理5.1.3), 每个概率分布列$\{F_{n,k},n\geqslant1\}$ 都有一个子列$F_{n_j,k}$ 使得

$$F_{n_j,k}(x)\to G_k(x),\quad j\to\infty,$$

其中x 是分布函数G_k 的连续点. 下面证明G_k 是概率分布. 事实上, 若G_k不是概率分布, 则存在$\varepsilon>0$, 使

$$G_k(s,t]<1-\varepsilon,\quad s,t\text{为}G_k\text{的连续点},\tag{5.4.1}$$

以$\mu_{j,k}$ 和μ_j 记对应于$F_{j,k}$ 和F_j 的Lebesgue-Stieltjes测度, 根据(5.4.1)知对每对(s,t) 存在$j_0=j_0(s,t)$, 使

$$\mu_{n_j,k}([s,t])<1-\frac{\varepsilon}{2},\quad j\geqslant j_0,$$

因此$\mu_{n_j}([s,t])\leqslant1-\varepsilon/2, j\geqslant j_0$, 但$F_{n_j}\xrightarrow{w}F$, 根据定理5.1.1知, $\limsup\limits_{j\to\infty}\mu_{n_j}([s,t])\geqslant\mu([s,t])$, 其中$\mu$ 是对应于F 的Lebesgue-Stieltjes测度. 取G_k 的连续点列$s_m,t_m,s_m\to-\infty,t_m\to\infty$, 当$m\to\infty$ 时, 有$1-\varepsilon/2\geqslant\mu([s_m,t_m])\to\mu(\mathbb{R})=1$, 矛盾. 总之, 每

个G_k 均为概率分布, 所以$F_{n_j,k} \xrightarrow{w} G_k\,(j \to \infty)$. 令$f_n, f_{n,k}, g_k$ 和f 是分别对应于概率分布$F_n, F_{n,k}, G_k$ 和F 的特征函数, 由前面的证明及定理5.2.5知道,

$$f_{n_j}(t) = \left[f_{n_j,k}(t)\right]^k \to [g_k(t)]^k, \quad j \to \infty,$$

但$f_n(t) \to f(t), n \to \infty$, 故根据注5.2.2, 得$f(t) = [g_k(t)]^k$, 此即$F$ 是无穷可分分布. 定理证毕.

推论5.4.1 设$n \in \mathbb{N}, X_1^{(n)}, \cdots, X_n^{(n)}$ 独立同分布, 令

$$S_n = \sum_{k=1}^{n} X_k^{(n)}, \tag{5.4.2}$$

则随机变量X 是无穷可分的当且仅当X 的分布是形如式(5.4.2)中的随机变量分布的弱极限.

证明 由无穷可分的定义立得必要性. 由定理5.4.1则得充分性. 证毕.

下面介绍无穷可分分布的特征函数的表达式.

引理5.4.1 设$S_n = \sum\limits_{k=1}^{n} X_k^{(n)}$, $X_1^{(n)}, \cdots, X_n^{(n)}$是独立同分布的. 若$S_n \xrightarrow{d} X$, 则有$X_1^{(n)} \xrightarrow{d} 0$.

证明 以f_{S_n}, f_X 和f_n 分别记S_n, X 和$X_1^{(n)}$ 的特征函数, 以F_n 记$X_1^{(n)}$ 的分布, 以F 记退化随机变量$Y \equiv 0$ 的分布.

由于$f_{S_n}(u)$ 在任一有界区间上一致收敛于$f_X(u)$, 故对任意的$\delta > 0$, 存一个零的邻域N_δ, 使$\mathcal{R}(f_{S_n}(u)) \geqslant \delta > 0, u \in N_\delta, n \geqslant 1$. 因此在$N_\delta$上, $|\mathrm{Arg} f_{S_n}(u)| \leqslant \eta < \pi$ (注: 对任意复数$c = \rho \mathrm{e}^{\mathrm{i}(2k\pi+\theta)}, \rho \geqslant 0, k \in \mathbb{Z}, |\theta| < \pi$, 定义$\mathrm{Arg} c = \theta$). 又因为$\mathrm{Arg} f_{S_n}(u) = n \mathrm{Arg} f_n(u), u \in N_\delta$ 故$f_n(u) \to 1, u \in N_\delta$. 这意味着$\{F_n, n \geqslant 1\}$ 的任一子列均弱收敛于F, 从而$F_n \xrightarrow{w} F$, 此即$X_1^{(n)} \xrightarrow{d} 0$. 证毕.

现在假设X 是无穷可分的随机变量, $f(t)$ 是其特征函数. 根据引理5.4.1, 存在特征函数$f(t)$ 使

$$f(t) = [f_n(t)]^n \text{ 且} f_n(t) \to 1,$$

因此$|f(t)| > 0, \forall t$, 而且

$$\log f(t) = n\,(f_n(t) - 1)\,(1 + \varepsilon_n(t)), \tag{5.4.3}$$

其中$\varepsilon_n(t) \to 0$. 以F_n 记对应于f_n 的分布, 定义

$$\mu_n(B) = n \int_B \mathrm{d}F_n(x), \quad B \in \mathcal{B}(\mathbb{R}). \tag{5.4.4}$$

结合(5.4.3)和(5.4.4)有

$$\log f(u) = (1 + \varepsilon_n) \int_{\mathbb{R}} (\mathrm{e}^{\mathrm{i}ux} - 1)\,\mu_n(\mathrm{d}x). \tag{5.4.5}$$

接下来考虑测度μ_n 的性质.

引理5.4.2 对任意的$a>0$, 存在常数$\alpha>0$,

$$\limsup_{n\to\infty}\mu_n\left([-a,a]^{\mathrm{c}}\right)\leqslant\alpha a\int_0^{\frac{1}{a}}\left|\mathcal{R}\log f\left(u\right)\right|\mathrm{d}v.$$

证明 根据截尾不等式(5.2.5)有

$$\mu_n\left([-a,a]^{\mathrm{c}}\right)\leqslant\alpha a\int_0^{\frac{1}{a}}\left(1-\mathcal{R}\left(f_n\left(v\right)\right)\right)\mathrm{d}v,$$

而由(5.4.3)则推出

$$\lim_{n\to\infty}n\left(1-\mathcal{R}\left(f_n\left(v\right)\right)\right)=-\mathcal{R}\left(\log f\left(v\right)\right),$$

注意$|f\left(v\right)|>0,\forall v$, 最后应用控制收敛定理则得引理5.4.2. 证毕.

引理5.4.3 $\limsup\limits_{n\to\infty}\int\limits_{[-1,1]}x^2\mu_n\left(\mathrm{d}x\right)<\infty$.

证明 首先注意

$$\begin{aligned}n\left(1-\mathcal{R}\left(f_n\left(1\right)\right)\right)&=\int\limits_{\mathbb{R}}\left(1-\cos x\right)\mu_n\left(\mathrm{d}x\right)\\&\geqslant\int\limits_{[-1,1]}\left(1-\cos x\right)\mu_n\left(\mathrm{d}x\right).\end{aligned}$$

由Taylor展开式, 对所有的$|x|\leqslant 1$, 存在$\beta>0$, 使

$$\cos x\leqslant 1-\beta x^2,$$

从而

$$n\left(1-\mathcal{R}\left(f_n\left(1\right)\right)\right)\geqslant\beta\int\limits_{[-1,1]}x^2\mu_n\left(\mathrm{d}x\right),$$

但是$n\left(1-\mathcal{R}\left(f_n\left(1\right)\right)\right)\to\mathcal{R}\left(\log f\left(1\right)\right)$ 且$|f\left(1\right)|\neq 0$, 故引理5.4.3得证. 证毕.

定义

$$\alpha_n=\int\limits_{\mathbb{R}}\frac{y^2}{1+y^2}\mu_n\left(\mathrm{d}y\right),$$

$$G_n\left(x\right)=\frac{1}{\alpha_n}\int\limits_{(-\infty,x]}\frac{y^2}{1+y^2}\mu_n\left(\mathrm{d}y\right).$$

易见$G_n(x)$ 是一个概率分布函数. 根据引理5.4.2和引理5.4.3, $\limsup_{n\to\infty}\alpha_n<\infty$. 若令$\beta_n=\int_{\mathbb{R}}\left[x/(1+x^2)\right]\mu_n(\mathrm{d}x)$, 则有

$$\log f(u)=(1+\varepsilon_n(u))\alpha_n\int_{\mathbb{R}}\left(\mathrm{e}^{\mathrm{i}ux}-1-\frac{\mathrm{i}ux}{1+x^2}\right)\frac{1+x^2}{x^2}\mathrm{d}G_n(x)$$
$$+\mathrm{i}(1+\varepsilon_n(u))\beta_n u. \tag{5.4.6}$$

定理5.4.2 随机变量X 无穷可分当且仅当它的特征函数$f(u)$ 具有下列形式:

$$\log f(u)=\mathrm{i}\beta u-\frac{\sigma^2u^2}{2}+\int_{\mathbb{R}}\left(\mathrm{e}^{\mathrm{i}ux}-1-\frac{\mathrm{i}ux}{1+x^2}\right)\frac{1+x^2}{x^2}\nu(\mathrm{d}x), \tag{5.4.7}$$

其中ν 是一个有限测度且$\nu(\{0\})=0$. (5.4.7)称为Lévy-Khintchine公式.

证明 必要性. 设X 无穷可分. 令

$$\varphi(x,u)=\left(\mathrm{e}^{\mathrm{i}ux}-1-\frac{\mathrm{i}ux}{1+x^2}\right)\frac{1+x^2}{x^2}.$$

当$x\to 0$ 时, $\varphi(x,u)\to -u^2/2$, 因此可定义$\varphi(0,u)=-u^2/2$, 从而, $\varphi(x,u)$ 是二元连续函数.

若式(5.4.6)中积分项

$$(1+\varepsilon_n(u))\alpha_n\int_{\mathbb{R}}\varphi(x,u)\,\mathrm{d}G_n(x)$$

的极限存在, 则必存在实数$\beta\geqslant 0$ 使$\beta_n\to\beta$.

若$\liminf_{n\to\infty}\alpha_n=0$, 则存在子列$n'$使得$\alpha_{n'}\to 0$, 此时, X 是退化的随机变量. 若$\liminf_{n\to\infty}\alpha_n>0$, 则有子列$n'$ 使$\alpha_{n'}\to\alpha>0$ 且$G_{n'}\xrightarrow{w}G$, G 是概率分布. 记$\beta=\lim_{n'\to\infty}\beta_{n'}$, 则有(5.4.7)成立. 必要性得证.

充分性. 为证充分性, 只需证满足(5.4.7)的复函数$f(u)$ 是一个概率分布的特征函数, 因为此时若定义f_n如下:

$$\log f_n(u)=\frac{1}{n}\log f(u),$$

则f_n满足(5.4.7),从而f_n 也是特征函数, 但$f(u)=[f_n(u)]^n$,因此$f(u)$是无穷可分的.

将$\mathbb{R}$ 分割成j_n 个区间使得

$$\sum_{k=1}^{j_n}\left(\mathrm{e}^{\mathrm{i}ux_k}-1-\frac{\mathrm{i}ux_k}{1+x_k^2}\right)\frac{1+x_k^2}{x_k^2}\nu(I_k)\to\int_{\mathbb{R}}\varphi(x,u)\nu(\mathrm{d}x),$$

其中$x_k \in I_k$.令

$$\beta_n = \beta - \sum_{k=1}^{j_n} \frac{\nu(I_k)}{x_k}, \quad \lambda_k = \nu(I_k) \frac{1+x_k^2}{x_k^2},$$

定义

$$g_n(u) = \left(\exp\left[\mathrm{i}\beta_n u - \frac{\sigma^2}{2}u^2\right]\right)\left(\exp\left[\sum_{k=1}^{j_n} \lambda_k \left(\mathrm{e}^{\mathrm{i}ux_k} - 1\right)\right]\right),$$

则$g_n(u)$ 是正态分布$N(\beta_n, \sigma)$ 的特征函数与参数为λ_k, 跳跃为x_k $(1 \leqslant k \leqslant j_n)$ 的j_n个Poisson变量的特征函数之积(注: 参数为λ_k, 跳跃为x_k 的Poisson变量定义如下: X 取值mx_k, $P(X = mx_k) = \mathrm{e}^{-\lambda_k}\frac{\lambda_k^m}{m!}, m \geqslant 0$). 因此$g_n(u)$ 是对应于一个概率分布的特征函数. 但$g_n(u) \to f(u)$, 故根据Lévy连续定理要证$f(u)$是某概率分布的特征函数, 只需证明$\log f(u)$ 在$u = 0$ 连续. 很显然, (5.4.7)中前两项在$u = 0$ 是连续的, 至于积分项, 由于

$$\sup_x |\varphi(x,u)| \leqslant M, |u| \leqslant 1 \text{且} \lim_{u\to 0} \varphi(x,u) = 0, \quad \forall x.$$

应用控制收敛定理得$\lim\limits_{u\to 0}\int_{\mathbb{R}} \varphi(x,u)\nu(\mathrm{d}x) = 0$, 故$\lim\limits_{u\to 0} f(u) = 1$, 连续性得证. 定理证毕.

注5.4.3 根据定理5.4.2, 对任一无穷可分的随机变量的特征函数$f(u)$ 而言, 存在有限测度$\gamma(\mathrm{d}x)$ 和一个常数β 使

$$\log f(u) = \mathrm{i}\beta u + \int_{\mathbb{R}} \varphi(x,u)\gamma(\mathrm{d}x) \quad [2\pi\mathrm{i}], \tag{5.4.8}$$

其中$[2\pi\mathrm{i}]$表示$\log f(x)$的表达式是在相差$k \cdot 2\pi\mathrm{i}$的情况下唯一,k为整数,i是虚数单位, $\varphi(x,u)$ 是二元连续函数, 而且$\forall U < \infty, \varphi(x,u)$在$\mathbb{R} \times [-U, U]$上是有界的, 式(5.4.8)中的$\gamma(\mathrm{d}x)$ 和β是唯一的, 这一结论的证明见文献[11].

设$X_1, X_2, \cdots$ 是独立同分布的非退化的随机变量. 令

$$S_n = \frac{X_1 + \cdots + X_n}{A_n} - B_n, \quad A_n > 0. \tag{5.4.9}$$

若S_n 依分布收敛于一个随机变量X, 那么X的分布是什么？当然, 根据前面的结论, 若$E\left(X_1^2\right) < \infty, A_n/\sqrt{n} \to a > 0$, 则$X$ 的分布应是正态分布. 现在我们关心的是$E\left(X_1^2\right) = \infty$的情形.

将S_n 表示成

$$S_n = X_1^{(n)} + \cdots + X_n^{(n)}, \quad X_k^{(n)} = \frac{X_k}{A_n} - \frac{B_n}{n}.$$

因为$S_n \xrightarrow{\mathrm{d}} X$, 所以$X$ 无穷可分, 进而$X_1^{(n)} \xrightarrow{\mathrm{d}} 0$, 因此$A_n \to \infty, B_n/n \to 0$. 在无穷可分分布族中, 继正态分布、泊松分布之后, 这是最令人感兴趣的一类分布了.

定义5.4.2 设随机变量X 的分布为$F(x)$. 称X 具有稳定分布, 如果对任一正整数k 和相互独立的具有分布$F(x)$ 的随机变量$X_1, \cdots, X_k$, 总存在$a_k > 0$ 及b_k 使

$$X_1 + \cdots + X_k \stackrel{\mathrm{d}}{\rightarrow} a_k X + b_k,$$

$Y \stackrel{\mathrm{d}}{\rightarrow} Z$ 表示Y 与Z 同分布.

注5.4.4 正态分布是稳定分布.

称两个随机变量X与Y(或它们的分布F与G)是同类的, 若存在$a \neq 0$及b 使

$$X \stackrel{\mathrm{d}}{\rightarrow} a^{-1}(Y - b), \tag{5.4.10}$$

若在(5.4.10)中$a > 0$, 则称X与Y(或F与G)是正同类的.

引理5.4.4(类收敛定理) 设$X_n \stackrel{\mathrm{d}}{\rightarrow} X$, $Y_n \stackrel{\mathrm{d}}{\rightarrow} Y$, X 与Y 非退化.

(a) 若对每个n, X_n 与Y_n 同类, 即

$$X_n \stackrel{\mathrm{d}}{\rightarrow} a_n^{-1}(Y - b_n), \quad a_n \neq 0,$$

则存在$a \neq 0$及b, 使$|a_n| \rightarrow |a|$ 且

$$X \stackrel{\mathrm{d}}{=} a^{-1}(Y - b);$$

(b) 若对每个n, X_n 与Y_n 正同类, 即

$$X_n \stackrel{\mathrm{d}}{=} a_n^{-1}(Y - b_n), \quad a_n > 0,$$

则存在$a > 0$ 及b, 使$a_n \rightarrow a, b_n \rightarrow b$ 且

$$X \stackrel{\mathrm{d}}{=} a^{-1}(Y - b).$$

证明见文献[1].

定理5.4.3 随机变量X 具有稳定分布的充要条件是形如(5.4.9)中的随机变量序列依分布收敛于X 的分布.

证明 根据稳定分布的定义立得必要性.

至于充必性, 先假定

$$Z_n = \frac{X_1 + \cdots + X_n}{A_n} - B_n \stackrel{\mathrm{d}}{\rightarrow} X, \quad X_1, \cdots, X_n\text{独立同分布},$$

于是$Z_{nk} \stackrel{\mathrm{d}}{\rightarrow} X\,(n \rightarrow \infty), \forall k$. 由于

$$Z_{nk} = \frac{1}{A_{nk}}\left(S_n^{(1)} + \cdots + S_n^{(k)}\right) - B_{nk},$$

其中$S_n^{(i)} = X_{n(i-1)+1} + \cdots + X_{n(i-1)+n}$, 所以

$$\left(\frac{S_n^{(1)}}{A_n} - B_n\right) + \cdots + \left(\frac{S_n^{(k)}}{A_n} - B_n\right) = \frac{A_{nk}}{A_n} Z_{nk} + C_{n,k},$$

其中$C_{n,k} = (A_{nk}/A_n)\, B_{nk} - kB_n$. 应用类收敛定理得

$$\frac{A_{nk}}{A_n} \to a_k, C_{n,k} \to b_k, \quad n \to \infty.$$

因此$X_1 + \cdots + X_k \stackrel{\mathrm{d}}{=} a_k X + b_k$, X 具有稳定分布.

注5.4.5 由定理5.4.3的证明可以得到: 若$S_n \xrightarrow{\mathrm{d}} X$, 则存在$a_k, k \geqslant 1$ 使

$$\frac{A_{nk}}{A_n} \to a_k, \quad n \to \infty,$$

从而$a_{mk} = a_m a_k$, 其中S_n 如(5.4.9)所定义.

定理5.4.4 设X 具有稳定分布, 则X 或者服从正态分布, 或者其特征函数f_X 具有如下形式:

$$\begin{aligned}\log f_X(u) =& \mathrm{i}u\beta + m_1 \int_0^{\infty} \left(\mathrm{e}^{\mathrm{i}ux} - 1 - \frac{\mathrm{i}ux}{1+x^2}\right) \frac{\mathrm{d}x}{x^{1+\alpha}} \\ &+ m_2 \int_{-\infty}^0 \left(\mathrm{e}^{\mathrm{i}ux} - 1 - \frac{\mathrm{i}ux}{1+x^2}\right) \frac{\mathrm{d}x}{x^{1+\alpha}},\end{aligned} \tag{5.4.11}$$

其中$0 < \alpha < 2, m_1 \geqslant 0, m_2 \geqslant 0, \beta$ 为常数. α 称作该稳定分布的指标.

证明 在此完全采用文献[12]的证明方法.

因为X 是稳定的, 所以它是无穷可分的, 其特征函数的指数部分应具有形式:

$$\psi(u) = \log f_X(u) = \mathrm{i}u\beta + \int_{\mathbb{R}} \varphi(x,u)\, \gamma(\mathrm{d}x),$$

$$\varphi(x,u) = \left(\mathrm{e}^{\mathrm{i}ux} - 1 - \frac{\mathrm{i}ux}{1+x^2}\right).$$

根据稳定分布的定义, 应该存在$a_k > 0$ 及b_k 使

$$\left[\mathrm{e}^{\psi(u)}\right]^k = \mathrm{e}^{\mathrm{i}b_k u} \mathrm{e}^{\psi(a_k u)}. \tag{5.4.12}$$

分两种情形讨论: (I) $\gamma(\{0\}) = 0$; (II) $\gamma(\{0\}) > 0$.

情形(I) 定义测度μ:

$$\mu(B) = \int_B \frac{1+x^2}{x^2} \gamma(\mathrm{d}x), \quad B \in \mathcal{B}(\mathbb{R}),$$

则μ 是σ 有限的, $\mu\left([-a,a]^{\mathrm{c}}\right)<\infty, \forall a>0, \int\limits_{[-a,a]} x^2\mathrm{d}\mu<\infty$, 而且

$$\psi(u)=\mathrm{i}u\beta+\int\limits_{\mathbb{R}}\left(\mathrm{e}^{\mathrm{i}ux}-1-\frac{\mathrm{i}ux}{1+x^2}\right)\mu(\mathrm{d}x),$$

$$\begin{aligned}\psi(a_ku)&=\mathrm{i}a_k\beta u+\int\limits_{\mathbb{R}}\left(\mathrm{e}^{\mathrm{i}ua_kx}-1-\frac{\mathrm{i}ua_kx}{1+x^2}\right)\mu(\mathrm{d}x)\\&=\mathrm{i}d_ku+\int\limits_{\mathbb{R}}\left(\mathrm{e}^{\mathrm{i}ua_kx}-1-\frac{\mathrm{i}ua_kx}{1+x^2}\right)\mu(\mathrm{d}x),\end{aligned}$$

其中

$$d_k=a_k\beta+a_k\int\limits_{\mathbb{R}}\left(\frac{x}{1+a_k^2x^2}-\frac{x}{1+x}\right)\mu(\mathrm{d}x),$$

注意函数$\frac{x}{1+a_k^2x^2}-\frac{x}{1+x^2}=O\left(x^3\right)$, 当$x\to0$, 故上式中积分项是有意义的. 定义

$$\mu_k(B)=\mu(\{x:a_kx\in B\}),\quad B\in\mathcal{B}(\mathbb{R}),$$

则有

$$\psi(a_ku)=\mathrm{i}d_ku+\int\limits_{\mathbb{R}}\left(\mathrm{e}^{\mathrm{i}ux}-1-\frac{\mathrm{i}ux}{1+x^2}\right)\mu_k(\mathrm{d}x).$$

于是由(5.4.12)得

$$\begin{aligned}&\mathrm{i}u\beta k+\int\limits_{\mathbb{R}}\left(\mathrm{e}^{\mathrm{i}ux}-1-\frac{\mathrm{i}ux}{1+x^2}\right)k\mu(\mathrm{d}x)\\=&\mathrm{i}(b_k+d_k)u+\int\limits_{\mathbb{R}}\left(\mathrm{e}^{\mathrm{i}ux}-1-\frac{\mathrm{i}ux}{1+x^2}\right)\mu_k(\mathrm{d}x),\end{aligned}$$

根据无穷可分特征函数表达式的唯一性,

$$k_\mu\equiv\mu_k. \tag{5.4.13}$$

定义

$$\begin{aligned}M^+(x)&=\mu((x,\infty)),\quad x>0,\\M^-(x)&=\mu((-\infty,x]),\quad x<0,\end{aligned}$$

则由(5.4.13)有

$$\begin{cases}kM^+(x)=M^+\left(\frac{x}{a_k}\right),& x>0,k>0,\\kM^-(x)=M^-\left(\frac{x}{a_k}\right),& x<0,k>0.\end{cases}\tag{5.4.14}$$

下面证明: 存在$\lambda > 1/2$, 使得

$$a_k = k^{\lambda}, \quad M^+(x) = x^{-1/\lambda} M^+(1), \quad M^-(x) = |x|^{-1/\lambda} M^-(-1). \tag{5.4.15}$$

事实上, $M^+(x)$ 是单调下降的, 根据$kM^+(1) = M^+(1/a_k)$ 推出a_k 单调上升收敛于∞, 当$k \to \infty$. 又由注5.4.5得$a_n a_k = a_{nk}$, 因此$a_{k^j} = (a_k)^j$. 对任意的$n > k$, 取j使得$k^j \leqslant n \leqslant k^{j+1}$, 从而

$$a_{k^j} \leqslant a_n \leqslant a_{k^{j+1}},$$

此即

$$j \log a_k \leqslant \log a_k \leqslant (j+1) \log a_k.$$

在上述不等式中除以$j \log k$ 得

$$\frac{\log a_k}{\log k} \leqslant \frac{\log a_n}{\log n} \cdot \frac{\log n}{j \log k} \leqslant \frac{j+1}{j} \cdot \frac{\log a_k}{\log k},$$

让$n \to \infty$, 从而$j \to \infty$, 且$(\log n/(j \log k)) \to 1$, 由上式有

$$\frac{\log a_k}{\log k} = \lim_{n\to\infty} \frac{\log a_n}{\log n} =: \lambda > 0.$$

(5.4.15)中第一个等式得证. 现在令$x = (k/n)^{\lambda}$, 则根据(5.4.14),

$$kM^+\left((k/n)^{\lambda}\right) = M^+(1/n^{\lambda}), \quad k, n \geqslant 1.$$

取$k = n$, 则有$nM^+(1) = M^+(1/n^{\lambda})$, 代入上式得

$$M^+\left((k/n)^{\lambda}\right) = \frac{M^+(1)}{(k/n)}.$$

但$\left\{(k/n)^{\lambda}, k \geqslant 1, n \geqslant 1\right\}$ 在$(0,\infty)$ 中稠密且$M^+(x)$ 是单调下降右连续的, 故$\forall x > 0, M^+(x) = x^{-1/\lambda} M^+(1)$. 类似可证(5.4.15)中最后一个等式.

由前面的证明以及条件$\int_{-1}^{1} x^2 \mathrm{d}\mu < \infty$ 可推出$\int_{-1}^{1} x^2 |x|^{-(1/\lambda)-1} \mathrm{d}x < \infty$, 从而, $-(1/\lambda) + 1 > -1$, 即$\lambda > 1/2$. 根据(5.4.15), $\psi(u)$ 可以表示成

$$\begin{aligned}\psi(u) =& \mathrm{i}u\beta + m_1 \int_0^{\infty} \left(\mathrm{e}^{\mathrm{i}ux} - 1 - \frac{\mathrm{i}ux}{1+x^2}\right) \frac{\mathrm{d}x}{x^{1+\alpha}} \\ &+ m_2 \int_{-\infty}^{0} \left(\mathrm{e}^{\mathrm{i}ux} - 1 - \frac{\mathrm{i}ux}{1+x^2}\right) \frac{\mathrm{d}x}{|x|^{1+\alpha}},\end{aligned}$$

其中$m_1 = M^+(1) \cdot (1/\lambda), m_2 = M^-(-1) \cdot (1/\lambda), \alpha = 1/\lambda$, 所以$0 < \alpha < 2$.

情形(II) 若$\gamma(\{0\}) = \sigma^2 > 0$, 则

$$\psi(u) = \mathrm{i}u\beta - \frac{\sigma^2}{2} u^2 + \int_{\{0\}^c} \varphi(x,u) \gamma(\mathrm{d}x). \tag{5.4.16}$$

事实上,

$$\varphi(u)=\mathrm{i}u\beta+\int_{\{0\}}\varphi(x,u)\gamma(\mathrm{d}x)+\int_{\{0\}^{\mathrm{c}}}\varphi(x,u)\gamma(\mathrm{d}x),$$

而

$$\sup_{x,u}|\varphi(x,u)|<\infty,\frac{\varphi(x,u)}{u^2}\to 0,\quad u\to\infty,x\neq 0,$$

故由控制收敛定理, 存在$\sigma^2>0$ 使

$$\lim_{u\to\infty}\frac{\psi(u)}{u^2}=-\frac{\sigma^2}{2}.$$

因此(5.4.16)成立.

对(5.4.12)两边取对数且除以u^2, 再让$u\to\infty$, 则得$k=a_k^2$ (这意味着$\lambda=1/2$), 于是

$$k\psi(u)=\mathrm{i}b_k u+\psi\left(\sqrt{k}u\right),$$

亦即

$$\psi(u)=\mathrm{i}\frac{b_k}{k}u+u^2\frac{\psi\left(\sqrt{k}u\right)}{ku^2}.$$

让$k\to\infty$, 则$\psi\left(\sqrt{k}u\right)\Big/ku^2\to-\sigma^2/2$, 于是$b_k/k\to\beta$. 总之,$\psi(u)=\mathrm{i}u\beta-\left(\sigma^2/2\right)u^2$. 定理证毕.

注5.4.6 事实上,稳定分布的特征函数还有更明确的表达式.具体地,若$f(u)=\mathrm{e}^{\psi(u)}$ 是一个稳定分布的特征函数, 则$0<\alpha<1$ 和$1<\alpha<2$ 时,

$$\psi(u)=\mathrm{i}cu-d|u|^{\alpha}\left(1+\mathrm{i}\theta\frac{u}{|u|}\tan\frac{\pi}{2}\alpha\right),$$

其中c,d,θ为常数, $d>0,|\theta|\leqslant 1$. 当$\alpha=1$时,

$$\psi(u)=\mathrm{i}cu-d|u|\left(1+\mathrm{i}\theta\frac{u}{|u|}\frac{2}{\pi}\log|u|\right),$$

c,d,θ 如上. 这一结果的详细证明见文献[12].

5.5 二重随机变量序列的极限定理

本节主要讨论u.a.n.二重序列的中心极限定理.

定义5.5.1 称实值函数M是Lévy谱函数, 如果

(a) M 定义在$\mathbb{R}-\{0\}$ 上;

(b) M 在$(-\infty,0)$ 上单调上升且右连续, 在$(0,\infty)$上也如此;

(c) 若定义$M(\pm\infty)=\lim\limits_{x\to\pm\infty} M(x)$, 则$M(\infty)=M(-\infty)$ 且.

(d) $\left(\int_{-1}^{0-}+\int_{0+}^{1}\right)x^2\mathrm{d}M(x)<\infty$.

分别记M 在$(-\infty,0)$ 和$(0,\infty)$ 上产生的Lebesgue-Stieltjes 测度为μ_1和μ_2, 令$\mu(A)=\mu_1(A\cap(-\infty,0))+\mu_2(A\cap(0,-\infty)), A\in\mathcal{B}(\mathbb{R}-\{0\})$, 则称$\mu$ 为Lévy测度.

现在回到无穷可分的特征函数的表达式(5.4.7).

若令

$$M(x)=\begin{cases}-\displaystyle\int_x^{\infty}\frac{1+y^2}{y^2}\nu(\mathrm{d}y), & x<0,\\ \displaystyle\int_{-\infty}^{x}\frac{1+y^2}{y^2}\nu(\mathrm{d}y), & x<0,\end{cases} \tag{5.5.1}$$

其中, ν 的定义见(5.4.7), 则显然$M(x)$ 满足定义5.5.1(a)~(c). 又根据引理5.4.3可知, $M(x)$ 也满足条件(d), 故(5.5.1)中的$M(x)$ 是一个Lévy谱函数. 此时, 无穷可分的特征函数可以表示为

$$f(u)=\exp\left\{\mathrm{i}\beta u-\frac{\sigma^2u^2}{2}+\int_{-\infty}^{0-}+\int_{0+}^{\infty}\left(\mathrm{e}^{\mathrm{i}ux}-1-\frac{\mathrm{i}ux}{1+x^2}\right)\mathrm{d}M(x)\right\}. \tag{5.5.2}$$

根据前面的结论, $f(u)$ 由三元组$(\beta,\sigma^2,M(x))$ 唯一确定.

定理5.5.1 设$\{X_{nk},1\leqslant k\leqslant k_n,n\geqslant 1\}$ 为u.a.n.二重序列, $\{c_n,n\geqslant 1\}$ 为一个实数列, 记X_{nj} 的分布为F_{nj}. 令$Z_n=X_{n1}+\cdots+X_{nk_n}-c_n$. Z_n 的分布F_{Z_n} 弱收敛于一个概率分布F 的充要条件是: 存在常数γ 和$\sigma^2\geqslant 0$ 以及一个Lévy谱函数$M(x)$ 满足

$$\text{(A)}\ M(x)=\begin{cases}\lim\limits_{n\to\infty}\sum\limits_{j=1}^{k_n}F_{nj}(x), & 0>x\in\mathrm{cont}M,\\ \lim\limits_{n\to\infty}\sum\limits_{j=1}^{k_n}(F_{nj}(x)-1), & 0<x\in\mathrm{cont}M,\end{cases}$$

$\mathrm{cont}M$ 表示M 的全体连续点.

$$\text{(B)}\ \lim_{\varepsilon\downarrow 0}\left\{\begin{matrix}\limsup\\ \liminf\limits_{n\to\infty}\end{matrix}\right\}\sum_{j=1}^{k_n}\left\{\int_{\{x:|x|<\varepsilon\}}x^2\mathrm{d}F_{n_j}(x)-\left(\int_{\{x:|x|<\varepsilon\}}x\mathrm{d}F_{n_j}(x)\right)^2\right\}=\sigma^2.$$

$$\text{(C)}\ \lim_{n\to\infty}\left(\sum_{j=1}^{k_n}a_{nj}-c_n\right)=\gamma+\int_{\{x:|x|<\tau\}-\{0\}}\frac{x^3}{1+x^2}\mathrm{d}M(x)-\int_{\{x:|x|>\tau\}}\frac{x}{1+x^2}\mathrm{d}M(x),$$

其中$a_{nj}=a_{nj}(\tau)=\int_{\{x:|x|<\tau\}}x\mathrm{d}F_{nj}(x), \tau>0, \pm\tau\in\mathrm{cont}M$.

F 是由三元组$(\gamma,\sigma^2,M(x))$ 唯一确定的无穷可分分布.

在证明该定理之前, 先给出如下引理.

引理5.5.1 设$\{F_n,n\geqslant 1\}$ 是一列由$\{(\gamma_n,\sigma_n^2,M_n(x)),n\geqslant 1\}$ 决定的无穷可分分布族. 若$F_n\xrightarrow{w}F, F$ 是由$(\gamma,\sigma,M(x))$ 决定的无穷可分分布, 则

(a) $\gamma_n\to\gamma$.

(b) $M_n(x)\to M(x), x\in\mathrm{cont}M$.

(c)

$$\lim_{\varepsilon\downarrow 0}\limsup_{n\to\infty}\left[\int\limits_{[-\varepsilon,\varepsilon]-\{0\}} x^2 \mathrm{d}M_n(x)+\sigma_n^2\right]$$
$$=\lim_{\varepsilon\downarrow 0}\liminf_{n\to\infty}\left[\int\limits_{[-\varepsilon,\varepsilon]-\{0\}} x^2 \mathrm{d}M_n(x)+\sigma_n^2\right]=\sigma^2.$$

反之, 若存在$(\gamma,\sigma^2,M(x))$ 满足(a) ~ (c) 且$M(x)$ 为Lévy谱函数, 则$F_n \xrightarrow{w} F$ 且F 是由$(\gamma,\sigma^2,M(x))$ 决定的无穷可分分布.

证明 见文献[11]6.3节定理2.

定理5.5.1的证明 这里只给出主要的证明思路, 略去了一些复杂的计算和推导. 读者可以自己补齐.

首先选取$\tau>0$, 使$\pm\tau\in\mathrm{cont}M$. 定义

$$a_{nj}=\int\limits_{\{x:|x|<\tau\}} x\mathrm{d}F_{nj}(x),$$

$$M_n(x)=\begin{cases}\sum\limits_{j=1}^{k_n}F_{nj}(x+a_{nj}), & x<0,\\ \sum\limits_{j=1}^{k_n}\left(F_{nj}(x+a_{nj})-1\right), & x>0,\end{cases}$$

$$\gamma_n(\tau)=-c_n+\sum_{j=1}^{k_n}a_{nj}+\sum_{j=1}^{k_n}\int_{-\infty}^{\infty}\frac{x}{1+x^2}\mathrm{d}F_{nj}(x+a_{nj}).$$

根据定理5.2.5和5.4.2, 要证定理5.5.1, 只需证(A), (B)与(C)成立的充要条件是Z_n 的特征函数

$$\varphi_n(u)=\exp\left\{-\mathrm{i}c_nu+\sum_{j=1}^{k_n}\left[\mathrm{i}ua_{nj}+\int_{-\infty}^{\infty}\left(\mathrm{e}^{\mathrm{i}ux}-1\right)\mathrm{d}F_{nj}(x+a_{nj})\right]\right\}$$

收敛于概率分布F 的特征函数φ 而且φ 是无穷可分的, φ 由三元组$(\gamma,\sigma^2,M(x))$ 确定. 将$\varphi_n(u)$ 改写成

$$\varphi_n(u)=\exp\left\{\mathrm{i}\gamma_n(\tau)u+\int_{-\infty}^{0-}+\int_{0+}^{\infty}\left(\mathrm{e}^{\mathrm{i}ux}-1-\frac{\mathrm{i}ux}{1+x^2}\right)\mathrm{d}M_n(x)\right\}.$$

由引理5.5.1知, $\varphi_n(u)\to\varphi(u)$ 的充要条件是

(A′) $M_n(x)\to M(x),\forall x\in\mathrm{cont}M$.

(B′)

$$\lim_{\varepsilon\downarrow 0}\left\{\begin{array}{c}\limsup\\ \liminf\limits_{n\to\infty}\end{array}\right\}\sum_{j=1}^{k_n}\int_{-\varepsilon}^{\varepsilon}x^2\mathrm{d}F_{nj}(x+a_{nj})=\sigma^2.$$

(C′) $\gamma_n(\tau)\to\gamma,\tau>0,\pm\tau\in\mathrm{cont}M$.

分三步证明.

第一步, 证明(A) 与(A′)等价. 令$a_n = \max\{|a_{nj}|:1\leqslant j\leqslant k_n\}$, 由于$\{X_{nk}\}$为u.a.n.体系, 故$a_n\to 0$, 因此(A) 与(A′) 等价.

第二步, 证明(A) 和(B) 成立当且仅当(A′) 和(B′) 成立.

注意

$$\begin{aligned}&\sum_{j=1}^{k_n}\int\limits_{\{x:|x|<\varepsilon\}}(x-a_{nj})^2\,\mathrm{d}F_{nj}(x)\\ =&\sum_{j=1}^{k_n}\left[\int\limits_{\{x:|x|<\varepsilon\}}x^2\mathrm{d}F_{nj}(x)-\left(\int\limits_{\{x:|x|<\varepsilon\}}x\mathrm{d}F_{nj}(x)\right)^2\right]+W_n,\end{aligned}\tag{5.5.3}$$

其中

$$\begin{aligned}W_n=&\sum_{j=1}^{k_n}\left[\left(\int\limits_{\{x:|x|<\varepsilon\}}x\mathrm{d}F_{nj}(x)\right)^2-2a_{nj}\int\limits_{\{x:|x|<\varepsilon\}}x\mathrm{d}F_{nj}(x)\right.\\ &\left.+a_{nj}^2-a_{nj}^2\int\limits_{\{x:|x|\geqslant\varepsilon\}}\mathrm{d}F_{nj}(x)\right].\end{aligned}$$

不难证明(A) 或(A′) 成立时, $w_n\to 0$, 当$n\to\infty$ 时. 因此(B) 成立当且仅当

$$\begin{aligned}&\lim_{\varepsilon\downarrow 0}\left\{\begin{array}{c}\limsup\\ \liminf\limits_{n\to\infty}\end{array}\right\}\sum_{j=1}^{k_n}\int\limits_{\{x:|x|<\varepsilon\}}(x-a_{nj})^2\,\mathrm{d}F_{nj}(x)\\ =&\lim_{\varepsilon\downarrow 0}\left\{\begin{array}{c}\limsup\\ \liminf\limits_{n\to\infty}\end{array}\right\}\sum_{j=1}^{k_n}\int\limits_{\{x:|x+a_{nj}|<\varepsilon\}}x^2\mathrm{d}F_{nj}(x+a_{nj})=\sigma^2,\end{aligned}\tag{5.5.4}$$

但$a_u\to 0$, (5.5.4)与(B′) 等价. 第二步证明完成.

第三步, 要证(A), (B) 和(C) 成立当且仅当(A′), (B′) 和(C′) 成立. 令

$$L_n=\sum_{j=1}^{k_n}\int_{-\infty}^{\infty}\frac{x}{1+x^2}\mathrm{d}F_{nj}(x+a_{nj}),$$

只需证(A) 与(B) (或(A′) 与(B′))成立时,

$$\lim_{n\to\infty} L_n = -\int\limits_{\{x:|x|<\tau\}-\{0\}} \frac{x^3}{1+x^2}\mathrm{d}M(x) + \int\limits_{\{x:|x|>\tau\}} \frac{x}{1+x^2}\mathrm{d}M(x). \tag{5.5.5}$$

取$T>\max\{\tau,1\}$, T还满足$\pm T\in \mathrm{cont}M$. 将L_n 改写为

$$L_n(T) = \alpha_n(T) + \beta_n(T),$$

其中

$$\alpha_n(T) = \sum_{j=1}^{k_n}\int\limits_{\{x:|x|<T\}} \frac{x}{1+x^2}\mathrm{d}F_{nj}(x+a_{nj}),$$

$$\beta_n(T) = \sum_{j=1}^{k_n}\int\limits_{\{x:|x|\geqslant T\}} \frac{x}{1+x^2}\mathrm{d}F_{nj}(x+a_{nj}).$$

易见

$$|\beta_n(T)| \leqslant \frac{T}{1+T^2}\sum_{j=1}^{k_n}\int\limits_{\{x:|x|\geqslant T\}} \mathrm{d}F_{nj}(x+a_{nj}).$$

若令

$$M_{nj} = -\int\limits_{\{x:|x|<\tau\}} \frac{x(x-a_{nj})^2}{1+(x-a_{nj})^2}\mathrm{d}F_{nj} + \int_{-T+a_{nj}}^{-\tau} + \int_{\tau}^{T+a_{nj}} \frac{x}{1+(x-a_{nj})^2}\mathrm{d}F_{nj}(x),$$

则有

$$\left|\alpha_n(T) - \sum_{j=1}^{k_n} M_{nj}\right| \leqslant a_n\left\{\sum_{j=1}^{k_n}\int_{-\infty}^{\infty}\frac{x^2}{1+x^2}\mathrm{d}F_{nj}(x+a_{nj}) + \frac{1}{1+T^2}\sum_{j=1}^{k_n}\int\limits_{\{x:|x-a_{nj}|\geqslant T\}} \mathrm{d}F_{nj}(x)\right\}.$$

当(A) 与(B) 成立时, $\left|\alpha_n(T) - \sum\limits_{j=1}^{k_n} M_{nj}\right| \to 0, n\to\infty$. 但

$$\sum_{j=1}^{k_n} M_{nj} = A_n + B_n + C_n + D_n + E_n + F_n,$$

其中

$$A_n = -\sum_{j=1}^{k_n} \int_{\{x:|x|<T\}} \frac{(x-a_{nj})^3}{1+(x-a_{nj})^2} \mathrm{d}F_{nj}(x),$$

$$B_n = -\sum_{j=1}^{k_n} a_{nj} \int_{\{x:|x|<T\}} \frac{(x-a_{nj})^2}{1+(x-a_{nj})^2} \mathrm{d}F_{nj}(x),$$

$$C_n = \sum_{j=1}^{k_n} \int_{\{x:|x|\geqslant T\}} \frac{x-a_{nj}}{1+(x-a_{nj})^2} \mathrm{d}F_{nj}(x),$$

$$D_n = \sum_{j=1}^{k_n} a_{nj} \int_{\{x:|x|\geqslant T\}} \frac{1}{1+(x-a_{nj})^2} \mathrm{d}F_{nj}(x),$$

$$E_n = -\sum_{j=1}^{k_n} \int_{\{x:|x-a_{nj}|\geqslant T\}} \frac{x-a_{nj}}{1+(x-a_{nj})^2} \mathrm{d}F_{nj}(x),$$

$$F_n = -\sum_{j=1}^{k_n} a_{nj} \int_{\{x:|x-a_{nj}|\geqslant T\}} \frac{1}{1+(x-a_{nj})^2} \mathrm{d}F_{nj}(x).$$

可以证明: 当$\{X_{nk}\}$ 为u.a.n.体系, 并且(A)与(B)成立时 $\lim\limits_{n\to\infty} B_n = \lim\limits_{n\to\infty} D_n = \lim\limits_{n\to\infty} F_n = 0$, 而且

$$\lim_{n\to\infty} A_n = \int_{(-\tau,\tau)-\{0\}} \frac{x^2}{1+x^2} \mathrm{d}M(x),$$

$$\lim_{n\to\infty} C_n = \int_{\{x:|x|\geqslant T\}} \frac{x}{1+x^2} \mathrm{d}M(x),$$

$$\lim_{n\to\infty} E_n = -\int_{\{x:|x|\geqslant T\}} \frac{x}{1+x^2} \mathrm{d}M(x) \to 0, T\to\infty.$$

总之, (5.5.5)成立. 定理证毕.

上述定理给出了由u.a.n.二重序列中每行产生的随机变量序列之部分和依分布收敛的充分必要条件和其极限分布的类型——无穷可分分布. 下面的两个定理则给出了u.a.n.二重序列收敛于一个正态分布的充要条件.

定理5.5.2 设$\{X_{nj}, 1\leqslant j\leqslant k_n, n\geqslant 1\}$ 为一个u.a.n.二重序列. 令$Z_n = X_{n1} + \cdots + X_nk_n$. 若$F_{Z_n} \xrightarrow{w} F$, F 非退化, 则F 是正态分布的充要条件为

$$\sum_{j=1}^{k_n} \int_{\{x:|x|\geqslant\varepsilon\}} \mathrm{d}F_{nj}(x) \to 0, \quad n\to\infty, \forall\varepsilon>0.$$

证明 因为$F_{Z_n} \xrightarrow{w} F$, 故由定理5.5.1得

$$\lim_{n\to\infty}\sum_{j=1}^{k_n} F_{nj}(x) = M(x), \quad 0 > x \in \mathrm{cont}M,$$
$$\lim_{n\to\infty}\sum_{j=1}^{k_n} (F_{nj}(x) - 1) = M(x), \quad 0 > x \in \mathrm{cont}M.$$

根据式(5.5.2)知, F是正态的当且仅当$M(-\varepsilon) - M(\varepsilon) = 0, \forall \varepsilon > 0$, 此即$F$ 是正态的当且仅当

$$\sum_{j=1}^{k_n} \int\limits_{\{x:|x|\geqslant\varepsilon\}} \mathrm{d}F_{nj}(x) = \sum_{j=1}^{k_n} [(1 - F_{nj}(\varepsilon)) + F_{nj}(x)] \to 0.$$

定理证毕.

定理5.5.3 设$\{X_{nj}, 1 \leqslant j \leqslant k_n, n \geqslant 1\}$ 是一个u.a.n.二重序列. 令$Z_n = X_{n1} + \cdots + X_n k_n$. 若$F_{Z_n} \xrightarrow{w} F, F$ 非退化, 则F 是正态分布的充要条件是$\forall \varepsilon > 0$,

$$\lim_{n\to\infty} P\left(\max_{1\leqslant j\leqslant k_n} |X_{nj}| \geqslant \varepsilon\right) = 0. \tag{5.5.6}$$

证明 事实上,

$$\begin{aligned} P\left(\max_{1\leqslant j\leqslant k_n} |X_{nj}| \geqslant \varepsilon\right) &= 1 - P\left(\max_{1\leqslant j\leqslant k_n} |X_{nj}| < \varepsilon\right) \\ &= 1 - \prod_{j=1}^{k_n} P(|X_{nj}| < \varepsilon) \\ &= 1 - \prod_{j=1}^{k_n} \left[1 - \int\limits_{\{x:|x|\geqslant\varepsilon\}} \mathrm{d}F_{nj}(x)\right], \end{aligned}$$

从而(5.5.6)成立的充要条件是

$$\prod_{j=1}^{k_n} \left(1 - \int\limits_{\{x:|x|\geqslant\varepsilon\}} \mathrm{d}F_{nj}(x)\right) \to 1, \quad n \to \infty, \tag{5.5.7}$$

但$\prod_{j=1}^{n}(1-a_j)\geqslant 1-\sum_{j=1}^{n}a_j$, 当$0\leqslant a_j\leqslant 1$ 且$1-x\leqslant \mathrm{e}^{-x}$, 当$x\geqslant 0$, 故有

$$1-\sum_{j=1}^{k_n}\int\limits_{\{x:|x|\geqslant\varepsilon\}}\mathrm{d}F_{nj}(x)\leqslant\prod_{j=1}^{k_n}\left(1-\int\limits_{\{x:|x|\geqslant\varepsilon\}}\mathrm{d}F_{nj}(x)\right)$$
$$\leqslant\exp\left\{-\sum_{j=1}^{k_n}\int\limits_{\{x:|x|\geqslant\varepsilon\}}\mathrm{d}F_{nj}(x)\right\}$$
$$\leqslant 1.$$

因此(5.5.7)成立当且仅当

$$\sum_{j=1}^{k_n}\int\limits_{\{x:|x|\geqslant\varepsilon\}}\mathrm{d}F_{nj}(x)\to 0,\quad n\to\infty,$$

由定理5.5.2立得. 定理证毕.

下面的定理比前两个定理更精细.

定理5.5.4 设$\{X_{nj},1\leqslant j\leqslant k_n,n\geqslant 1\}$ 是一个行内独立的二重随机变量序列, 即$k_n\to\infty$, 当$n\to\infty$, $X_{n1},\cdots,X_{nk_n}$ 是相互独立的, 则$\{X_{nj}\}$ 为u.a.n.二重序列但存在数列$\{C_n\}$ 使$F_{Z_n}\xrightarrow{w}F$ (其中F 是标准正态分布, $Z_n=X_{n1}+\cdots+X_{nk_n}-C_n$) 的充要条件是$\forall\varepsilon>0$,

(a) $\sum\limits_{j=1}^{k_n}\int\limits_{\{x:|x|\geqslant\varepsilon\}}\mathrm{d}F_{nj}(x)\to 0$, 当$n\to\infty$ 时;

(b) $\sum\limits_{j=1}^{k_n}\left\{\int\limits_{\{x:|x|<\varepsilon\}}x^2\mathrm{d}F_{nj}(x)-\left(\int\limits_{\{x:|x|<\varepsilon\}}x\mathrm{d}F_{nj}(x)\right)^2\right\}\to 1$, 当$n\to\infty$ 时.

证明 先证充分性. 由(a)得

$$\max_{1\leqslant j\leqslant k_n}P(|X_{nj}|\geqslant\varepsilon)\leqslant\sum_{j=1}^{k_n}\int\limits_{\{x:|x|\geqslant\varepsilon\}}\mathrm{d}F_{nj}(x)\to 0,\quad n\to\infty,$$

故$\{X_{nj}\}$ 是u.a.n.体系. 由(a)知定理5.5.1中(A)成立且$M\equiv 0$, 由(b)知定理5.5.1中的(B)成立且$\sigma^2=1$. 取

$$C_n=\sum_{j=1}^{k_n}a_{nj},a_{nj}=a_{nj}(\tau)=\int\limits_{\{x:|x|<\tau\}}x\mathrm{d}F_{nj}(x),\quad \tau>0,$$

再取$\gamma=0$, 于是根据定理5.5.1有: $F_{Z_n}\xrightarrow{w}F$ 且F服从$N(0,1)$ 分布.

反之, 设$\{X_{nj}\}$ 为u.a.n.二重序列且$F_{Z_n} \xrightarrow{w} F$, F服从$N(0,1)$ 分布, 根据定理5.5.1有$M \equiv 0, \gamma = 0, \sigma^2 = 1$. 另外, 由定理5.5.1中(A)可推得(a). 下面只需证由(A)与(B)可推出(b). 定义

$$J_n(\varepsilon) = \sum_{j=1}^{k_n} \left[\int\limits_{\{x:|x|<\varepsilon\}} x^2 \mathrm{d}F_{nj}(x) - \left(\int\limits_{\{x:|x|<\varepsilon\}} x \mathrm{d}F_{uj}(x) \right)^2 \right],$$

再取$0 < \delta < \varepsilon$, 令

$$J_n(\delta, \varepsilon) = \sum_{j=1}^{k_n} \left[\int\limits_{\{x:\delta \leqslant |x|<\varepsilon\}} x^2 \mathrm{d}F_{nj}(x) - \left(\int\limits_{\{x:\delta \leqslant |x|<\varepsilon\}} x \mathrm{d}F_{nj}(x) \right)^2 \right],$$

$$L_n = \sum_{j=1}^{k_n} \left(\int\limits_{\{x:|x|<\delta\}} x \mathrm{d}F_{nj}(x) \right) \left(\int\limits_{\{x:\delta \leqslant |x|<\varepsilon\}} x \mathrm{d}F_{nj}(x) \right),$$

则$J_n(\varepsilon) = J_n(\delta) + J_n(\delta, \varepsilon) - 2L_n$. 但由(A), 进而(a), 推出

$$\begin{aligned} 0 \leqslant J_n(\delta, \varepsilon) &\leqslant \sum_{j=1}^{k_n} \int\limits_{\{x:\delta \leqslant |x|<\varepsilon\}} x^2 \mathrm{d}F_{nj}(x) \\ &\leqslant \varepsilon^2 \sum_{j=1}^{k_n} \int\limits_{\{x:\delta \leqslant |x|<\varepsilon\}} \mathrm{d}F_{nj}(x) \to 0, \quad n \to \infty \end{aligned}$$

且

$$|L_n| \leqslant \delta\varepsilon \sum_{j=1}^{k_n} \int\limits_{\{x:\delta \leqslant |x|<\varepsilon\}} \mathrm{d}F_{nj}(x) \to 0, \quad n \to \infty,$$

从而

$$|J_n(\varepsilon) - J_n(\delta)| \to 0, \quad n \to \infty.$$

所以

$$\limsup_{n\to\infty} J_n(\varepsilon) = \limsup_{n\to\infty} J_n(\delta) \text{ 且 } \liminf_{n\to\infty} J_n(\varepsilon) = \liminf_{n\to\infty} J_n(\delta),$$

由上式得: $\limsup\limits_{n\to\infty} J_n(\varepsilon)$ 与$\liminf\limits_{n\to\infty} J_n(\varepsilon)$ 均不依赖于ε. 根据定理5.5.1(B)有

$$\left\{ \begin{matrix} \limsup \\ \liminf\limits_{n\to\infty} \end{matrix} \right\} \sum_{j=1}^{k_n} \left\{ \int\limits_{\{x:|x|<\varepsilon\}} x^2 \mathrm{d}F_{nj}(x) - \left(\int\limits_{\{x:|x|<\varepsilon\}} x \mathrm{d}F_{nj}(x) \right)^2 \right\} = 1,$$

(b) 得证. 定理证毕.

定理5.5.5 设$X_k^{(n)}$服从分布$b(1,p_n), 1 \leqslant k \leqslant n, n=1,2,\cdots$,即$P\left(X_k^{(n)}=1\right)=p_n, P\left(X_k^{(n)}=0\right)=1-p_n$. 令$S_n=X_1^{(n)}+\cdots+X_n^{(n)}$. 若$np_n \to \lambda, 0<\lambda<\infty$, 则$S_n \xrightarrow{\mathrm{d}} X, X$ 服从参数为λ 的Poisson分布.

证明 $X_k^{(n)}$ 的特征函数为$1+p_n\left(\mathrm{e}^{\mathrm{i}u}-1\right)$, 故$S_n$ 的特征函数为

$$f_{S_n}(-u)=\left[1+p_n\left(\mathrm{e}^{\mathrm{i}u}-1\right)\right]^n,$$

从而由(5.3.3)有

$$\operatorname{Log} f_{S_n}(u)=np_n\left(\mathrm{e}^{\mathrm{i}u}-1\right)+\theta np_n^2\left(\mathrm{e}^{\mathrm{i}u}-1\right)^2, \quad |\theta| \leqslant 1.$$

因为$np_n \to \lambda, np_n^2 \to 0$, 所以

$$\operatorname{Log} f_{S_n}(u) \to \lambda\left(\mathrm{e}^{\mathrm{i}u}-1\right), \quad n \to \infty.$$

此即$f_{S_n}(u) \to \mathrm{e}^{\lambda\left(\mathrm{e}^{\mathrm{i}u}-1\right)}$, X服从参数为λ 的Poisson分布.

注5.5.1 根据定理5.5.5的条件可以验证$\left\{X_k^{(n)}, 1 \leqslant k \leqslant n, n \geqslant 1\right\}$ 是一个u.a.n.二重序列.

定理5.5.6 设$\{X_{nj}, 1 \leqslant j \leqslant k_n, n \geqslant 1\}$ 为一个u.a.n.二重序列. 令$Z_n=X_{n1}+\cdots+X_n k_n$, 则$F_{Z_n} \xrightarrow{w} F, F$ 为Poisson分布的充要条件是: $\forall 0<\varepsilon<1/2$, 当$n \to \infty$时, 有

(a) $\displaystyle\sum_{j=1}^{k_n} \int_{-\infty}^{-\varepsilon}+\int_{\varepsilon}^{1-\varepsilon}+\int_{1+\varepsilon}^{\infty} \mathrm{d} F_{nj}(x) \to 0$;

(b) $\displaystyle\sum_{j=1}^{k_n} \int_{\{x:|x-1|<\varepsilon\}} \mathrm{d} F_{nj}(x) \to \lambda$;

(c) $\displaystyle\sum_{j=1}^{k_n} \int_{\{x:|x|<\varepsilon\}} x \mathrm{d} F_{nj}(x) \to 0$;

(d) $\displaystyle\sum_{j=1}^{k_n}\left[\int_{\{x:|x|<\varepsilon\}} x^2 \mathrm{d} F_{nj}(x)-\left(\int_{\{x:|x|<\varepsilon\}} x \mathrm{d} F_{nj}(x)\right)^2\right] \to 0$.

证明可参见文献[11].

容易看出, 定理5.5.5是定理5.5.6的一个推论. 另外, 请读者注意, 一个无穷可分分布F是参数为λ的Poisson分布当且仅当决定F的三元组$\left(\gamma, \sigma^2, M(x)\right)$满足: $\gamma=\lambda/2, \sigma^2=0$ 且

$$M(x)=\begin{cases}0, & x<0 \text{或} x>1, \\ -\lambda, & 0<x \leqslant 1.\end{cases}$$

关于独立随机变量序列部分和的分布与正态分布之间误差估计的结果可以参见文献[13]和[14], 而较经典的中心极限定理更一般的结果——不变原理(或称为随机

元的泛函的极限定理), 则可参见文献[15]和[16]. 多维中心极限定理(即随机向量序列的中心极限定理)则可参见文献[12].

习 题 5

1. 设$\{F_n, n \geqslant 1\}$ 是定义于$\mathbb{R}$上的一列分布函数且$|F_n(x)| \leqslant M, \forall x \in \mathbb{R}, \forall n \geqslant 1$, M是某正数, 又设$F_n(x) \to F(x)$, 其中F是有界分布函数, x是F在$\mathbb{R}$ 上的连续点. 试证: F_n弱收敛于F当且仅当下列条件之一成立:

(a) $\sup\limits_n\{F_n(\infty) - F_n(-\infty) - [F_n(a) - F_n(-a)]\} \to 0, \quad a \to \infty$;

(b) $F_n(\infty) - F_n(-\infty) \to F(\infty) - F(-\infty), \quad n \to \infty$.

2. 设$X_1, X_2, \cdots, X_{2n}$是相互独立的标准正态随机变量. 定义

$$U_n = \sum_{i=1}^{n-1} \frac{\mathrm{X}_{2i+1}}{\mathrm{X}_{2i}+1}, \quad V_n = \sum_{i=1}^{n} X_i^2, \quad n \geqslant 1.$$

试求U_n/V_n的极限分布.

3. 设Ω是一个局部紧度量空间. 以$\mathcal{B}(\Omega)$记由Ω上全体开集生成的σ代数. $\mathcal{B}(\Omega)$中任一集合称为Borel集. 对Ω的任一子集A, 若存在Ω的某个紧子集K使$A \subset K$, 则称A是有界的. 现设$\mu, \mu_1, \mu_2, \cdots$是$\mathcal{B}(\Omega)$上的测度,它们在任一有界Borel集上取有限实数. 称μ_n弱收敛于μ, 如果对任一具有紧支撑的连续函数f (f的支撑定义为$\mathrm{supp} f = \overline{\{x : f(x) \neq 0\}}$), $f : \Omega \to \mathbb{R}$, 总有

$$\int\limits_\Omega f \mathrm{d}\mu_n \to \int\limits_\Omega f \mathrm{d}\mu, \quad n \to \infty.$$

试证下列条件是等价的:

(a) μ_n弱收敛于μ;

(b) $\mu_n(A) \to \mu(A)$, A为有界Borel集且$\mu(\partial A) = 0$;

(c) 对任意的$f : \Omega \to \mathbb{R}$, f有紧支撑且f a.e. $[\mu]$连续.

4. (a) 设g是定义于有界区间$[a, b]$上的实值连续函数, $\{F_n, n \geqslant 1\}$是一列有一致上、下界的分布函数. 又设F是定义于$[a, b]$上的一个实值函数, F在a和b连续, 对任一$[a, b]$中的F的连续点x, 总有$F_n(x) \to F(x), n \to \infty$, 试证:

$$\lim_{n\to\infty} \int_a^b g \mathrm{d}F_n = \int_a^b g \mathrm{d}F.$$

这一结果称为Helly-Bray定理.

(b) 设g是定义于$\mathbb{R}$上的有界实值连续函数. 设$\{F_n\}$是一列有一致上、下界的分布函数且F_n在$\mathbb{R}$上弱收敛于F, 试证:

$$\lim_{n\to\infty} \int_{-\infty}^{\infty} g \mathrm{d}F_n = \int_{-\infty}^{\infty} g \mathrm{d}F.$$

上述结果称为推广的Helly-Bray定理.

(c) 设G 为一个概率分布函数, 对$n \geqslant 1$, 定义

$$F_n(x) = G(x + n), \quad x \in \mathbb{R}.$$

试说明: $F_n(x) \to F(x) \equiv 1, x \in \mathbb{R}$, 但$\{F_n\}$不弱收敛于$F$.

5. (a) 设F是一个概率分布函数且具有n阶矩. 试证F的特征函数F具有k阶连续导数($k \leqslant n$), 等式$\varphi^{(k)}(0) = \mathrm{i}^k \alpha_k$ 对$k = 1, \cdots, n$成立, 进而

$$\varphi(t) = 1 + \sum_{k=1}^{n} \alpha_k \frac{(\mathrm{i}t)^k}{k!} + o(t^n), \quad t \to 0;$$

(b) 试用(a)证明: 若$a(t) = o(t), t \to 0, a(-t) = -a(t)$, 则唯一的具有形式$\varphi(t) = 1 + a(t) + o(t), t \to 0$的特征函数是$\varphi(t) \equiv 1$.

6. 设$K(t, x)$是定义于$\mathbb{R}^2$上的复值函数. 对每个t, $K(t, \cdot)$是有界连续函数. 定义

$$g_F(t) = \int_{\mathbb{R}} K(t, x) \mathrm{d}F(x), \quad F\text{是一个概率分布}.$$

g_F满足如下条件: $g_F \equiv g_G$当且仅当$F \equiv G$; 当$F = F_1 * F_2$时, 有$g_F = g_{F_1} \cdot g_{F_2}$. 试证$K(t, x) = \mathrm{e}^{\mathrm{i}xh(t)}$, h为某实值函数, 进而, 若φ是对应于F的特征函数, 则$\varphi(h(t)) = g_F(t), t \in \mathbb{R}$.

7. 定义

$$\varphi(t) = \begin{cases} 1 - \dfrac{t}{2\mathrm{e}}, & 0 \leqslant t \leqslant \mathrm{e}, \\ \dfrac{1}{2 \log t}, & t > \mathrm{e}, \end{cases}$$

$f(t) = \varphi(t), t \geqslant 0; f(t) = \varphi(-t), t < 0$. 试证: $f(t)$是某绝对连续的分布的特征函数.

8. 设X的分布为标准正态分布, $X_1, X_2, \cdots, X_n$独立且均与X 同分布. 令$\bar{X} = \dfrac{1}{n} \sum\limits_{i=1}^{n} X_i$, $S^2 = \sum\limits_{i=1}^{n} (X_i - \bar{X})^2 / (n-1)$, 试证:

(1) $\bar{X}$与S^2独立;

(2) $[\bar{X}/S]\sqrt{n}$是自由度为$n-1$的t统计量.

9. 令

$$F(x) = \begin{cases} 0, & x < 0, \\ \dfrac{1}{2}, & 0 \leqslant x < 1, \\ 1, & x \geqslant 1. \end{cases}$$

试证: F不是无穷可分的.

10. 设$f(a)$ 是任一特征函数, 试证: 对任意$c > 0$, $\exp\{c(f(a) - 1)\}$ 也是无穷可分的.

11. 试证命题5.3.1.

12. 设$\{X_{ni}, 1 \leqslant i \leqslant k_n, n \geqslant 1\}$是行内独立的二重随机变量序列. 试证: 若对任意$\varepsilon > 0$, 有

$$P\left(\max_{1 \leqslant i \leqslant k_n} |X_{ni}| \geqslant \varepsilon\right) \to 0, \quad n \to \infty,$$

则$\{X_{ni}, 1 \leqslant i \leqslant k_n, n \geqslant 1\}$ 必为一个u.a.n.二重序列.

13. 设$\{X_n, n \geqslant 1\}$是一列独立同分布且有有限方差的随机变量, 记$\widetilde{X}_n = (X_1 + X_2 + \cdots + X_n)/n$, $S_n^2 = \left[\sum\limits_{i=1}^{n} (X_i - \widetilde{X}_n)^2\right] / (n-1)$, $Z_n = (\widetilde{X}_n - \mu)/(S_n/\sqrt{n}), \mu = E(X_1)$, 试证$Z_n$依分布收敛于一个标准正态随机变量.

14. 设$\{X_n, n \geqslant 1\}$相互独立且服从如下分布:

$$P(X_n = \pm 1) = \frac{1}{2a}, \quad P(X_n = \pm n) = \frac{1}{2}\left(1 - \frac{1}{a}\right)\frac{1}{n^2},$$
$$P(X_n = 0) = \left(1 - \frac{1}{a}\right)\left(1 - \frac{1}{n^2}\right), \quad n \geqslant 1, a > 1.$$

试记:$S_n/\sqrt{n}$ 的极限分布为某正态分布但$\{X_n, n \geqslant 1\}$ 不满足Linderberg条件.

15. 设$\{X_n, n \geqslant 1\}$独立同分布且它们的密度函数为

$$f(x) = |x|^{-3} I_{\{|x|>1\}}.$$

试证$(n \log n)^{-1/2} \sum\limits_{i=1}^{n} X_i$的极限分布为标准正态分布.

第 6 章 大数定律

本章主要考虑独立随机变量序列部分和的强弱极限问题.因此,在介绍主要内容之前, 先将随机变量序列的的几种收敛性的关系总结一下,设$\{X_n, n \geqslant 1\}$是概率空间$(\Omega, \mathcal{F}, P)$ 上的一列实值随机变量.称X_n几乎处处收敛于X,如果$P(\lim\limits_n X_n = X) = 1$, 记为$X_n \to X$ a.s.$n \to \infty$; 称X_n 依概率收敛于X , 如果$\forall \varepsilon > 0$, $P(|X_n - X| \geqslant \varepsilon) \to 0, n \to \infty$; 记为$X_n \xrightarrow{P} X, n \to \infty$; 称$X_n$ 依分布收敛于X , 如果X_n 的分布函数F_n弱收敛于X 的分布函数F , 记为$X_n \xrightarrow{\mathrm{d}} X, n \to \infty$; 称$X_n L^p$ 收敛于$X(p > 0)$, 若$E(|X_n|^p) < \infty$, $E(|X|^p) < \infty$, $\int\limits_\Omega |X_n - X|^p \, \mathrm{d}P \to 0, n \to \infty$, 记为$X_n \xrightarrow{L^p} X, n \to \infty$. 根据第1章的结论可以知道:

$$X_n \to X \text{a.s.} \Rightarrow X_n \xrightarrow{P} X;$$

$$X_n \xrightarrow{P} X \Rightarrow \text{存在子列} n_k \text{使} X_{n_k} \to X \text{ a.e.}.$$

由Chebyshev不等式可推出

$$X_n \xrightarrow{L^p} X \Rightarrow X_n \xrightarrow{P} X,$$

由控制收敛定理及Lévy连续定理则可推出

$$X_n \xrightarrow{P} X \Rightarrow X_n \xrightarrow{\mathrm{d}} X.$$

本章的主要参考文献有[11],[17],[18]等.

6.1 级数收敛定理

定理6.1.1(Kolmogorov不等式) 设$X_1, X_2, \cdots, X_n$是独立的随机变量, 每个X_i具有有限方差. 令$S_j = X_1 + \cdots + X_j, 1 \leqslant j \leqslant n$, 则对任意$\varepsilon > 0$,

$$P\left(\max_{1 \leqslant j \leqslant n} |S_j - E(S_j)| \geqslant \varepsilon\right) \leqslant \frac{\operatorname{var}(S_n)}{\varepsilon^2}.$$

证明 不妨设有$E(X_j) = 0, 1 \leqslant j \leqslant n$. 令

$$A_k = \{\omega : |S_j(\omega)| < \varepsilon, j = 1, \cdots, k-1, |S_k(\omega)| \geqslant \varepsilon\}, \quad k \geqslant z,$$

$$A = \left\{\omega : \max_{1 \leqslant j \leqslant n} |S_j(\omega)| \geqslant \varepsilon\right\}, \quad A_1 = \{\omega : |X_1| \geqslant \varepsilon\}.$$

易见$A_1, \cdots, A_n$ 两两不交且$A = \bigcup\limits_{k=1}^n A_k$. 注意

$$\operatorname{var}(S_n) = \int_\Omega S_n^2 \mathrm{d}P \geqslant \int_A S_n^2 \mathrm{d}P = \sum_{k=1}^n \int_{A_k} S_n^2 \mathrm{d}P, \tag{6.1.1}$$

而$S_n = S_k + Y_k$, 其中$Y_k = X_{k+1} + \cdots + X_n$, 故

$$\int_{A_k} S_n^2 \mathrm{d}P = \int_{A_k} S_k^2 \mathrm{d}P + 2\int_{A_k} S_k Y_k \mathrm{d}P + \int_{A_k} Y_k^2 \mathrm{d}P, \tag{6.1.2}$$

由于$I_{A_k} S_k$ 与Y_k 独立, 因此

$$\int_{A_k} S_k Y_k \mathrm{d}P = E(I_{A_k} S_k) E(Y_k) = 0,$$

将上式代入(6.1.2)得

$$\int_{A_k} S_n^2 \mathrm{d}P \geqslant \int_{A_k} S_k^2 \mathrm{d}P \geqslant \varepsilon^2 P(A_k),$$

在(6.1.1)中应用不等式立得

$$\mathrm{var}(S_n) \geqslant \varepsilon^2 P(A).$$

定理证毕.

定理6.1.2 设$X_1, X_2, \cdots$独立且有有限方差. 若$\sum\limits_n \mathrm{var}(X_n) < \infty$, 则$\sum\limits_n (X_n - E(X_n))$ a.s. 收敛.

证明 不妨设$E(X_n) = 0$. 令$S_n = \sum\limits_{i=1}^n X_i$.

由于S_n a.s.收敛等价于$S_j - S_k$ a.s.收敛于0, 当$j, k \to \infty$时, 此即

$$\forall \varepsilon > 0, P\left(\bigcup_{j,k \geqslant n} \{|S_j - S_k| \geqslant \varepsilon\}\right) \to 0, \quad n \to \infty,$$

因此, 只需证

$$\forall \varepsilon > 0, P\left(\bigcup_{k=1}^{\infty} \{|S_{m+k} - S_m| \geqslant \varepsilon\}\right) \to 0, \quad m \to \infty.$$

事实上,

$$P\left(\bigcup_{k=1}^{\infty} \{|S_{m+k} - S_m| \geqslant \varepsilon\}\right) = \lim_{n \to \infty} P\left(\max_{1 \leqslant k \leqslant n} |S_{m+k} - S_m| \geqslant \varepsilon\right),$$

而根据定理6.1.1,

$$\begin{aligned} P\left(\max_{1 \leqslant k \leqslant n} |S_{m+k} - S_m| \geqslant \varepsilon\right) &\leqslant \frac{1}{\varepsilon^2} \mathrm{var}\,(S_{m+k} - S_m) \\ &\leqslant \frac{1}{\varepsilon^2} \sum_{j=1}^n \mathrm{var}\,(X_{m+j}), \end{aligned}$$

故由定理条件得

$$P\left(\bigcup_{k=1}^{\infty}\{|S_{m+k}-S_m|\geqslant\varepsilon\}\right)\leqslant\lim_{n\to\infty}\frac{1}{\varepsilon^2}\sum_{j=1}^{n}\operatorname{var}(X_{m+j})\to 0,\quad m\to\infty.$$

定理证毕.

引理6.1.1 设$X_1,X_2,\cdots,X_n$相互独立且存在常数$K>0$ 使$P(|X_i\leqslant K|)=1, 1\leqslant i\leqslant n$. 令$S_k=X_1+\cdots+X_k$, 则$\forall\varepsilon>0$,

$$P\left(\max_{1\leqslant k\leqslant n}|S_k-E(S_k)|\geqslant\varepsilon\right)\geqslant 1-\frac{(\varepsilon+K)^2}{\sum\limits_{k=1}^{n}\operatorname{var}(X_k)+(\varepsilon+K)^2-\varepsilon^2}$$

证明 记$S_0=0$, $A_0=\Omega$(全空间). 不妨设$E(X_k)=0$.
令

$$A_k=\left\{\max_{1\leqslant j\leqslant k}|S_j|<\varepsilon\right\},B_k=A_{k-1}A_k^{\mathrm{c}},\quad k=1,\cdots,n.$$

注意A_k 与B_k 不交, 而且$A_k\cup B_k=A_{k-1}, K=1,\cdots,n$, 故

$$S_{k-1}I_{A_{k-1}}+X_kI_{A_{k-1}}=S_kI_{A_{k-1}}=S_kI_{A_k}+S_kI_{B_k},$$

将上式两边取平方, 再取期望, 则得

$$\begin{aligned}&E\left(S_{k-1}I_{A_{k-1}}\right)^2+2E\left(S_{k-1}X_kI_{A_{k-1}}\right)+E\left(X_k^2I_{A_{k-1}}\right)\\=&E\left(S_kI_{A_k}\right)^2+2E\left(S_k^2I_{A_k}I_{B_k}\right)+E\left(S_kI_{B_k}\right)^2,\end{aligned}$$

由独立性的条件, $E(X_k)=0$ 的假设及事实$I_{A_k}I_{B_k}=0$, 上式可简化为

$$E\left(S_{k-1}I_{A_{k-1}}\right)^2+[\operatorname{var}(x_k)]P(A_{k-1})=E\left(S_kI_{A_k}\right)^2+E\left(S_kI_{B_k}\right)^2. \tag{6.1.3}$$

但根据定理条件,

$$|S_kI_{B_k}|\leqslant|S_{k-1}I_{B_k}|+|X_kI_{B_k}|\leqslant(\varepsilon+K)I_{B_k}\text{ a.s.},$$

又$P(A_{k-1})\geqslant P(A_n)$, 因此由(6.1.3)有

$$E\left(S_kI_{A_{k-1}}\right)^2-E\left(S_{k-1}I_{A_{k-1}}\right)^2\geqslant P(A_n)\operatorname{var}(x_k)-(\varepsilon+K)^2P(B_k),$$

不等式两边对$k(1\leqslant k\leqslant n)$ 求和, 则得

$$E\left(S_nI_{A_n}\right)^2\geqslant\sum_{k=1}^{n}\operatorname{var}(X_k)-P\left(A_n^{\mathrm{c}}\right)\left[\sum_{k=1}^{n}\operatorname{var}(X_k)+(\varepsilon+K)^2\right].$$

但$E\left(S_nI_{A_n}\right)^2\leqslant\varepsilon^2P(A_n)$, 因此有

$$P\left(A_n^{\mathrm{c}}\right)\geqslant\frac{\sum\limits_{k=1}^n\operatorname{var}(X_k)-\varepsilon^2}{\sum\limits_{k=1}^n\operatorname{var}(X_k)+(\varepsilon+K)^2-\varepsilon^2}$$
$$=1-\frac{(\varepsilon+K)^2}{\sum\limits_{k=1}^n\operatorname{var}(X_k)+(\varepsilon+k)^2-\varepsilon^2}.$$

引理证毕.

定理6.1.3 设$\{X_n,n\geqslant1\}$是一列相互独立的随机变量, $P\left(|X_n|\leqslant K\right)=1,n\geqslant1,K>0$ 是常数, 若$\sum\limits_n X_n$ 几乎处处收敛, 则$\sum\limits_n\operatorname{var}(X_n)<\infty$ 且$\sum\limits_n E(X_n)<\infty$.

证明 设$\{X_n',n\geqslant1\}$ 满足: X_n'与X_n 同分布而且$\{X_n',X_n,n\geqslant1\}$为一个独立随机变量序列.

令

$$S_n=\sum_{j=1}^n X_j,S_n'=\sum_{j=1}^n X_j',R_n=S_n-S_n',\quad n\geqslant1,$$

则$R_n=\sum\limits_{j=1}^n\left(X_j-X_j'\right)=\sum\limits_{j=1}^n Y_j$, Y_j 满足: $E(Y_j)=0$, $P\left(|Y_j|\leqslant2K\right)=1$.

由于$\sum\limits_n X_n$ a.s. 收敛, 故$\sum\limits_n X_n'$ a.s. 收敛, 从而$\sum\limits_n Y_n$ 亦a.s.收敛. 注意:

$$\left\{\sum_n Y_n\text{发散}\right\}=\bigcup_{N=1}^\infty\bigcap_{n=1}^\infty\bigcup_{m=n}^\infty\left\{\sup_{k\geqslant m}|R_k-R_m|\geqslant N^{-1}\right\},$$

而由引理6.1.1有

$$P\left(\left\{\max_{m\leqslant k\leqslant r}|R_k-R_m|\geqslant N^{-1}\right\}\right)$$
$$\geqslant1-\left\{\frac{(1/N+2K)^2}{\sum\limits_{k=m+1}^n\operatorname{var}(Y_k)+(1/N+2K)^2-(1/N)^2}\right\}$$

于是

$$
\begin{aligned}
P\left(\left\{\sup_{k\geqslant m}|R_k-R_m|\geqslant N^{-1}\right\}\right)=&P\left(\bigcup_{r=m}^{\infty}\left\{\max_{m\leqslant k\leqslant n}|R_k-R_m|\geqslant N^{-1}\right\}\right)\\
=&\lim_{r\to\infty}P\left(\left\{\max_{m\leqslant k\leqslant r}|R_k-R_m|\geqslant N^{-1}\right\}\right)\\
\geqslant&\lim_{r\to\infty}\left\{1-\frac{\left(N^{-1}+2K\right)^2}{\sum\limits_{k=m+1}^{n}\operatorname{var}(Y_k)+4K/N+4K^2}\right\},
\end{aligned}
$$

但$P\left(\left\{\sum\limits_n Y_n\text{发散}\right\}\right)=0$, 故$\operatorname{var}(Y_n)<\infty$.

由于$\operatorname{var}(Y_n)=2\operatorname{var}(X_n)$, 所以$\sum\limits_n \operatorname{var}(X_n)<\infty$, 由定理6.1.2可以知道$\sum\limits_n(X_n-E(X_n))$ 几乎处处收敛, 而定理条件假设$\sum\limits_n E(X_n)$ 收敛. 定理证毕.

本节的结尾介绍独立随机变量的级数收敛的充要条件. 我们对随机变量的矩的存在不作任何假设.

定理6.1.4 (Kolmogorov三级数定理) 设$\{X_n, n\geqslant 1\}$是一列相互独立的随机变量. 级数$\sum\limits_n X_n$ 几乎处处收敛的充要条件是存在常数$d>0$使下面三个级数收敛:

(a) $\sum\limits_n P\left(\{|X_n|\geqslant d\}\right)$;

(b) $\sum\limits_n E\left(X_n I_{\{|X_n|<d\}}\right)$;

(c) $\sum\limits_n \operatorname{var}\left(X_n I_{\{|X_n|<d\}}\right)$.

如果(a),(b)和(c)中级数对某一$d>0$ 收敛, 则它们对任一$d>0$ 均收敛.

证明 假设三级数收敛, 令

$$Y_n=X_n I_{\{|X_n|<d\}}.$$

根据定理6.1.2知,当级数(b)与(c)收敛时,$\sum\limits_n Y_n$ 几乎处处收敛.又由Borel-Cantelli引理知,当级数(a)收敛时, $P\left(\limsup\limits_n\{X_n\neq Y_n\}\right)=0$,从而$\sum\limits_n X_n$ 几乎处处收敛.

反之, 若$\sum\limits_n X_n$ 几乎处处收敛, 则X_n 几乎处处收敛于零, 于是对$\forall d>0$, 都有$P\left(\limsup\limits_n\{|X_n|>d\}\right)=0$, 这意味着

$$P\left(\sum_n X_n\text{收敛}\right)=P\left(\sum_n X_n I_{\{|X_n|>\mathrm{d}\}}\text{收敛}\right),\quad \forall d>0.$$

由定理6.1.3知级数(b)与(c)是收敛的. 定理证毕.

6.2 大数定律

引理6.2.1 (Kronecker引理) 设$b_n > 0$, $b_n \uparrow \infty$, 当$n \to \infty$ 时, 又设$\sum\limits_n x_n = x$(有限实数), 则

$$\frac{1}{b_n}\sum_{j=1}^{n} b_j x_j \to 0, \quad n \to \infty.$$

证明 留给读者作为练习.

定理6.2.1 (Kolmogorov强大数定律) 设$\{X_n, n \geqslant 1\}$ 为独立随机变量序列, 每个X_n 具有有限方差, 又设$b_n > 0$, $b_n \uparrow \infty$,$n \to \infty$. 若$\sum\limits_n \mathrm{var}(X_n)/b_n^2 < \infty$, 则

$$\frac{S_n - E(X_n)}{b_n} \text{ a.s.}, \quad n \to \infty,$$

其中$S_n = \sum\limits_{i=1}^{n} X_i$.

证明 因为

$$\sum_n \mathrm{var}\left(\frac{X_n - E(X_n)}{b_n}\right) = \sum_n \frac{\mathrm{var}(X_n)}{b_n^2} < \infty,$$

所以根据定理6.1.2知, $\sum\limits_n \frac{X_n - E(X_n)}{b_n}$ 几乎处处收敛, 但

$$\frac{S_n - E(S_n)}{b_n} = \frac{1}{b_n}\sum_{k=1}^{n} b_k \cdot \frac{X_k - E(X_k)}{b_k},$$

由Kronecker引理立得定理的结论. 证毕.

定理6.2.2 设$\{X_n, n \geqslant 1\}$ 是独立同分布的随机变量序列, $E(X_i) = m$(有限实数). 令$S_n = \sum\limits_{i=1}^{n} X_i$, 则$S_n/n \to m$ a.s., 当$n \to \infty$ 时.

证明 先证下列不等式:

若$Y \geqslant 0, E(Y) < \infty$, 则

$$\sum_{n\geqslant 1} P(Y \geqslant n) \leqslant E(Y) \leqslant 1 + \sum_{n\geqslant 1} P(Y \geqslant n). \tag{6.2.1}$$

事实上, 由Y非负有

$$E(Y) \geqslant \int\limits_{\{Y\geqslant 1\}} Y \mathrm{d}P \geqslant \sum_{n\geqslant 1} nP(n \leqslant Y < n+1) = \sum_{n\geqslant 1} P(Y \leqslant n).$$

另一方面,

$$\begin{aligned}E(Y) &= \int_{\{0\leqslant Y<1\}} Y\mathrm{d}P + \int_{\{Y\geqslant 1\}} Y\mathrm{d}P \\ &\leqslant P(0\leqslant Y<1) + \sum_{n\geqslant 1}(n+1)P(n\leqslant Y<n+1) \\ &= 1+\sum_{n\geqslant 1}P(Y\geqslant n),\end{aligned}$$

式(6.2.1)得证.

因为X_n 同分布, 所以

$$\sum_{n\geqslant 1}P(|X_n|\geqslant n) = \sum_{n\geqslant 1}P(|X_1|\geqslant n),$$

由(6.2.1)有

$$\sum_{n\geqslant 1}P(|X_1|\geqslant n)\leqslant E(|X_1|)<\infty.$$

根据Borel-Cantelli引理:

$$P\left(\limsup_n \{|X_n|\geqslant n\}\right)=0.$$

令

$$Y_n = X_n I_{\{|X_n|<n\}},$$

则由前面证明知: 对a.s.ω, 当$n\geqslant n_0(\omega)$ 时, $Y_n = X_n$.不妨设$m=0$. 为证定理只需证

$$\frac{1}{n}\sum_{j=1}^{n} Y_j \to 0 \text{ a.s.}, \quad n\to\infty. \tag{6.2.2}$$

由于

$$E(Y_n) = E\left(X_1 I_{\{|X_1|<n\}}\right)\to E(X_1)=0,$$

所以

$$\frac{1}{n}\sum_{j=1}^{n} E(Y_j)\to 0, \quad n\to\infty,$$

因此为证(6.2.2), 只需证

$$\frac{1}{n}\sum_{j=1}^{n}[Y_j - E(Y_j)]\to 0 \text{ a.s.}, \quad n\to\infty. \tag{6.2.3}$$

事实上,

$$\begin{aligned}\sum_{n=1}^{\infty}\operatorname{var}\left(\frac{Y_n}{n}\right) &\leqslant \sum_{n=1}^{\infty}\frac{1}{n^2}E\left(X_1^2 I_{\{|X_1|\leqslant n\}}\right)\\ &=\sum_{n=1}^{\infty}\frac{1}{n^2}\sum_{m=1}^{n}E\left(X_1^2 I_{\{m-1\leqslant|X_1|\leqslant m\}}\right)\\ &=\sum_{m=1}^{\infty}E\left(|X_1|^2 I_{\{m-1\leqslant|X_1|\leqslant m\}}\right)\sum_{n=m}^{\infty}\frac{1}{n^2},\end{aligned}$$

而

$$\sum_{n=m}^{\infty}\frac{1}{n^2}\leqslant\frac{K}{m},\quad K\text{为某常数}.$$

故

$$\begin{aligned}\sum_{n=1}^{\infty}\operatorname{var}\left(\frac{Y_n}{n}\right) &\leqslant K\sum_{m=1}^{\infty}\frac{1}{m}E\left(|X_1|^2 I_{\{m-1\leqslant|X_1|<m\}}\right)\\ &\leqslant K\sum_{m=1}^{\infty}E\left(|X_1| I_{\{m-1\leqslant|X_1|<m\}}\right)\\ &=KE(|X_1|)<\infty,\end{aligned}$$

由定理6.1.2知$\sum_n\left(\frac{Y_n-E(Y_n)}{n}\right)$ a.s.收敛,再由引理6.2.1知(6.2.3)成立. 定理证毕.

定理6.2.1和定理6.2.2是随机变量序列的强大数定律. 下面来介绍弱大数定律的结果.

定义6.2.1 设X为一随机变量, 称实数$m(X)$ 为X 的中位数, 如果

$$P(X\leqslant m(X))\geqslant\frac{1}{2}\leqslant P(X\geqslant m(X)).$$

引理6.2.2 (Lévy不等式) 设$\{X_j,1\leqslant j\leqslant n\}$ 为独立随机变量$S_j=\sum_{i=1}^{j}X_i$, 则对任意$\varepsilon<0$,

$$P\left(\left\{\max_{1\leqslant j\leqslant n}[S_j-m(S_j-S_n)]\geqslant\varepsilon\right\}\right)\leqslant 2P(\{S_n\geqslant\varepsilon\}),\tag{6.2.4}$$

$$P\left(\left\{\max_{1\leqslant j\leqslant n}|S_j-m(S_j-S_n)|\geqslant\varepsilon\right\}\right)\leqslant 2P(\{|S_n|\geqslant\varepsilon\}).\tag{6.2.5}$$

证明 令$S_0=0$.若存在$1\leqslant j\leqslant n$ 使$S_j-m(S_j-S_n)\geqslant\varepsilon$, 则定义

$$T=\min\{1\leqslant j\leqslant n:S_0-m(S_j-S_n)\geqslant\varepsilon\},$$

否则, 定义$T=n+1$. 令

$$B_j=\{m(S_j-S_n)\geqslant S_j-S_n\},\quad 1\leqslant j\leqslant n,$$

则$P(B_j)\geqslant 1/2$. 因为$\{T=j\}\in\sigma(X_1,\cdots,X_j)$, $B_j\in\sigma(X_{j+1},\cdots,X_n)$ 且$\{S_n\geqslant\varepsilon\}\supset\bigcup\limits_{j=1}^{n}(B_j\cap\{T=j\})$, 所以由独立性有

$$\begin{aligned}P(S_n\geqslant\varepsilon)&\geqslant\sum_{j=1}^{n}P\left(B_j\cap\{T=j\}\right)\\&=\sum_{j=1}^{n}P\left(B_j\right)\left(P\{T=j\}\right)\\&\geqslant\frac{1}{2}P\left(\{1\leqslant T\leqslant n\}\right),\end{aligned}$$

(6.2.4)得证. 在(6.2.4)中以$-X_j$ 代替X_j, 注意$m(-Y)=-m(Y)$, 则得

$$P\left(\min_{1\leqslant j\leqslant n}[S_j-m(S_j-S_n)]\leqslant-\varepsilon\right)\leqslant 2P\left(S_n\leqslant-\varepsilon\right),$$

结合(6.2.4)则得(6.2.5).

定理6.2.3 (Feller定理) 设$\{X_n,n\geqslant 1\}$ 为独立同分布的随机变量序列. 令$S_n=\sum\limits_{i=1}^{n}X_i$, 则存在实数序列$C_n$使

$$\frac{S_n-C_n}{n}\xrightarrow{P}0 \tag{6.2.6}$$

当且仅当

$$nP\left(\{|X_1|>n\}\right)\to 0. \tag{6.2.7}$$

(6.2.7)成立时, 可取$C_n=nE\left(X_1I_{\{|X_1|\leqslant n\}}\right)$.

证明 充分性. 令$Y_j=X_jI_{\{|X_j|\leqslant n\}},1\leqslant j\leqslant n,R_n=\sum\limits_{j=1}^{n}Y_j$, 则$\forall\varepsilon>0$,

$$\begin{aligned}P\left(\left\{\left|\frac{S_n}{n}-\frac{R_n}{n}\right|\geqslant\varepsilon\right\}\right)\leqslant P\left(\{S_n\neq R_n\}\right)=P\left(\bigcup_{j=1}^{n}\{X_j\neq Y_j\}\right)\\\leqslant nP\left(\{|X_1|>n\}\right).\end{aligned}$$

根据(6.2.7), $(S_n/n)-(R_n/n)\xrightarrow{P}0$. 因此要证(6.2.6), 只需证

$$\frac{R_n}{n}-E\left(X_1I_{\{|X_1|\leqslant n\}}\right)\xrightarrow{P}0, \tag{6.2.8}$$

由定理6.2.2立得(6.2.8).

必要性. 令$C_0=0, d_n=C_n-C_{n-1}, n\geqslant 1$, 则有

$$\frac{X_n-d_n}{n}=\frac{S_n-C_n}{n}-\frac{n-1}{n}\left(\frac{S_{n-1}-C_{n-1}}{n-1}\right)\xrightarrow{P}0,$$

从而$(X_1-d_n)/n\xrightarrow{P}0$, 故$d_n=o(n)$. 由Lévy不等式, 对任意$\varepsilon>0$,

$$\begin{aligned}&P\left(\left\{\max_{1\leqslant j\leqslant n}\left|S_j-C_j-m\left(S_j-C_j-S_n+C_n\right)\right|\geqslant\frac{n\varepsilon}{2}\right\}\right)\\&\leqslant 2P\left(\left\{\left|S_n-C_n\right|\geqslant\frac{n\varepsilon}{2}\right\}\right)=o(1),\end{aligned}\qquad(6.2.9)$$

但(6.2.6)成立时,

$$\max_{1\leqslant j\leqslant n}P\left(\left|S_n-C_n-(S_j-C_j)\right|\geqslant\varepsilon n\right)\to 0,\quad n\to\infty,$$

注意ε 的任意性, 有

$$\max_{1\leqslant j\leqslant n}\left|m\left(S_j-C_j-S_n+C_n\right)\right|=o(n).\qquad(6.2.10)$$

由(6.2.9)和(6.2.10)可推出

$$\lim_{n\to\infty}P\left(\left\{\max_{1\leqslant j\leqslant n}\left|S_j-C_j\right|<n\varepsilon\right\}\right)=1,\qquad(6.2.11)$$

注意

$$\left\{\max_{1\leqslant j\leqslant n}\left|S_j-C_j\right|<n\varepsilon\right\}\subset\left\{\max_{1\leqslant j\leqslant n}\left|X_j-d_j\right|<2n\varepsilon\right\}$$

且$\max\limits_{1\leqslant j\leqslant n}|d_j|<n\varepsilon$ (当n 充分大), 故

$$\left\{\max_{1\leqslant j\leqslant n}\left|X_j-d_j\right|<2n\varepsilon\right\}<\left\{\max_{1\leqslant j\leqslant n}\left|X_j\right|<3n\varepsilon\right\},$$

于是根据(6.2.11),

$$\lim_{n\to\infty}\left(P\left\{\left|X_1\right|<3n\varepsilon\right\}\right)^n=\lim_{n\to\infty}P\left(\left\{\max_{1\leqslant j\leqslant n}\left|X_j\right|<3n\varepsilon\right\}\right)=1,$$

两边取对数则得

$$n\log\left[1-P\left(\left|X_1\right|\geqslant 3n\varepsilon\right)\right]\to 0,\quad n\to\infty,$$

但$\log(1-x)=-x+o(x)(x\to 0)$, 故

$$nP\left(\left\{\left|X_1\right|\geqslant 3n\varepsilon\right\}\right)\to 0,$$

(6.2.7)得证. 如前所证明, 由(6.2.7)可推出$C_n=E\left(X_1I_{\{|X_1|\leqslant n\}}\right)$. 定理证毕.

有关随机变量序列的大数定律的更多结果以及二重随机变量序列的大数定律的结果请参阅文献[10], [17], [18]等.

6.3 Kolmogorov重对数律

设$\{X_i, i \geqslant 1\}$ 是一列独立同分布的随机变量, $P(X_i = 1) = 1/2 = P(X_i = -1)$, 则$E(X_i) = m(X_i) = 0$, $\text{var}(X_i = 1)$. 令

$$S_n = \sum_{i=1}^{n} X_i,$$

根据定理6.2.2

$$\frac{S_n \to 0}{n} \text{ a.s.}, \quad n \to \infty,$$

因此任意给定$\varepsilon > 0$, 对a.s.ω, 存在$n_0 = n_0(\omega)$, 当$n \geqslant n_0$ 时,

$$S_n \leqslant \varepsilon n,$$

这是对S_n 的一个上界估计, 但显然是一个粗糙的估计. 由Lindeberg中心极限定理知

$$\frac{S_n}{\sqrt{n \cdot 1}} \xrightarrow{\text{d}} X^*, \quad n \to \infty,$$

其中X^* 服从标准正态分布$N(0,1)$, 记X^* 的分布为$\Phi(x)$, $S_n/\sqrt{n}$ 的分布为$F_n(x)$. 对任意$K > 1$ 有

$$\begin{aligned} P\left(X^* \geqslant \sqrt{2K\log\log n}\right) =& \frac{1}{\sqrt{2\pi}} \int\limits_{\{x \geqslant \sqrt{2K\log\log n}\}} \mathrm{e}^{-\frac{x^2}{2}} \mathrm{d}x \\ \leqslant& M\left[\left(\sqrt{\log\log(n+1)} - \sqrt{\log\log n}\right)\mathrm{e}^{-K\log\log n} + \cdots\right. \\ &\left. + \left(\sqrt{\log\log(r+1)} - \sqrt{\log\log r}\right)\mathrm{e}^{-K\log\log r} + \cdots\right] \\ \leqslant& M'\left[\sum_{r \geqslant n}\left(\frac{1}{\log n}\right)^k \cdot \frac{\log\log(r+1) - \log\log r}{\sqrt{\log\log r}}\right], \end{aligned} \tag{6.3.1}$$

M 与M' 是仅依赖于K 的正数.

由于$\log(n+1) - \log n = \log(1 + 1/n) < 1/n$, 所以

$$\log\log(n+1) - \log\log n = \log\left[\frac{\log(n+1)}{\log n}\right] \leqslant \log\left[\frac{(\log n) + 1/n}{\log n}\right] < \frac{1}{n\log n},$$

将上述不等式代入(6.3.1)则得

$$P\left(X^* \geqslant \sqrt{2K\log\log n}\right) \leqslant M'(\log n)^{-k}, \tag{6.3.2}$$

但根据Berry-Esseen定理(见文献[17]304页),

$$\sup_{x \in \mathbb{R}} |F_n(x) - \Phi(x)| \leqslant C_\delta \left(\frac{\Gamma_n}{\sqrt{n \cdot 1}}\right)^{2+\delta}, \tag{6.3.3}$$

其中C_δ为仅依赖δ 的正数, $\Gamma_n^{2\delta}=\sum\limits_{i=1}^{n}E\left|X_i\right|^{2+\delta}, 1>\delta>0$, 有

$$\left|P\left(S_n \geqslant \sqrt{2Kn\log\log n}-\frac{1}{\sqrt{2\pi}}\int\limits_{\left\{x\geqslant\sqrt{2K\log\log n}\right\}}\mathrm{e}^{-\frac{x^2}{2}}\mathrm{d}x\right)\right| \leqslant M''\cdot n^{-\frac{\delta}{2}}, \quad (6.3.4)$$

M'' 为仅依赖K 的正数, 再用(6.3.2)与(6.3.4)则有

$$P\left(S_n\geqslant\sqrt{2Kn\log\log n}\right)\leqslant M'(\log n)^{-K}+M''n^{-\delta/2}.$$

令

$$A_n=\left\{S_{2^n}\geqslant\sqrt{2K\cdot 2^n\log\log 2^n}\right\},$$

由(6.3.5)和Borel-Cantelli引理知

$$P\left(\limsup_n A_n\right)=0,$$

此即

$$\limsup_{n\to\infty}\frac{S_{2^n}}{\sqrt{2\cdot 2^n\log\log 2^n}}\leqslant\sqrt{K}\ \text{a.s.},$$

让K沿有理数列趋于1, 则得

$$\limsup_{n\to\infty}\frac{S_{2^n}}{\sqrt{2\cdot 2^n\log\log 2^n}}\leqslant 1\ \text{a.s..}$$

事实上, 对任意$a>1$, 类似可证

$$\limsup_{n\to\infty}\frac{S_{[a^n]}}{\sqrt{2[a^n]\log\log[a^n]}}\leqslant 1\ \text{a.s..}$$

现在固定$\varepsilon<0$, 取$1<b<(1+\varepsilon)^2$, 令$b_k=[b^k]$. 根据Lévy不等式,

$$\begin{aligned}&P\left(\max_{1\leqslant j\leqslant b_{k+1}}S_j\geqslant(1+\varepsilon)\sqrt{2b_k\log\log b_k}\right)\\&\leqslant 2P\left(S_{b_{k+1}}\geqslant\sqrt{2(1+\varepsilon)^2 b_{k+1}\left(\log\log b_{k+1}\right)x_{k+1}}\right),\end{aligned}$$

其中$x_{k+1}=(b_k\log\log b_k)/(b_{k+1}\log\log b_{k+1})$, 再利用(6.3.5),

$$P\left(\max_{1\leqslant j\leqslant b_{k+1}}S_j>(1+\varepsilon)\sqrt{2b_k\log\log b_k}\right)\leqslant C\left(\frac{1}{k}\right)^{\left[(1+\varepsilon)^2/b\right](1-\delta k)},$$

$\delta_k\downarrow 0$, 当$k\to\infty$, 因此由Borel-Cantelli引理知, 对a.s.ω, 当$k\geqslant k_0(\omega)$时,

$$\max_{1\leqslant j\leqslant b_{k+1}}S_j\leqslant(1+\varepsilon)\sqrt{2b_k\log\log b_k},$$

对充分大的n, 存在$k \geqslant k_0$ 使$n \in [b_k, b_{k+1}]$, 从而

$$S_n \leqslant \max_{1 \leqslant j \leqslant b_{k+1}} S_j \leqslant (1+\varepsilon)\sqrt{2b_k \log\log b_k} \leqslant (1+\varepsilon)\sqrt{2n\log\log n},$$

故

$$\limsup_{n\to\infty} \frac{S_n}{\sqrt{2n\log\log n}} \leqslant 1 \text{ a.s.},$$

于是得到了一个更精确的上界, 事实上可以得到最佳上界:

$$\limsup_{n\to\infty} \frac{S_{2^n}}{\sqrt{2\cdot 2^n \log\log 2^n}} = 1 \text{ a.s.}.$$

上述结果通常被称为Khintchine重对数律.

本节首先详细介绍有界的相互独立随机变量序列的重对数律(Kolmogorov重对数律), 然后简单介绍独立同分布方差有限的独立随机变量的重对数律.

定理6.3.1 设$X_1, \cdots, X_n$ 为n个独立且有界的随机变量, $E(X_k) = 0, 1 \leqslant k \leqslant n$. 令$S_n = \sum\limits_{i=1}^{n} X_i$, $\sigma_n^2 = \operatorname{var}(S_n)$, $c_n = \max\limits_{1\leqslant k\leqslant n} \{\operatorname{ess\,sup}|X_k|/\sigma_n\}$ (esssup$X$ 是X 的本性上确界, 即$P(X > \operatorname{ess\,sup} X) = 0$, 任取$a < \operatorname{ess\,sup} X$, 则$P(X > a) > 0$), 则有

(a) 若$0 < \varepsilon < 1/c_n$, 则

$$P\left(\frac{S_n}{\sigma_n} > \varepsilon\right) < \exp\left\{-\frac{\varepsilon^2}{2}\left(1 - \frac{\varepsilon c_n}{2}\right)\right\};$$

(b) 若$\varepsilon \geqslant 1/c_n$, 则

$$P\left(\frac{S_n}{\sigma_n} > \varepsilon\right) < \exp\left\{-\frac{\varepsilon}{4c_n}\right\}.$$

先证如下引理:

引理6.3.1 设X是具有有限二阶矩的随机变量, $E(X) = 0$ 且$P(|X| \leqslant c) = 1$, 若令$\sigma^2 = E(X^2)$, 则对所有满足$0 < tc \leqslant 1$ 的实数t 有

$$\exp\left(\frac{x^2\sigma^2}{2}(1-tc)\right) < E(\exp(tX)) < \exp\left(\frac{t^2\sigma^2}{2}(1+tc)\right). \tag{6.3.6}$$

证明 首先注意

$$\exp(t(1-t)) \leqslant 1 + t \leqslant \mathrm{e}^t, \quad t \geqslant 0. \tag{6.3.7}$$

对任意$t \geqslant 0$,

$$\begin{aligned} E(\exp(tX)) &= 1 + \frac{t^2E(X^2)}{2!} + \frac{t^3E(X^3)}{3!} + \cdots \\ &\leqslant 1 + \frac{t^2\sigma^2}{2}\left(1 + \frac{tc}{3} + \frac{t^2c^2}{3\cdot 4} + \cdots\right) \\ &= 1 + \frac{t^2\sigma^2}{2}\left[1 + \frac{tc}{3}\left(1 + \frac{tc}{4} + \cdots\right)\right], \end{aligned}$$

当$0 < tc \leqslant 1$时,

$$1+\frac{tc}{4}+\frac{(tc)^2}{4\cdot 5}+\cdots<\sum_{n\geqslant 0}\frac{1}{4^n}=\frac{4}{3},$$

因此

$$E\left(\exp(tX)\right)<1+\frac{t^2\sigma^2}{2}\left(1+\frac{tc}{2}\right),$$

由(6.3.7)中第二个不等式得

$$E\left(\exp(tX)\right)<\exp\left(\frac{t^2\sigma^2}{2}\left(1+\frac{tc}{2}\right)\right).$$

根据条件$P\left(|X|\leqslant c\right)=1$ 可推出

$$E(X^n)\geqslant -c^{n-2}E(X^2),\quad n\geqslant 3,$$

故而

$$\begin{aligned}E\left(\exp(tX)\right)&\geqslant 1+\frac{t^2\sigma^2}{2}\left(1-\frac{tc}{3}-\frac{t^2c^2}{3\cdot 4}-\cdots\right)\\&>1+\frac{t^2\sigma^2}{2}\left(1-\frac{tc}{2}\right).\end{aligned}\tag{6.3.8}$$

由(6.3.7)中第一个不等式有

$$1+\frac{t^2\sigma^2}{2}\left(1-\frac{tc}{2}\right)\geqslant\exp\left(\frac{t^2\sigma^2}{2}\left(1-\frac{tc}{2}\right)\left(1-\frac{t^2\sigma^2}{2}\left(1-\frac{tc}{2}\right)\right)\right),\tag{6.3.9}$$

注意到$0\leqslant\sigma^2\leqslant c^2$, 于是

$$\left(1-\frac{tc}{2}\right)\left(1-\frac{t^2\sigma^2}{2}\left(1-\frac{tc}{2}\right)\right)>1-\frac{tc}{2}-\frac{t^2\sigma^2}{2}\geqslant 1-tc,\tag{6.3.10}$$

根据(6.3.8)~(6.3.10)可以推出

$$E\left(\exp(tX)\right)>\exp\left(\frac{t^2\sigma^2}{2}(1-tc)\right),\quad 0<tc\leqslant 1.$$

引理证毕.

定理6.3.1的证明 由$X_1,X_2,\cdots,X_n$ 的独立性有

$$E\left(\exp\left(\frac{tS_n}{\sigma_n}\right)\right)=\prod_{k=1}^{n}E\left(\exp\left(\frac{tX_k}{\sigma_n}\right)\right),$$

而由(6.3.6)则推出

$$\exp\left\{\frac{\mathrm{var}(X_k)t^2}{2\sigma_n^2}(1-tc_n)\right\}<E\left(\exp\left(\frac{tX_k}{\sigma_n}\right)\right)<\exp\left\{\frac{\mathrm{var}(X_k)t^2}{2\sigma_n^2}\left(1+\frac{tc_n}{2}\right)\right\},$$

于是

$$\exp\left\{\frac{t^2}{2}(1-tc_n)\right\} < E\left(\exp\left(\frac{tS_n}{\sigma_n}\right)\right) < \exp\left\{\frac{t^2}{2}\left(1+\frac{tc_n}{2}\right)\right\}, \tag{6.3.11}$$

但对任意$\varepsilon > 0$,

$$E\left(\exp\left(\frac{tS_n}{\sigma_n}\right)\right) > E\left(I_{\{\frac{S_n}{\sigma_n}>\varepsilon\}}\exp\left(\frac{tS_n}{\sigma_n}\right)\right) \geqslant \exp(t\varepsilon)P\left(\frac{S_n}{\sigma_n}>\varepsilon\right),$$

将上式代入(6.3.11)则得

$$P\left(\frac{S_n}{\sigma_n}>\varepsilon\right) < \exp\left\{-t\varepsilon+\frac{t^2}{2}\left(1+\frac{tc_n}{2}\right)\right\}. \tag{6.3.12}$$

当$0<\varepsilon<1/c_n$, 以ε 代替t 得

$$\begin{aligned} P\left(\frac{S_n}{\sigma_n}>\varepsilon\right) &< \exp\left(-\varepsilon^2+\frac{\varepsilon^2}{2}+\frac{\varepsilon^2 c_n}{4}\right) \\ &= \exp\left(-\frac{\varepsilon^2}{2}\left(1-\frac{\varepsilon c_n}{2}\right)\right), \end{aligned}$$

(a)得证.

当$\varepsilon \geqslant 1/c_n$ 时, 在(6.3.12)中以$1/c_n$ 代替t , 则得

$$\begin{aligned} P\left(\frac{S_n}{\sigma_n}>\varepsilon\right) &< \exp\left(-\frac{\varepsilon}{c_n}+\frac{1}{2c_n^2}+\frac{1}{4c_n^2}\right) \\ &= \exp\left(-\frac{\varepsilon}{c_n}+\frac{3}{4c_n^2}\right) \\ &< \exp\left(-\frac{\varepsilon}{4c_n}\right), \end{aligned}$$

(b)得证. 定理证毕.

定理6.3.1给出了S_n/σ_n 的尾分布的上界, 下面的定理则给出相应的上界. 我们仍然沿用定理6.3.1中的符号及条件.

定理6.3.2 任取$\gamma>0$, 若$c_n=c_n(\gamma)$ 充分小, $\varepsilon=\varepsilon(\gamma)$ 充分大, 则

$$P\left(\frac{S_n}{\sigma_n}>\varepsilon\right) > \exp\left\{-\frac{\varepsilon^2(1+\gamma)}{2}\right\}.$$

证明 设$\{\alpha,\beta\}<(0,1)$, 任意固定$t>0$. 若$0<c_n<\alpha/t$, 则根据(6.3.11)中第一个不等式有

$$E\left(\exp\left\{\frac{tS_n}{\sigma_n}\right\}\right) > \exp\left\{\frac{t^2(1-\alpha)}{2}\right\}. \tag{6.3.13}$$

令

$$q(x)=P\left(\frac{S_n}{\sigma_n}>x\right).$$

分部积分得

$$\begin{aligned}E\left(\exp\left\{\frac{S_n}{\sigma_n}\right\}\right)&=-\int_{-\infty}^{\infty}\exp\{tx\}\,\mathrm{d}q(x)\\&=-\exp\{tx\}\,q(x)\,|_{-\infty}^{\infty}+t\int_{-\infty}^{\infty}\exp\{tx\}\,q(x)\mathrm{d}x.\end{aligned}$$

注意S_n 是几乎处处有界的, 故存在$M>0$, 当$|x|\geqslant M$ 时, $q(x)=0$, 因此

$$E\left(\exp\left\{\frac{tS_n}{\sigma_n}\right\}\right)=t\int_{-\infty}^{\infty}\exp\{x\}\,q(x)\mathrm{d}x.$$

令$I_1=(-\infty,0]$, $I_2=(0,t(1-\beta)]$, $I_3=(t(1-\beta),t(1+\beta)]$, $I_4=(t(1+\beta),8t]$, $I_5=(8t,\infty)$. 记

$$J_i=t\int_{J_i}\exp\{tx\}\,q(x)\mathrm{d}x,\quad i=1,2,\cdots,5.$$

首先依次估计J_1,J_5,J_2,J_4. 易见

$$J_1=t\int_{-\infty}^{0}\exp\{tx\}\,q(x)\mathrm{d}x<t\int_{-\infty}^{0}\exp\{tx\}\,\mathrm{d}x=1.$$

设c_n 充分小且满足$8tc_n<1$, 从而$-1/(4c_n)<-2t$. 当$x\geqslant 1/c_n$ 时, 由定理6.3.1(b)得

$$q(x)=P\left(\frac{S_n}{\sigma_n}>x\right)<\exp\left\{-\frac{x}{4c_n}\right\}<\exp(-2tx).$$

但对$0<x<1/c_n$, 由定理6.3.1(a)又有

$$q(x)=P\left(\frac{S_n}{\sigma_n}>x\right)<\exp\left\{-\frac{x^2}{2}\left(1-\frac{xc_n}{2}\right)\right\}<\exp\left\{-\frac{x^2}{4}\right\}.$$

注意当$8t<x<1/c_n$ 时,

$$\exp\left(-\frac{x^2}{4}\right)=\left(\exp\left\{-\frac{x}{4}\right\}\right)^x<\left(\exp\left\{-\frac{x}{4}\right\}\right)^{8t}=\exp\{-2xt\},$$

因此对全体$x\in I_5$, c_n 满足$1/c_n>8t\vee M$ 时, $q(x)<\exp(-2xt)$, 进而

$$J_5=t\int_{8t}^{\infty}\exp(tx)q(x)\mathrm{d}x<t\int_{8t}^{\infty}\exp(-tx)\mathrm{d}x<1.$$

根据前面的证明有

$$J_1+J_5<2. \tag{6.3.14}$$

现在考虑J_2 和J_4. 当c_n 满足$1/c_n > 8t \vee M$ 时, I_2 和I_4 中的点x 均满足$1 < x < 1/c_n$, 因此由定理6.3.1(a)有

$$q(x)\exp\{tx\} < \exp\left\{tx - \frac{x^2}{2}\left(1 - \frac{xC_n}{2}\right)\right\}, \quad x \in I_2 \cup I_4,$$

$I_2 \cup I_4$ 中x 满足$x < 8t$, 故从上式推出

$$q(x)\exp\{tx\} < \exp\left\{tx - \frac{x^2}{2}(1 - 4tc_n)\right\} =: \exp(g(x)).$$

由于$g'(x) = t - x(1 - 4tc_n)$, $g(x)$ 在$x_0 = \frac{t}{1-4tc_n}$ 达到极大值. 注意$c_n < 1/8t$, 因此$x_0 \in I_3$, 从而当$t \in I_2$ 时,

$$\begin{aligned} g(x) &\leqslant g(t(1-\beta)) \\ &= t^2(1-\beta) - \frac{t^2(1-\beta^2)}{2} + 2t^3(1-\beta^2)c_n \\ &= \frac{t^2}{2}\left(1 - \beta^2 + 4tc_n(1-\beta)^2\right). \end{aligned}$$

取c_n充分小, 使c_n不仅满足$1/c_n > 8t \vee M$, 还满足

$$4tc_n(1-\beta)^2 < \frac{\beta^2}{2},$$

于是

$$\begin{aligned} J_2 &= t\int_0^{t(1-\beta)} \exp\{tx\} q(x)\mathrm{d}x \\ &< t\int_0^{t(1-\beta)} \exp\{g(x)\}\mathrm{d}x \\ &< t^2(1-\beta)\exp\left\{\frac{t^2}{2}\left(1 - \frac{\beta^2}{2}\right)\right\} \\ &< t^2\exp\left\{\frac{t^2}{2}\left(1 - \frac{\beta^2}{2}\right)\right\}. \end{aligned}$$

对$x \in I_4$, 则有

$$g(x) \leqslant g(t(1+\beta)) = \frac{t^2}{2}\left(1 - \beta^2 + 4tc_n(1+\beta)^2\right).$$

当c_n 充分小, 满足$4tc_n(1+\beta)^2 < \beta^2/2$ 时,

$$g(x) \leqslant \frac{t^2}{2}\left(1 - \frac{\beta^2}{2}\right), \quad x \in I_4$$

于是

$$J_4 = t\int_{t(1+\beta)}^{8t} \exp(tx)q(x)\mathrm{d}x < t\int_{t(1+\beta)}^{8t} \exp\{g(x)\}\mathrm{d}x$$
$$< 8t^2 \exp\left\{\frac{t^2}{2}\left(1-\frac{\beta^2}{2}\right)\right\}.$$

对任一固定$\beta \in (0,1)$, 选取$\alpha = \beta^2/4$, 令$t = \varepsilon/(1-\beta)$, 则

$$J_2 + J_4 < 9t^2 \exp\left\{\frac{t^2}{2}\left(1-\frac{\beta^2}{2}\right)\right\} = 9t^2 \exp\left\{-\frac{\beta^2}{8}\right\}\exp\left\{\frac{t^2}{2}\left(1-\frac{\beta^2}{4}\right)\right\},$$

由(6.3.13)有

$$J_2 + J_4 < \frac{1}{4}E\left(\exp\left\{\frac{tS_n}{\sigma_n}\right\}\right),$$

此时ε 充分大.

由于$E(X_k) = 0$, 所以$E(S_n) = 0$, 从而$P(S_n > 0) > 0$, 这意味着, 当t 增大时(即ε 增大时), $E(\exp\{tS_n/\sigma_n\})$ 也增大, 因此对充分大的ε, $\frac{1}{4}E\left(\exp\left\{\frac{tS_n}{\sigma_n}\right\}\right) > 2$, 由(6.3.14)得

$$J_1 + J_5 < \frac{1}{4}E\left(\exp\left\{\frac{tS_n}{\sigma_n}\right\}\right). \tag{6.3.15}$$

因为$J_1 + J_2 + J_3 + J_4 + J_5 = E(\exp\{tS_n/\sigma_n\})$, 所以

$$J_3 > \frac{1}{2}E\left(\exp\left\{\frac{tS_n}{\sigma_n}\right\}\right), \tag{6.3.16}$$

但是

$$J_3 = t\int_{t(1-\beta)}^{t(1+\beta)} q(x)\exp\{tx\}\mathrm{d}x \leqslant 2t^2\beta\exp\left\{t^2(1+\beta)\right\}q\left(t(1-\beta)\right),$$

注意$t = \varepsilon/(1-\beta)$, 有

$$J_3 \leqslant 2t^2\beta q(\varepsilon)\exp\left\{t^2(1+\beta)\right\}, \tag{6.3.17}$$

根据(6.3.13)、(6.3.16)和(6.3.17)得

$$2t^2\beta q(\varepsilon)\exp\left\{t^2(1+\beta)\right\} > \frac{1}{2}\exp\left\{\frac{t^2(1-\alpha)}{2}\right\},$$

从而

$$q(\varepsilon) > \left(\frac{1}{4t^2\beta}\right)\exp\left\{\frac{t^2}{2} - \frac{\alpha t^2}{2} - t^2 - \beta t^2\right\}$$
$$= \left(4t^2\beta\right)^{-1}\exp\left\{\frac{t^2\alpha}{2}\right\}\exp\left\{-\frac{t^2}{2} - \alpha t^2 - \beta t^2\right\}$$
$$= \left(4t^2\beta\right)^{-1}\exp\left\{\frac{t^2\alpha}{2}\right\}\exp\left\{\frac{1}{2}\left[-t^2(1+2\alpha+2\beta)\right]\right\}.$$

当$t\to\infty$ 时, $(4t^2\beta)^{-1}\exp\{t^2\alpha/2\}\to\infty$, 因此当$\varepsilon$ 充分大时,

$$\begin{aligned}q(\varepsilon)&>\exp\left\{\frac{1}{2}\left[-t^2(1+2\alpha+2\beta)\right]\right\}\\&=\exp\left\{\frac{-\varepsilon^2}{2}\cdot\frac{(1+2\alpha+2\beta)}{(1-\beta)^2}\right\},\quad t=\varepsilon(1-\beta).\end{aligned}$$

现在给定$\gamma>0$, 注意$\alpha=\beta^2/4$, 选取充分小的β 使

$$\frac{1+2\alpha+2\beta}{(1-\beta)^2}=\frac{1+2\beta+\beta^2/2}{(1-\beta)^2}\leqslant 1+\gamma,$$

于是ε 充分大且c_n 充分小时,

$$q(\varepsilon)>\exp\left\{-\frac{\varepsilon^2(1+\gamma)}{2}\right\}.$$

定理证毕.

引理6.3.2 设X是具有有限二阶矩的随机变量, 以$m(X)$表示X 的中位数, 则$|E(X)-m(X)|\leqslant\sqrt{2\,\mathrm{var}(X)}$.

证明 任意给定$\delta>0$, 由Chebyshev不等式(见(4.1.3)),

$$P\left(|X-E(X)|\right)\leqslant\sqrt{(2+\delta)\,\mathrm{var}(X)}\geqslant 1-\frac{1}{2+\delta}>\frac{1}{2},$$

从而

$$P\left(X\geqslant E(X)-\sqrt{(2+\delta)\,\mathrm{var}(X)}\right)>\frac{1}{2}$$

且

$$P\left(X\leqslant E(X)+\sqrt{(2+\delta)\,\mathrm{var}(X)}\right)>\frac{1}{2},$$

由$m(x)$ 的定义知

$$E(X)-\sqrt{(2+\delta)\mathrm{var}(X)}\leqslant m(X)\leqslant E(X)+\sqrt{(2+\delta)\,\mathrm{var}(X)},$$

让δ 趋于零, 则得引理. 证毕.

引理6.3.3 若$X_1,\cdots,X_n$ 独立, 具有有限二阶矩且$E(X_k)=0,\ 1\leqslant k\leqslant n$. 令$S_k=\sum\limits_{i=1}^{k}X_i, 1\leqslant k\leqslant n$, 则

$$P\left(\max_{1\leqslant k\leqslant n}S_k\geqslant\varepsilon\right)\leqslant 2P\left(S_n\geqslant\varepsilon-\sqrt{2\,\mathrm{var}(S_n)}\right).$$

证明 因为$E(S_k-S_n)=0$, 所以根据引理6.3.2有

$$|m(S_k-S_n)|\leqslant\sqrt{2\,\mathrm{var}(S_k-S_n)}\leqslant\sqrt{2\,\mathrm{var}(S_n)}.$$

再由引理6.2.2得

$$\begin{aligned}P\left(\max_{1\leqslant k\leqslant n} S_k \geqslant \varepsilon\right) &= P\left(\bigcup_{k=1}^{n}\{S_k \geqslant \varepsilon\}\right)\\ &\leqslant P\left(\bigcup_{k=1}^{n}\left\{S_k - m(S_k - S_n) \geqslant \varepsilon - \sqrt{2\operatorname{var}(S_n)}\right\}\right)\\ &= P\left(\max_{1\leqslant k\leqslant n}\{S_k - m(S_k - S_n)\}\right) \geqslant \varepsilon - \sqrt{2\operatorname{var}(S_n)}\\ &\leqslant 2P\left(S_n \geqslant \varepsilon - \sqrt{2\operatorname{var}(S_n)}\right).\end{aligned}$$

引理证毕.

引理6.3.4 设$\{b_n, n\geqslant 1\}$为一个非降的正数列, $b_n\to\infty$, $b_{n+1}/b_n\to 1, n\to\infty$, 则对任意的$C>1$, 存在一个单调上升列$n_k$ 使$b_{n_k}/C^k\to 1$, 当$k\to\infty$.

引理6.3.5 若$b_n>0, b_n\to\infty, b_n/b_{n-1}\to C\geqslant 1$,当$n\to\infty$,则$\log b_n/\log b_{n-1}\to 1$, 当$n\to\infty$时.

上述两个引理的证明留给读者作为练习.

定理6.3.3 (Kolmogorov重对数律) 设$\{X_n, n\geqslant 1\}$ 是一个独立随机变量序列, $d_n := \operatorname{ess\,sup} X_n < \infty$ 且$E(X_n) = 0$. 令$S_n = \sum\limits_{i=1}^{n} X_i, \sigma_n^2 = \operatorname{var}(S_n)$. 若$\sigma_n^2\to\infty$ 且$d_n = o\left(\sqrt{\sigma_n^2/\log\log\sigma_n^2}\right)$,当$n\to\infty$ 时, 则有

$$\limsup_{n\to\infty}\frac{S_n}{\sqrt{2\sigma_n^2\log\log\sigma_n^2}} = 1 \text{ a.s.}.$$

证明 任取ε 和δ 满足$1>\varepsilon>\delta>0$. 记$t_n = \left(2\log\log\sigma_n^2\right)^{1/2}$. 若能证明下面两个等式, 则定理得证:

$$P\left(S_n > (1+\delta)\sigma_n t_n \text{ i.o.}\right) = 0 \tag{6.3.18}$$

和

$$P\left(S_n > (1-\varepsilon)\sigma_n t_n \text{ i.o.}\right) = 1. \tag{6.3.19}$$

注意$\{A_n \text{ i.o.}\} = \limsup\limits_{n} A_n$. 先考虑(6.3.18)

取c 满足$1+\delta > c > 1$. 注意:

$$\operatorname{var}(X_n) = E(X_n^2) \leqslant d_n^2 = o\left(\frac{\sigma_n^2}{\log\log\sigma_n^2}\right) = \frac{\sigma_n^2}{\log\log\sigma_n^2}\cdot o(1),$$

从而

$$\frac{\sigma_{n+1}^2}{\sigma_n^2} = 1 + \frac{\operatorname{var}(X_{n+1})}{\sigma_n^2} = 1 + \frac{\sigma_{n+1}^2}{\sigma_n^2}\cdot\frac{o(1)}{\log\log\sigma_{n+1}^2},$$

由上式有

$$\frac{\sigma_{n+1}^2}{\sigma_n^2}\left(1-\frac{o(1)}{\log\log\sigma_n^2}\right)=1,$$

但$\log\log\sigma_n^2\to\infty$, 故$\sigma_{n+1}^2/\sigma_n^2\to 1$, 当$n\to\infty$ 时, 根据引理6.3.4, 存在子列n_k使$\sigma_{n_k}/C^k\to 1$ 当$k\to\infty$ 时, 于是由引理6.3.5知, $t_{n_k}/t_{n_{k-1}}\to 1$, 当$k\to\infty$ 时, 故而

$$\frac{(1+\delta)\sigma_{n_{k-1}}t_{n_{k-1}}}{((1+\delta)/c)\,\sigma_{n_k}t_{n_k}}\to 1,\quad k\to\infty. \tag{6.3.20}$$

记

$$S_{n_k}^*=\max\left\{S_j:1\leqslant j\leqslant n_k\right\},\quad k(n)=\max\left\{k:n_k\leqslant n\right\},$$

则$n_{k(m)}=\max\left\{n_k:n_k\leqslant m\right\}$. 因为$\{\sigma_n t_n,n\geqslant 1\}$ 单调上升, 故

$$\begin{aligned}\{S_m>(1+\delta)\sigma_m t_m\text{i.o.}\}&\subset\left\{S_m>(1+\delta)\sigma_{n_{k(m)}}t_{n_{k(m)}}\text{i.o.}\right\}\\&\subset\left\{S_{n_{k(m)+1}}^*>(1+\delta)\sigma_{n_{k(m)}}t_{n_{k(m)}}\text{i.o.}\right\}\\&\subset\left\{S_{n_{k+1}}^*>(1+\delta)\sigma_{n_k}t_{n_k}\text{i.o.}\right\}.\end{aligned}$$

选取$\xi>0$ 使$(1+\delta)/c>1+\xi$, 根据(6.3.20)有

$$\left\{S_{n_{k+1}}^*>(1+\delta)\sigma_{n_k}t_{n_k}\text{i.o}\right\}\subset\left\{S_{n_k}^*\geqslant(1+\xi)\sigma_{n_k}t_{n_k}\text{i.o.}\right\},$$

因此为证(6.3.18), 只需证

$$P\left(S_{n_k}^*\geqslant(1+\xi)\sigma_{n_k}t_{n_k}\text{i.o.}\right)=0,$$

而由Borel-Cantelli引理知, 只需证

$$\sum_{k=1}^{\infty}P\left(S_{n_k}^*\geqslant(1+\xi)\sigma_{n_k}t_{n_k}\right)<\infty. \tag{6.3.21}$$

事实上, 由引理6.3.3知,

$$\begin{aligned}P\left(S_{n_k}^*\geqslant(1+\xi)\sigma_{n_k}t_{n_k}\right)&\leqslant 2P\left(S_{n_k}\geqslant(1+\xi)\sigma_{n_k}t_{n_k}-\sqrt{2}\sigma_{n_k}\right)\\&=2P\left(S_{n_k}\geqslant\sigma_{n_k}t_{n_k}\left(1+\xi-\frac{\sqrt{2}}{t_{n_k}}\right)\right)\\&\leqslant 2P\left(S_{n_k}\geqslant\sigma_{n_k}t_{n_k}\left(1+\frac{1}{2}\xi\right)\right),\quad\text{当}k\text{充分大时},\end{aligned}$$

令

$$c_n=\max_{1\leqslant j\leqslant n}\operatorname{ess\,sup}\frac{|X_j|}{\sigma_n},\quad\varepsilon_n=t_n\left(1+\frac{\xi}{2}\right).$$

由条件知

$$\varepsilon_{n_k}c_{n_k}=t_{n_k}\left(1+\frac{\xi}{2}\right)o\left(\frac{1}{t_{n_k}}\right)\to 0,\quad k\to\infty,$$

因此对充分大的k, $0<\varepsilon_{n_k}c_{n_k}<1$. 由定理6.3.1(a)有

$$\begin{aligned}P\left(S_{n_k}\geqslant\sigma_{n_k}t_{n_k}\left(1+\frac{1}{2}\xi\right)\right)&\leqslant\exp\left\{-\left[t_{n_k}^2\frac{(1+\xi/2)^2}{2}\right]\left(1-\frac{\varepsilon_{n_k}c_{n_k}}{2}\right)\right\}\\&=\exp\left\{-\left(1+\frac{1}{2}\xi\right)^2\left(1-\frac{\varepsilon_{n_k}c_{n_k}}{2}\right)\log\log\sigma_{n_k}^2\right\},\end{aligned}$$

正如前面所指出的, $\varepsilon_{n_k}c_{n_k}\to 0$, 故存在$\eta>0$ 使得k 充分大时,

$$\left(1+\frac{1}{2}\xi\right)^2\left(1-\frac{\varepsilon_{n_k}c_{n_k}}{2}\right)>1+\eta,$$

而$\sigma_{n_k}/c^k\to 1$, 因此

$$\begin{aligned}&P\left(S_{n_k}>\sigma_{n_k}t_{n_k}\left(1+\frac{1}{2}\xi\right)\right)\\&\leqslant\exp\left\{-(1+\eta)\log\log c^{2k}\right\}=\frac{1}{(2k\log C)^{1+\eta}},\quad k\text{充分大},\end{aligned}$$

而$\sum\limits_{k\geqslant 1}\left[1/(2k\log c)^{1+\eta}\right]<\infty$, (6.3.18)得证.

设$\{n_k,k\geqslant 1\}$, δ和c 如前所定义. 因为$1>\varepsilon>\delta<0$且$c>1$, 所以存在正整数r使

$$1>(1-\delta)\left(1-\frac{1}{c^{2r}}\right)^{1/2}-\frac{2}{c^r}>1-\varepsilon. \tag{6.3.22}$$

令$m_k=n_{rk}$, 则有

$$\frac{\sigma_{m_{k+1}}}{\sigma_{m_k}}=\prod_{j=1}^{r}\left(\frac{\sigma_{n_{kr+j}}}{\sigma_{n_{kr+j-1}}}\right)\to c^r,\quad k\to\infty,$$

因此

$$\log\left(\frac{\delta_{m_k}^2}{\delta_{m_{j-1}}^2}\right)\to\log c^{2r},$$

而

$$\log\sigma_{m_k}^2=\log\prod_{j=1}^{k}\left(\frac{\sigma_{m_j}^2}{\sigma_{m_{j-1}}^2}\right)=k\left[\frac{1}{k}\sum_{j=1}^{k}\log\left(\frac{\sigma_{m_k}^2}{\sigma_{m_{k-1}}^2}\right)\right],$$

故

$$\frac{\log\sigma_{m_k}^2}{k\log c^{2r}}\to 1,\quad k\to\infty. \tag{6.3.23}$$

记

$$u_k^2 = \sigma_{m_k}^2 - \sigma_{m_{k-1}}^2, \quad v_k^2 = \left(2\log\log u_k^2\right),$$

则

$$\frac{u_k^2}{\sigma_{m_k}^2\left(1-1/c^{2r}\right)} \to 1, \frac{v_k^2}{t_{m_k}^2} \to 1, \quad k \to \infty.$$

考虑事件

$$A_k = \left\{S_{m_k} - S_{m_{k-1}} > (1-\delta)\, u_k v_k\right\}.$$

显然$\{A_k, k \geqslant 1\}$ 是相互独立的.令$w_k = (1-\delta)v_k$ 则$w_k \to \infty$, 当$k \to \infty$.令$\widetilde{c_k} = \max\left\{\operatorname{ess\,sup}|X_j|/u_k : m_{k-1} < n \leqslant m_k\right\}$, 由$u_k$ 的性质:存在$j_k \in \{m_{k-1}+1, \cdots, m_k\}$, 使

$$\widetilde{c_k} = \operatorname{esssup}\frac{|X_{j_k}|}{u_k},$$

且

$$\frac{c_k}{\left[\left(1-1/c^{2r}\right)^{-\frac{1}{2}}\operatorname{esssup}\frac{|X_{j_k}|}{\sigma_{m_k}}\right]\left[\frac{\sigma_{j_k}}{\sigma_{m_k}}\right]} \to 0, \quad k \to \infty,$$

故$\widetilde{c_k} \to 0, k \to \infty$.记$\gamma = 1/(1-\delta) - 1$, 当$k$ 充分大时, 根据定理6.3.1有

$$\begin{aligned}
P\left(A_k\right) &\geqslant \exp\left\{-\frac{1}{2}(1-\delta)^2 v_k^2 (1+\gamma)\right\} \\
&= \exp\left\{-(1-\delta)\log\log u_k^2\right\} \\
&= \frac{1}{\left(\log u_k^2\right)^{1-\delta}},
\end{aligned}$$

根据(6.3.23)知

$$\frac{1/\left(\log u_k^2\right)^{1-\delta}}{1\big/\left(\log C^{2k\gamma}\right)^{1-\delta}} \to 1, \quad k \to \infty,$$

因此$\sum\limits_{k\geqslant 1} P\left(A_k\right) = \infty$, 再用第二Borel-Cantelli引理得

$$P\left(A_k \text{i.o.}\right) = 1.$$

定义

$$B_k = \left\{\left|S_{m_{k-1}}\right| \leqslant 2\sigma_{m_{k-1}} t_{m_{k-1}}\right\}.$$

由(6.3.18)知$P\left(B_k^{\mathrm{c}} \text{ i.o}\right) = 0$, 故

$$P\left(A_k B_k \text{ i.o.}\right) = 1, \tag{6.3.24}$$

但是

$$A_kB_k = \left\{S_{m_k} - S_{m_{k-1}} > (1-\delta)\,u_kv_k, \left|S_{m_{k-1}}\right| \leqslant 2\sigma_{m_{k-1}}t_{m_{k-1}}\right\}$$
$$\subset \left\{S_{m_k} > (1-\delta)\,u_kv_k - 2\sigma_{m_{k-1}}t_{m_{k-1}}\right\}$$

且

$$\frac{u_k^2}{\sigma_{m_k}^2\left(1-1/c^{2\gamma}\right)} \to 1, \quad \frac{v_k}{t_{m_k}} \to 1,$$
$$\frac{\sigma_{m_k}t_{m_k}}{\sigma_{m_{k-1}}t_{m_{k\_1}}} \to c^{\gamma}, \quad k \to \infty.$$

因此有

$$\frac{(1-\delta)\,u_kv_k - 2\sigma_{m_{k-1}}t_{m_{k-1}}}{\left[(1-\delta)\left(1-1/c^{2\gamma}\right) - 2/c^{\gamma}\right]\sigma_{m_k}t_{m_k}} \to 1, \quad k \to \infty,$$

由前面的假设知, k 充分大时必有

$$A_kB_k \subset \{S_{m_k} > (1-\varepsilon)\,\sigma_{m_k}t_{m_k}\}, \tag{6.3.25}$$

用(6.3.24)和(6.3.25)则得

$$P\left(S_{m_k} > (1-\varepsilon)\,\sigma_{m_k}t_{m_k}\text{i.o.}\right) = 1,$$

(6.3.19)得证. 定理证毕.

注意, 定理6.3.3的证明思想来自文献[11].

定理6.3.4 设$\{X_k, k \geqslant 1\}$ 是独立同分布随机变量序列, $E(X_k) = 0$, $\operatorname{var}\left(X_k\right) = 1$, 存在$0 < \delta < 1$, 使$E\left(|X_k|^{2+\delta}\right) < \infty$, 令$S_n = \sum\limits_{i=1}^{n} X_i$, 则

$$\limsup_{n\to\infty} \frac{S_n}{\sqrt{2n\log\log n}} = 1 \text{ a.s.}. \tag{6.3.26}$$

下面仅给出定理6.3.4的证明梗概.

首先证明对任意$0 < \alpha < 1$,

$$P\left(S_n > \alpha\sqrt{2n\log\log n}; \text{i.o.}\right) = 1. \tag{6.3.27}$$

对上述固定α 取$\eta > 0$, 使$0 < \alpha + \eta < 1$. 令$m_k = [\mathrm{e}^{k^{\frac{1}{\alpha+\eta}}}]$. 用中心极限定理和Berry-Essen定理可证得

$$P\left(S_{m_{k+1}} - S_{m_k} \geqslant \alpha\sqrt{2n_{k+1}\log\log n_{k+1}}\right) \geqslant M \cdot \left(\frac{1}{k}\right)^{\frac{\alpha}{\alpha+\eta}}, \tag{6.3.28}$$

其中$n_{k+1}=m_{k+1}-m_k$, M 为常数. 令

$$A_k=\left\{S_{m_{k+1}}-S_{m_k}\geqslant \alpha\sqrt{2\eta_{k+1}\log\log n_{k+1}}\right\},$$
$$B_k=\left\{S_{m_k}\leqslant 2\sqrt{2m_k\log\log m_k}\right\}.$$

再次利用中心极限定理和Berry-Essen定理(见(6.3.5)的证明)则有

$$P\left(B_k^c \text{ i.o.}\right)=0,$$

但根据(6.3.28)知, $P\left(A_k\text{i.o.}\right)=1$, 从而

$$P\left(A_kB_k \text{ i.o.}\right)=1,$$

又当k 充分大时, 存在$\varepsilon>0$ 使$0<\alpha+\varepsilon<1$ 且

$$A_kB_k\subset\left\{S_{m_{k+1}}\geqslant(\alpha+\varepsilon)\sqrt{2m_{k+1}\log\log m_{k+1}}\right\},$$

故

$$P\left(S_{m_k}\geqslant(\alpha+\varepsilon)\sqrt{2m_k\log\log m_k}\text{i.o.}\right)=1,$$

(6.3.27)得证. 下面证明对任意$k>1$,

$$\limsup_{n\to\infty}\frac{S_n}{\sqrt{2n\log\log n}}\leqslant K \quad \text{a.s.} \tag{6.3.29}$$

为此需要下列三个结论(X_k,S_n 如前所定义):

(A) 令$\beta(x)=\sqrt{x/\log\log x}, x\geqslant 4, \beta(x)=1, x\leqslant 3$. 定义

$$X_n(\varepsilon)=X_nI_{\{|X_n|\leqslant\varepsilon\beta(n)\}},\quad n\geqslant 1,\varepsilon>0,$$
$$S_n(\varepsilon)=\sum_{k\leqslant n}\left[X_n(\varepsilon)-E\left(X_n(\varepsilon)\right)\right],\quad n\geqslant 1,$$

则对任意的$\varepsilon>0$,

$$\lim_{n\to\infty}\frac{|S_n-S_n(\varepsilon)|}{\sqrt{2n\log\log n}}=0 \text{ a.s..}$$

(B) 设$Y_1,\cdots,Y_n$ 为独立随机变量, $E\left(Y_i\right)=0$, $\max\limits_{1\leqslant i\leqslant n}|Y_i|\leqslant M$, $M>0$ 为常数, 则对任意$\lambda>0$, 有

$$P\left(\left|\sum_{i=1}^n Y_i\right|\geqslant\lambda\right)\leqslant 2\exp\left\{-\frac{1}{2}\cdot\frac{\lambda^2}{\sum\limits_{i=1}^n\operatorname{var}\left(Y_i\right)+\mu\lambda}\right\}. \tag{6.3.30}$$

(6.3.30)称为Bernstein不等式.

(C) 设$\{Z_n, n \geqslant 1\}$ 是一列独立随机变量, $E(Z_n)=0$, $\sigma^2=\sup\limits_{n\geqslant 1} E(Z_n)<\infty$, 则对任意$\lambda \geqslant 4\sigma$,

$$\sup_{n\geqslant 1}\left(\max_{k\leqslant n}\left|\sum_{r\leqslant k} Z_r\right| \geqslant \lambda\sqrt{n}\right) \leqslant \frac{1}{2}, \tag{6.3.31}$$

而且对任意$k \geqslant 1, x, y>0$,

$$P\left(\max_{k\leqslant n}\left|\sum_{r\leqslant k} Z_r\right| \geqslant x+y\right) P\left(\max_{k\leqslant n}\left|\sum_{r\leqslant k} Z_r\right| \leqslant x\right) \leqslant P\left(\left|\sum_{r\leqslant k} Z_r\right| \geqslant y\right). \tag{6.3.32}$$

利用不等式(6.3.30)~(6.3.32)可证得

$$\sum P\left(\max_{k\leqslant [\mathrm{e}^{\delta n}]}|S_k(\varepsilon)|\right) \geqslant K\sqrt{2[\mathrm{e}^{\delta n}]\log\log[\mathrm{e}^{\delta n}]}+8\sqrt{[\mathrm{e}^{\delta n}]}<\infty,$$

其中$K>1$. 于是对 a.s.ω, 当$n \geqslant n_0(\omega)$ 时,

$$S_{[\mathrm{e}^{\delta n}]}(\varepsilon) \leqslant K\sqrt{2[\mathrm{e}^{\delta n}]\log\log[\mathrm{e}^{\delta n}]}+8\sqrt{[\mathrm{e}^{\delta n}]},$$

进而用本节开篇所举例子中的证明技巧可得

$$\limsup_{n} \frac{S_n(\varepsilon)}{\sqrt{2n\log\log n}} \leqslant K \text{a.s.},$$

再利用结论(A)则得(6.3.29). 至此(6.3.26)得证.

注意 结论(A)、(B)和(C)的证明可参见文献[19]. (6.3.29)的证明思路也来自文献[19]. 另外, 去掉条件"$E\left(|X_k|^{2+\delta}\right)<\infty$, $0<\delta<1$"定理结论也成立, 但证明更复杂.

习 题 6

1. 设$\{X_n, n \geqslant 1\}$是独立的二阶矩有限的随机变量序列, 存在$\gamma>0$使$\operatorname{var}(X_n) \leqslant \gamma, n \geqslant 1$. 令$S_n=\sum\limits_{i=1}^n X_i$, 试证:

$$\frac{S_n-E(S_n)}{n} \xrightarrow{P}, \quad n \to \infty.$$

2. 令$\{X_n, n \geqslant 1\}$是一个i.i.d.随机变量序列, 假设$EX_n=0$, $\operatorname{var}(X_n)<\infty$. 试确定$\alpha$ 的值使得$\sum\limits_{k=1}^n X_k/n^\alpha$依概率收敛.

3. 设$\{X_n, n \geqslant 1\}$是一列相互独立的Cauchy随机变量, 其密度函数为

$$f(x)=\frac{1}{\pi}\left(\frac{1}{1+x^2}\right), \quad x \in \mathbb{R}.$$

试证: $\{X_n, n \geqslant 1\}$不服从弱大数定律, 即不存在序列$\{A_n\}$和$\{B_n\}$, $B_n \to \infty$使

$$\frac{(X_1+\cdots+X_n)-A_n}{B_n} \xrightarrow{P} 0.$$

4. 设$\{X_n, n \geqslant 1\}$独立且具有相同分布F. 试证: 存在序列$\{A_n\}$使$(S_n - A_n)/n$ (其中$S_n = X_1 + \cdots + X_n$)依概率收敛于零的充要条件是$nP(|X_1| > n) \to 0$, 当$n \to \infty$, 此时可取

$$A_n = \int_{-n}^{n} x\mathrm{d}F(x).$$

5. 设$\{X_n, n \geqslant 1\}$是一个i.i.d.序列, $E(X_1) = 0$. 试证$E|S_n|/n \to 0$, 其中$S_n = X_1 + \cdots + X_n$.

6. 设$\{X_n, n \geqslant 1\}$是一列独立随机变量, $S_n = \sum\limits_{i=1}^{n} X_i$.

(a) 假设$\sum\limits_{i=1}^{\infty} X_i^2 < \infty$ a.s., 试证S_n几乎处处收敛当且仅当

$$\sum_{n=1}^{\infty} \int\limits_{|x|\leqslant 1} x\mathrm{d}F_n(x) < \infty,$$

其中F_k是X_k的分布, $k \geqslant 1$;

(b) 假设S_n几乎处处收敛. 试证下列陈述是等价的:

(1) $\sum\limits_{i=1}^{\infty} X_i^2 < \infty$ a.s.,

(2) $\sum\limits_{k=1}^{\infty} \left\{ \int\limits_{|x|\leqslant 1} |x|\mathrm{d}F_k(x) \right\}^2 < \infty$,

(3) $\sum\limits_{k=1}^{\infty} \left\{ \int\limits_{|x|\leqslant 1} x\mathrm{d}F_k(x) \right\}^2 < \infty$, 其中$F_k$ 是X_k 的分布.

7. 设$\{X_n, n \geqslant 1\}$ 是一列独立随机变量, 试证:

$$\sum_{i=1}^{\infty} X_i^2 < \infty \ \text{a.s.} \ 当且仅当 \sum_{i=1}^{\infty} E\left(\frac{X_i^2}{1+X_i^2}\right) < \infty.$$

8. (a) 设$\{X_n, n \geqslant 1\}$ 是一个i.i.d.随机变量序列, $EX_1 = 0$. 又设存在$0 < \delta < 1$ 使$E|X_1|^{1+\delta} = \infty$. 试证: 若令$S_n = \sum\limits_{i=1}^{n} X_i$, 则

$$P(|S_n| > a_n \ \text{i.o.}) = \begin{cases} 1, & a_n = n^{1/(1+\delta)}, \\ 0, & a_n = n, \end{cases}$$

对任意满足下列条件的序列$\{a_n,\ n \geqslant 1\}$: 存在$0 < \varepsilon < 1$ 使$a_n n^{-\left(\frac{1}{1+\varepsilon}\right)} \uparrow$,但$a_n n^{-1} \downarrow$, 试证:

$$P\left(|S_n| > a_n \ \text{i.o.}\right) = \begin{cases} 1, & \sum\limits_{n=1}^{\infty} P\left(|X_n| \geqslant a_n\right) = \infty, \\ 0, & \sum\limits_{n=1}^{\infty} P\left(|X_n| \geqslant a_n\right) < \infty; \end{cases}$$

(b) 若$E\left(|X_1|\right) = \infty$, $a_n = n$, 则有$P\left(|S_n| > a_n \ \text{i.o.}\right) = 1$. 进而, 对任意序列$\{a_n, n \geqslant 1\}$, 只要$a_n \cdot n^{-1} \uparrow$, 则有

$$P\left(|S_n| > a_n \text{i.o.}\right) = \begin{cases} 1, & \sum\limits_{n=1}^{\infty} P\left(|X_n| \geqslant a_n\right) = \infty, \\ 0, & \sum\limits_{n=1}^{\infty} P\left(|X_n| \geqslant a_n\right) < \infty; \end{cases}$$

9. 设$\{X_n, n \geqslant 1\}$ 是一列相互独立的随机变量, $EX_n = 0, E\left(X_n^2\right) < \infty, n \geqslant 1$. 令

$$S_n = \sum_{i=1}^{n} X_i, \quad s_n^2 = \sum_{i=1}^{n} E\left(X_i^2\right), \quad n \geqslant 1.$$

又设$\{k_n, n \geqslant 1\}$是一列正数且$k_n \to 0$, 当$n \to \infty$, 还假设$n \to \infty$时, $s_n^2 \to \infty$. 试证: 若

$$\sum_{n=1}^{\infty} (k_n s_n)^{-2} \log\log \int\limits_{|x| > s_n k_n / \log\log s_n^2} x^2 \mathrm{d}F_n(x) < \infty,$$

则

$$\limsup_{n \to \infty} \frac{S_n}{\left(2s_n^2 \log\log s_n^2\right)^{1/2}} = 1 \quad \text{a.s.},$$

其中F_n 是X_n 的分布.

10. 设$\{X_n, n \geqslant 1\}$是一列相互独立的标准正态随机变量, 试证: 令$S_n = \sum\limits_{i=1}^{n} X_i$, 则

$$\limsup_{n \to \infty} \frac{S_n}{\sqrt{2n \log\log n}} = 1 \quad \text{a.s.}.$$

第7章 离散鞅论

本章的内容安排及主要定理的证明参照文献[1].

7.1 鞅的基本概念

前面两章讨论了独立随机变量序列的极限理论. 本章要介绍一类重要的相依随机变量序列——离散鞅.鞅序列的一个常见例子是“公平的赌博”,考虑一串随机变量序列$X_1, X_2, \cdots$,以X_n表示n次赌博之后的所得, 在已知前n次所得的条件下, 第$n+1$次赌博的预计所得为$E(X_{n+1}|X_1, \cdots, X_n)$, 当$E(X_{n+1}|X_1, \cdots, X_n) = X_n$时, 称这一赌博为公平的, 因为此时第$n$+1次增长是$E(X_{n+1} - X_n|X_1, \cdots, X_n) = 0$. 序列$\{X_n, n \geqslant 1\}$是一个离散鞅.

定义7.1.1 设$(\Omega, \mathcal{F}, P)$是一个概率空间, $\{X_n, n \geqslant 1\}$是$(\Omega, \mathcal{F}, P)$上一列可积的随机变量. 又设$\mathcal{F}_1 \subset \mathcal{F}_2 \subset \cdots \subset \mathcal{F}_n \subset \cdots$ 是$\mathcal{F}$的一列单调上升子σ 代数,X_n是$\mathcal{F}_n$可测的. 称$\{X_n, \mathcal{F}_n, n \geqslant 1\}$为一个鞅(或$\{X_n, n \geqslant 1\}$是一个关于$\{\mathcal{F}_n, n \geqslant 1\}$的鞅), 如果$E(X_{n+1}|F_n) = X_n$ a.s.; 称$\{X_n, \mathcal{F}_n, n \geqslant 1\}$为一个上(下)鞅, 如果$E(X_{n+1}\,|\mathcal{F}_n) \leqslant X_n$ a.s. $((E\,|X_{n+1}|\,\mathcal{F}_n) \geqslant X_n$ a.s.).

注7.1.1 若$\mathcal{F}_n = \sigma(X_1, \cdots, X_n), \{X_n, \mathcal{F}_n, n \geqslant 1\}$ 为鞅(上鞅或下鞅), 则简称$\{X_n, n \geqslant 1\}$ 为鞅(上鞅或下鞅).

注7.1.2 若$\{X_n, \mathcal{F}_n, n \geqslant 1\}$ 为一个鞅, 则

$$E(X_{n+k}\,|\mathcal{F}_n) = X_n \text{ a.s.}, \quad n, k = 1, 2, 3, \cdots.$$

注7.1.3 $\{X_n, \mathcal{F}_n, n \geqslant 1\}$ 是一个鞅当且仅当

$$\int\limits_A X_n \,\mathrm{d}P = \int\limits_A X_{n+1} \,\mathrm{d}P, \quad \forall A \in \mathcal{F}_n, n = 1, 2, \cdots.$$

注7.1.4 若$\{X_n, \mathcal{F}_n, n \geqslant 1\}$为下鞅,则$\{-X_n, \mathcal{F}_n, n \geqslant 1\}$为上鞅;若$\{X_n, \mathcal{F}_n, n \geqslant 1\}$ 与$\{Y_n, \mathcal{F}_n, n \geqslant 1\}$ 均为上鞅, 则$\{\min\{X_n, Y_n\}, \mathcal{F}_n, n \geqslant 1\}$ 为上鞅; 若$\{X_n, \mathcal{F}_n, n \geqslant 1\}$ 与$\{Y_n, \mathcal{F}_n, n \geqslant 1\}$ 均为下鞅, 则$\{\max\{X_n, Y_n\}, \mathcal{F}_n, n \geqslant 1\}$ 亦为下鞅.

注7.1.5 设$I \subset \mathbb{Z}$, 若$\{X_n, \mathcal{F}_n, n \geqslant 1\}$ 满足: X_n可积, $\mathcal{F}_n$ 单调上升, 即$\forall m \geqslant n \in I$, $\mathcal{F}_n \subset \mathcal{F}_m$ 且

$$E(X_m\,|\mathcal{F}_n) = (\geqslant, \leqslant) X_n \text{ a.s.}, \quad m.n \subset I, m > n,$$

则称$\{X_n, \mathcal{F}_n, n \subset I\}$ 为一个鞅(下鞅、上鞅).

例7.1.1 设$Y_1, Y_2, \cdots$ 为相互独立且期望为零的随机变量, 令$X_n = \sum\limits_{k=1}^{n} Y_k, \mathcal{F}_n = \sigma(Y_1, \cdots Y_n)$, 则$\{X_n, \mathcal{F}_n, n \geqslant 1\}$ 为一个鞅.

例7.1.2 设Y 是$(\Omega, \mathcal{F}, P)$ 上的可积随机变量, $\{\mathcal{F}_n, n \geqslant 1\}$ 是$\mathcal{F}$ 的一列上升的子σ 代数, 则$\{E(Y|\mathcal{F}_n), \mathcal{F}_n, n \geqslant 1\}$ 为一个鞅.

本章主要定理的证明参照文献[1].

7.2 鞅不等式和鞅的几乎处处收敛性

命题7.2.1 设$\{X_n, \mathcal{F}_n, n \geqslant 1\}$ 为一个下鞅, 定义$E_1, E_2, \cdots$ 如下:

$$E_k = \begin{cases} 1, & (X_1, \cdots, X_k) \in B_k, \\ 0, & (X_1, \cdots, X_k) \notin B_k, \end{cases}$$

其中$B_k \in \mathcal{B}(\mathbb{R}^k)$. 令

$$Y_1 = X_1, Y_n = X_1 + E_1(X_2 - X_1) + \cdots + E_{n-1}(X_n - X_{n-1}), \quad n \geqslant 2,$$

则$\{Y_n, \mathcal{F}_n, n \geqslant 1\}$ 亦为下鞅且$E(Y_n) \leqslant E(X_n), n \in \mathbb{N}$. 进而, 若$\{X_n, \mathcal{F}_n, n \geqslant 1\}$ 是鞅, 则$\{Y_n, \mathcal{F}_n, n \geqslant 1\}$ 亦然且$E(X_n) \leqslant E(Y_n), n \in \mathbb{N}$.

证明 由Y_n的定义知Y_n是可积的且Y_n关于$\mathcal{F}_n$可测. 因为E_n 关于$\mathcal{F}_n$可测, 所以

$$E(Y_{n+1}|\mathcal{F}_n) = Y_n + E_n E(X_{n+1} - X_n|\mathcal{F}_n),$$

故X_n为鞅时,

$$E(Y_{n+1}|\mathcal{F}_n) = Y_n + E_n(X_n - X_n) = Y_n;$$

X_n为下鞅时,

$$E(Y_{n+1}|\mathcal{F}_n) \geqslant Y_n + E_n(X_n - X_n) = Y_n.$$

由于$X_1 = Y_1$, 所以$E(X_1) = E(Y_1)$. 假设$\{X_n, \mathcal{F}_n, n \geqslant 1\}$ 为下鞅且$E(X_k - Y_k) \geqslant 0$. 对$k+1$ 则有

$$X_{k+1} - Y_{k+1} = (1 - E_k)(X_{k+1} - X_k) + (X_k - Y_k),$$

从而

$$\begin{aligned} E(X_{k+1} - Y_{k+1}|\mathcal{F}_k) =& (1 - E_k)E(X_{k+1} - X_k|\mathcal{F}_k) + E(X_k - Y_k|\mathcal{F}_k) \\ \geqslant& E(X_k - Y_k|\mathcal{F}_k) = X_k - Y_k, \end{aligned}$$

对不等两边取期望则得

$$E(X_{k+1} - Y_{k+1}) \geqslant E(X_k - Y_k) \geqslant 0.$$

因此$E(Y_n) \leqslant E(X_n), \forall n \in \mathbb{N}$. 类似可证, 当$\{X_n, F_n, n \geqslant 1\}$ 为鞅时, 总有$E(X_n) = E(Y_n), \forall n \in \mathbb{N}$.

定理7.2.1(上穿不等式) 设$\{X_k, \mathcal{F}_k, k = 1, 2, \cdots, n\}$ 为一个下鞅. 又设$a, b \in \mathbb{R}, a < b$. 令$U_{ab}$ 为$X_1, \cdots, X_n$ 向上穿越区间(a, b)的次数. U_{ab} 的严格数学定义如下:

令

$$T_1 = T_1(w) = \inf\{i \leqslant n : X_i(w) \leqslant a\},$$
$$T_2 = T_2(w) = \inf\{i > T_1 : X_i(w) \geqslant b\},$$

依次定义$T_3, T_4, \cdots$. 令$T_i = \infty$, 若满足相应条件的正整数集合是空集.设N是全体取有限值的T_i 的个数, 定义

$$U_{ab} = \begin{cases} \frac{N}{2}, & N\text{为偶数}, \\ \frac{N-1}{2}, & N\text{为奇数}, \end{cases}$$

则

$$E(U_{ab}) \leqslant \frac{1}{b-a} E((X_n - a)^+).$$

证明 先假设$a = 0$ 且所有的$X_j \geqslant 0$. 令$T_0 \equiv 1$. 再令

$$E_j = \begin{cases} 1, & T_i \leqslant j < T_{i+1}, i\text{为偶数}, i \geqslant 0, \\ 0, & T_i \leqslant j < T_{i+1}, i\text{为奇数}, i \geqslant 1, \end{cases}$$

易见

$$\{E_j = 1\} = \bigcup_{i\text{为奇数}} \{T_i \leqslant j < T_{i+1}\},$$

而当i为奇数时,

$$\{T_i \leqslant j < T_{i+1}\} = \left\{X_j < b\text{且在}X_1, \cdots, X_j\text{中恰有}\frac{i-1}{2}\text{次向上穿越}\right\}.$$

总之, 存在$B_j \in \mathcal{B}(\mathbb{R}^j)$ 使

$$\{E_j = 1\} = \{(X_1, \cdots, X_j) \in B_j\}.$$

定义

$$Y_1 = X_1,$$
$$Y_k = X_1 + E_1(X_2 - X_1) + \cdots + E_{k-1}(X_k - X_{k-1}), \quad n \geqslant k \geqslant 2.$$

当N为偶数时, $X_k = 0, k > T_N$, 所以

$$\begin{aligned} Y_n =& X_1 + \sum_{T_1 \leqslant k < T_2} E_k(X_{k+1} - X_k) + \cdots + \sum_{T_{N-1} \leqslant k < T_N} E_k(X_{k+1} - X_k) \\ =& X_1 + (X_{T_2} - X_{T_1}) + (X_{T_4} - X_{T_3}) + \cdots + (X_{T_N} - X_{T_{N-1}}) \\ \geqslant& bU_{ab}, \end{aligned}$$

而当N为奇数, $\sum\limits_{k\geqslant T_N} E_k(X_{k+1}-X_k)=X_n\geqslant 0$, 故

$$\begin{aligned}Y_n &\geqslant X_1+\sum_{T_1\leqslant k<T_2} E_k(X_{k+1}-X_k)+\cdots+\sum_{T_{N-1}\leqslant k<T_N} E_k(X_{k+1}-X_k)\\ &\geqslant bU_{ab},\end{aligned}$$

总之, 在任何情况下均有

$$Y_n\geqslant bU_{ab}. \tag{7.2.1}$$

由命题7.2.1知$\{Y_k,\mathcal{F}_k,k=1,\cdots,n\}$是一个下鞅, 而且$E(Y_n)\leqslant E(X_n)$.根据(7.2.1)有

$$E(U_{ab})\leqslant\frac{1}{b}E(Y_n)\leqslant\frac{1}{b}E(X_n).$$

一般地, 由于$\{(X_k-a)^+,\mathcal{F}_k,k=1,\cdots,n\}$ 是下鞅且$X_k,1\leqslant k\leqslant n$ 穿越(a,b)的次数等于$(X_k-a)^+,1\leqslant k\leqslant n$ 穿越$(0,b-a)$的次数, 故由前面证明立得定理的结论. 定理证毕.

定理7.2.2 (Kolmogorov不等式) 设$\{X_n,\mathcal{F}_n,n\geqslant 1\}$ 为鞅, 又设$E(X_n^2)$ 存在, 令

$$X_n^*=\max_{1\leqslant k\leqslant n}|X_k|,\quad X^*=\sup_{k\geqslant 1}|X_k|,$$

则对任意$\lambda>0$ 及任意$n\in\mathbb{N}$ 有

$$\lambda^2P(X_n^*>\lambda)\leqslant E(X_n^2)$$

和

$$\lambda^2P(X^*>\lambda)\leqslant\operatorname*{snp}_{n\geqslant 1}E(X_n^2).$$

证明 参见文献[10].

定理7.2.3 (Doob不等式) 设$\{X_n,\mathcal{F}_n,n\geqslant 1\}$ 是非负下鞅, 则对任意$\lambda>0$ 及任意$n\in\mathbb{N}$ 有

$$P\left(\max_{1\leqslant k\leqslant n}X_k\geqslant\lambda\right)\leqslant\frac{1}{\lambda}E\left(X_kI_{\left\{\max\limits_{1\leqslant k\leqslant n}X_k\geqslant\lambda\right\}}\right)$$

和

$$E\left(\max_{1\leqslant k\leqslant n}X\right)\leqslant\left(\frac{\mathrm{e}}{\mathrm{e}-1}\right)\left[1+E\left(X_k\log^+X_k\right)\right], \tag{7.2.2}$$

式(7.2.2)对鞅序列也成立.

证明 参见文献[10]和[18].

定理7.2.4 (Doob强L^p不等式) 设$\{X_n,\mathcal{F}_n,n\geqslant 1\}$ 为非负下鞅, $p>1$, 则对任意$n\geqslant 1$ 有

$$E\left(\max_{1\leqslant k\leqslant n}X_k^p\right)\leqslant\left(\frac{p}{p-1}\right)^pE(X_n^p).$$

证明 参见文献[18].

下面利用上穿不等式证明鞅的收敛定理.

定理7.2.5 (Doob收敛定理) 设$\{X_n,\mathcal{F}_n,n\geqslant 1\}$ 为一个下鞅, 若$\sup\limits_n E(X_n^+)<\infty$, 则存在可积随机变量$X_\infty$, 使$X_n$ 几乎处处收敛于X_∞.

证明 首先注意

$$\begin{aligned}&P(\{\omega: X_n(\omega)\text{不收敛到}\mathbb{R}\text{中任一个点}\})\\=&P\left(\bigcup_{\substack{a<b,\\a,\,b\text{为有理数}}}\left\{\omega:\liminf_{n\to\infty}X_n(\omega)<a<b<\limsup_{n\to\infty}X_n(\omega)\right\}\right).\end{aligned}$$

若存在有理数$a<b$ 使

$$P\left(\lim_{n\to\infty}X_n<a<b<\limsup_{n\to\infty}X_n\right)>0,$$

则$\{X_n,n\geqslant 1\}$ 以正概率在(a,b) 上有无穷次上穿. 令

$$U_{ab}=\{X_n,n\geqslant 1\}\text{在}(a,b)\text{上上穿的总次数}$$

和

$$U_{ab;n}=\{X_k,1\leqslant k\leqslant n\}\text{在}(a,b)\text{上上穿的总次数},$$

则$U_{ab;n}\uparrow U_{ab}$ 且$E(U_{ab})=\infty$, 但定理7.2.1说明

$$\begin{aligned}E(U_{ab;n})&\leqslant(b-a)^{-1}E((X_n-a)^+)\\&\leqslant(b-a)^{-1}\sup_n(E(X_n^+)+a^-)<\infty.\end{aligned}$$

这与$E(U_{ab})=\infty$ 矛盾. 故X_n 几乎处处收敛于某随机变量X_∞.

由于$|X_n|=2X_n^+-X_n$ 且$E(X_n)\geqslant E(X_1)$,所以

$$E(|X_n|)\leqslant 2\sup_n E(X_n^+)-E(X_1)<\infty,$$

用Fatou引理则得

$$E(|X_\infty|)\leqslant\liminf_{n\to\infty}E(|X_\infty|)<\infty,$$

从而X_∞可积. 定理证毕.

推论7.2.1 设$\{X_n,\mathcal{F}_n,n\geqslant 1\}$ 为一个逆下鞅(即X_n 关于$\mathcal{F}_n$ 可测, $\mathcal{F}_n$ 单调下降, X_n 可积, $E(X_n|\mathcal{F}_{n+1})\geqslant X_{n+1}$ a.s.). 若$\inf\limits_n E(X_n)>-\infty$, 则存在可积随机变量$X_\infty$ 使X_n 几乎处处收敛于X_∞.

证明 沿用定理7.2.5的证明方法. 现在$U_{ab;n}$ 表示下鞅$\{X_n, X_{n+1}, \cdots, X_1\}$在$(a,b)$ 上上穿的次数. 于是

$$E(U_{ab;n}) \leqslant (b-a)^{-1}E((X_1-a)^+) < \infty,$$

仿前证明得:存在随机变量X_∞ 使$X_n \to X_\infty$ a.s. ,又$|X_n| = 2X_n^+ - X_n, E(X_n) \geqslant \inf_n E(X_n) > -\infty$ 及$\{X_n^+, \cdots, X_1^+\}$ 是下鞅, 故$E(X_n^+) \leqslant E(X_1^+)$ 且

$$E(|X_n|) \leqslant 2E(X_1^+) - \inf_n E(X_n) < \infty,$$

再用Fatou引理得X_∞ 的可积性. 推论证毕.

注7.2.1 根据定理7.2.5可知, 当$\{X_n, \mathcal{F}_n, n \geqslant 1\}$ 为一个上鞅时, 只要满足条件: $\sup_n E(X_n^-) < \infty$, 则存在可积随机变量X_∞, 使$X_n \to X_\infty$ a.s.; 类似地, 对于逆上鞅$\{X_n, \mathcal{F}_n, n \geqslant 1\}$ 而言, 当$\sup_n E(X_n) < \infty$ 时, $\{X_n, n \geqslant 1\}$ 也具有a.s.极限X_∞, X_∞ 亦可积.

注7.2.2 当定理7.2.5中条件不满足时, 鞅序列也可能有有限的a.s. 极限. 考虑如下例子:

设$\{X_n, n \geqslant 0\}$ 是一个整数格子点上的马氏链(即X_n 是一列取值于$\mathbb{Z}$ 的随机变量), 任取$n \geqslant 1$ 及$i_0, i_1, \cdots, i_n$, 总有

$$P(X_n = in\,|X_{n-1} = i_{n-1}, \cdots, X_1 = i_1, X_0 = i_0) = P(X_n = in\,|X_{n-1} = i_{n-1}),$$

$$\begin{aligned}
&X_0 \equiv 0,\\
&P(X_{n+1} = n+1\,|X_n = n) = p_{n+1},\\
&P(X_{n+1} = -(n+1)\,|X_n = n) = 1 - p_{n+1}\\
&P(X_{n+1} = -k\,|X_n = -k) = 1, \quad n = 0,1,2,\cdots, k = 1,2,\cdots.
\end{aligned}$$

首先证明: 当$p_{n+1} = (2n+1)/(2n+2)$ 时, $\{X_n, n \geqslant 1\}$ 是鞅. 事实上, 由于$\{X_n, n \geqslant 0\}$ 是马氏链, 故要证$\{X_n, n \geqslant 1\}$ 是鞅, 只需证

$$\int_{\{X_n=i\}} X_n \,\mathrm{d}P = \int_{\{X_n=i\}} X_{n+1} \,\mathrm{d}P, \quad i \in R(X_n), n \geqslant 1,$$

$R(X_n)$ 表示X_n 的值域. 根据假设, $R(X_n) = \{n, -1, -2, \cdots, -n\}$.

注意

$$\int_{\{X_n=i\}} X_{n+1}\,\mathrm{d}P$$

$$=(n+1)P(X_{n+1}=n+1,X_n=i)+\sum_{j=1}^{n+1}(-j)P(X_{n+1}=-j,X_n=i)$$

$$=\begin{cases}(n+1)P(X_n=n)(2p_{n+1}-1), & i=n,\\ -jP(X_n=-j), & i=-j,j=1,2,\cdots,n,\end{cases}$$

从上式立得

$$\int_{\{X_n=-j\}} X_n\,\mathrm{d}P=\int_{\{X_n=-j\}} X_{n+1}\,\mathrm{d}P,\quad j=1,2,\cdots,n,$$

而$p_{n+1}=(2n+1)/(2n+2)$, 于是

$$(n+1)P(X_n=n)(2P_{n+1}-1)=nP(X_n=n),$$

此即

$$\int_{\{X_n=n\}} X_n\,\mathrm{d}P=\int_{\{X_n=n\}} X_{n+1}\,\mathrm{d}P,$$

总之, $\{X_n,n\geqslant 1\}$ 为鞅.

其次, 证明X_n a.s. 收敛, 但$E(|X_n|)\to\infty$, 当 $n\to\infty$ 时.

事实上,

$$E(|X_n|)\geqslant nP(X_n=n)=np_1p_2\cdots p_n,$$

又$p_n=1-1/(2n)$, 取$\delta>0$ 满足$(1+\delta)^2<2$, 当n充分大时,

$$\log p_n\geqslant-\frac{1+\delta}{2}\cdot\frac{1}{n},$$

故存在常数$M<0$, 使

$$\log(np_1\cdots p_n)\leqslant\log n-\frac{1+\delta}{2}\left(1+\frac{1}{2}+\cdots+\frac{1}{n}\right)+M,$$

而n充分大时, $1+1/2+\cdots+1/n\leqslant(1+\delta)\log n$, 因此存在$1>c>0$ 使

$$\log(np_1\cdots p_n)\geqslant c\log n,$$

这意味着$E(|X_1|)\to\infty$, 当$n\to\infty$ 时. 下证X_n 的收敛性. 令

$$A_1=\{X_1=-1,X_2=-1,\cdots\},\quad A_2=\{X_1=1,X_2=-2,X_3=-2,\cdots\},\quad\cdots,$$

$$A_n=\{X_1=1,X_2=2,\cdots,X_{n-1}=n-1,X_n=-n,X_{n+1}=-n,\cdots\},$$

$n > 2$, 则有

$$P\left(\bigcup_{i=1}^{\infty} A_i\right) = 1,$$

在每个A_i 上, $X_n \to -i$, 当$n \to \infty$ 时, 令$X_\infty = \sum_{i=1}^{\infty}(-i)I_{A_i}$, 则$X_n \to X_\infty$ a.s., 不过X_∞ 不可积, 因为

$$E(|X_\infty|) = \sum_i iP(A_i) = \infty.$$

7.3 一致可积性与鞅的L^p收敛性

定义7.3.1 设$f_1, f_2, \cdots$ 是有限测度空间$(\Omega, \mathcal{F}, \mu)$ 上的实值Borel可测函数,称$\{f_n, n \geqslant 1\}$一致可积, 如果

$$\lim_{c\to\infty} \int\limits_{\{|f_n|\geqslant c\}} |f_n| \,\mathrm{d}\,\mu = 0 \quad (\text{对}n\text{一致}).$$

注7.3.1 $\{f_n, n \geqslant 1\}$ 一致可积, 则每个f_n 必然是可积的, 反之则不然, 例如, 取$(\Omega, \mathcal{F}, P)$ 上的均匀随机变量X_n,其密度为$g_n(x) = \frac{1}{2n}I_{(-n,n)}(x), x \in \mathbb{R}$. 显然每个$X_n$ 可积. 但由于

$$\int\limits_{\{|X_n|\geqslant \frac{1}{2}n\}} |X_n| \,\mathrm{d}\,P = \frac{1}{2} \nrightarrow 0, \quad n \to \infty,$$

故根据定义, $\{X_n, n \geqslant 1\}$ 不一致可积.

注7.3.2 若$|f_n| \leqslant g, n \geqslant 1, g$ 可积, 则$\{f_n, n \geqslant 1\}$ 一致可积.

注7.3.3 若$\{f_n, n \geqslant 1\}$ 一致可积. 则$\sup\limits_n \int\limits_\Omega |f_n| \,\mathrm{d}\,\mu < \infty$.

定理7.3.1 设$f_1, f_2, \cdots$ 为一列一致可积的随机变量, 则

(a)

$$\int\limits_\Omega \liminf_{n\to\infty} f_n \,\mathrm{d}\,\mu \leqslant \liminf_{n\to\infty} \int\limits_\Omega f_n \,\mathrm{d}\,\mu \leqslant \limsup_{n\to\infty} \int\limits_\Omega f_n \,\mathrm{d}\,\mu \leqslant \int\limits_\Omega \limsup_{n\to\infty} f_n \,\mathrm{d}\,\mu;$$

(b) 若$f_n \xrightarrow{\mu} f$, 则f可积且

$$\lim_{n\to\infty} \int\limits_\Omega f_n \,\mathrm{d}\,\mu = \int\limits_\Omega f \,\mathrm{d}\,\mu.$$

证明　(a) 对任意$c>0$．f_n 关于μ 的积分可表示成

$$\int_\Omega f_n \,\mathrm{d}\mu = \int_{\{f_n<-c\}} f_n \,\mathrm{d}\mu + \int_{\{f_n\geqslant -c\}} f_n \,\mathrm{d}\mu.$$

给定$\varepsilon>0$，根据$\{f_n, n\geqslant 1\}$ 的一致可积性, 可选c充分大使

$$\left|\int_{\{f_n<-c\}} f_n \,\mathrm{d}\mu\right| < \varepsilon, \quad \forall n\in\mathbb{N}.$$

由于

$$\lim_n \int_\Omega f_n I_{\{f_n\geqslant -c\}} \,\mathrm{d}\mu > -c\mu(\Omega) > -\infty,$$

故用Fatou引理得

$$\begin{aligned}\liminf_{n\to\infty} \int_{\{f_n\geqslant -c\}} f_n \,\mathrm{d}\mu &\geqslant \int_\Omega \liminf_{n\to\infty} f_n I_{\{f_n\geqslant -c\}} \,\mathrm{d}\mu \\ &\geqslant \int_\Omega \liminf_{n\to\infty} f_n \,\mathrm{d}\mu\end{aligned}$$

从而

$$\liminf_{n\to\infty} \int_\Omega f_n \,\mathrm{d}\mu \geqslant \int_\Omega \liminf_{n\to\infty} f_n \,\mathrm{d}\mu - \varepsilon,$$

我们证明了(a)中第一个不等式. 第二个不等式是显然的. 对称地, 用Fatou引理可证第三个不等式.

(b) 若$f_n \to f$ a.e., 则由(a)及注7.3.3得f的可积性和

$$\lim_{n\to\infty} \int_\Omega f_n \,\mathrm{d}\mu = \int_\Omega f \,\mathrm{d}\mu.$$

现设$f_n \xrightarrow{\mu} f$, 由推论1.6.1得: 存在子列n_k 使$f_{n_k} \to f$ a.e.. 于是根据以上证明知: f可积且$\lim\limits_{k\to\infty} \int_\Omega f_{n_k} \,\mathrm{d}\mu = \int_\Omega f \,\mathrm{d}\mu$.

若$\int_\Omega f_n \,\mathrm{d}\mu$ 不收敛到$\int_\Omega f \,\mathrm{d}\mu$，则存在$\varepsilon>0$ 和子列m_j 使

$$\left|\int_\Omega f_{m_j} \,\mathrm{d}\mu - \int_\Omega f \,\mathrm{d}\mu\right| \geqslant \varepsilon.$$

但根据前面的证明知, 存在m_j 的一个子列$m_j^{(1)}$ 使

$$\lim_{j\to\infty} \int_\Omega f_{m_j^{(1)}} \,\mathrm{d}\mu = \int_\Omega f \,\mathrm{d}\mu,$$

矛盾. (b)得证. 定理证毕.

定理7.3.2 设$(\Omega,\mathcal{F},\mu)$ 是有限测度空间. 令$p>0$. 若$f_n \xrightarrow{\mu} f$ 且$\{|f_n|^p, n\geqslant 1\}$ 在$(\Omega,\mathcal{F},\mu)$ 上一致可积, 则

$$f_n \xrightarrow{L^p} f.$$

证明 先设$\{|f_n-f|^p, n\geqslant 1\}$ 一致可积.

因为$f_n \xrightarrow{\mu} f$, 所以$\{|f_n-f|^p \xrightarrow{\mu} 0\}$, 由上面的假设及定理7.3.1(b)得

$$\lim_{k\to\infty}\int_{\Omega}|f_n-f|^p\,\mathrm{d}\mu=0.$$

现在假设$\{|f_n-f|^p, n\geqslant 1\}$ 一致可积.注意下面的不等式:

$$(a+b)^p\leqslant 2^{p-1}(a^p+b^p),\quad a,b>0,p\geqslant 1, \tag{7.3.1}$$

$$(a+b)^p\leqslant a^p+b^p,\quad a,b>0,0<p<1. \tag{7.3.2}$$

根据(7.3.1)和(7.3.2)知, 存在正数$M=M(p)$, 使

$$|f_n-f|^p\leqslant M(|f_n|^p+|f|^p). \tag{7.3.3}$$

由于$f_n \xrightarrow{\mu} f$, 故存在子列n_k 使$|f_{n_k}|^p$ a.e. 收敛于$|f|^p$, 由定理7.3.1(b)知$|f|^p$ 是可积的. 下面只需证$\{|f_n-f|^p, n\geqslant 1\}$ 是一致可积的.对任意的$c>0, c_1>0$,

$$\begin{aligned}\int_{\{|f_n-f|^p>c\}}|f_n-f|^p\,\mathrm{d}\mu\leqslant& M\int_{\{|f_n-f|^p>c\}}|f|^p\,\mathrm{d}\mu+M\int_{\{|f_n-f|^p>c\}}|f_n|^p\,\mathrm{d}\mu\\ =&M\int_{\{|f_n-f|^p>c\}}|f|^p\,\mathrm{d}\mu+M\int_{\{|f_n-f|^p>c,|f_n|^p>c_1\}}|f_n|^p\,\mathrm{d}\mu\\ &+M\int_{\{|f_n-f|^p>c,|f_n|^p<c_1\}}|f_n|^p\,\mathrm{d}\mu\\ \leqslant& M\int_{\{|f_n-f|^p>c\}}|f|^p\,\mathrm{d}\mu+Mc_1\mu(|f_n-f|^p>c)\\ &+M\int_{\{|f_n|^p>c_1\}}|f_n|^p\,\mathrm{d}\mu.\end{aligned}$$

由$\{|f_n|^p, n\geqslant 1\}$ 的一致可积性知: $c_1\to\infty$ 时, $M\int_{\{|f_n|^p\geqslant c_1\}}|f_n|^p\,\mathrm{d}\mu$ 关于n 一致地收敛于0. $\{|f_n|^p, n\geqslant 1\}$ 的一致可积性也推出$\mu(|f_n-f|^p>c)$ 关于n 一致地收敛于0, 当$c\to\infty$ 时. 前面已证$|f|^p$ 是可积的. 而$\{|f_n-f|^p>c\}$ 的μ 测度又一致地

收敛于$0(c\to\infty)$, 故根据命题2.2.2知 $\int\limits_{\{|f_n-f|^p>c\}}|f|^p\,\mathrm{d}\mu$ 一致地收敛于0, 当$c\to\infty$时. 总之, $\{|f_n-f|^p, n\geqslant 1\}$ 是一致可积的. 定理证毕.

引理7.3.1 设Y是$(\Omega,\mathcal{F},P)$ 上一个可积实值随机变量, F_i , $i\in I$ 是$\mathcal{F}$ 的一族子σ 代数, 令$X_i=E(Y\,|\mathcal{F}_i), i\in I$, 则$\{X_i, i\in I\}$是一致可积的.

证明 由条件期望定义及Jensen不等式(定理4.2.6)有

$$\int\limits_{\{|X_i|>c\}}|X_i|\,\mathrm{d}P\leqslant\int\limits_{\{|X_i|>c\}}|Y|\,\mathrm{d}P,\quad\forall c>0,$$

而

$$\mu(|X_i|>c)\leqslant\mu(E(|Y|\,|\mathcal{F}_i)>c)\leqslant\frac{1}{c}\int\limits_{\Omega}|Y|\,\mathrm{d}P,$$

故$\mu(|X_i|>c)$ 关于i 一致地收敛于零, 当$c\to\infty$ 时. 于是由命题2.2.2知 $\int\limits_{\{|X_i|>c\}}|X_i|\,\mathrm{d}P$ 关于i 一致地收敛于零, 当$c\to\infty$ 时. 定理证毕.

定理7.3.3 设$\{\mathcal{F}_n, n\geqslant 1\}$ 是$\mathcal{F}$ 的一族单调上升的子σ 代数. 令$\mathcal{F}_\infty=\sigma\left(\bigcup\limits_n\mathcal{F}_n\right)$. 若$Y$ 可积. $X_n=E(Y\,|\mathcal{F}_n)$, 则$X_n\xrightarrow{L}E(Y\,|\mathcal{F}_\infty)$ 且$X_n\to E(Y\,|\mathcal{F}_\infty)$ a.s. $n\to\infty$.

证明 由例7.1.2和引理7.3.1知, $\{X_n,\mathcal{F}_n, n\geqslant 1\}$是一个一致可积鞅.

因为$E(|X_n|)\leqslant E(|Y|)<\infty, \forall n$, 所以根据定理7.2.5知: 存在可积随机变量$X_\infty$使$X_n\to X_\infty$ a.s., 当$n\to\infty$ 时. 再用定理7.3.2和引理7.3.1可得$X_n\xrightarrow{L}X_\infty$, 当$n\to\infty$ 时. 现在只需证$X_\infty=E(Y\,|F_\infty)$ a.s..

任意固定n. 对任意的$A\in\mathcal{F}_n$ 及任意$m\geqslant n$ 有

$$\begin{aligned}\int\limits_A Y\,\mathrm{d}P&=\int\limits_A E(Y\,|\mathcal{F}_n)\,\mathrm{d}P\\&=\int\limits_A X_m\,\mathrm{d}P\to\int\limits_A X_\infty\,\mathrm{d}P,\quad m\to\infty,\end{aligned}$$

因此

$$\int\limits_A Y\,\mathrm{d}P=\int\limits_A X_\infty\,\mathrm{d}P,\quad\forall A\in\mathcal{F}_n,$$

由n及A 的任意性得

$$\int\limits_B Y\,\mathrm{d}P=\int\limits_B X_\infty\,\mathrm{d}P,\quad\forall B\in\bigcup_n\mathcal{F}_n,$$

注意$\bigcup\limits_n\mathcal{F}_n$ 是一个域, 故由单调族定理(定理1.2.2),

$$\int\limits_B Y\,\mathrm{d}P=\int\limits_B X_\infty\,\mathrm{d}P,\quad\forall B\in\mathcal{F}_\infty,$$

此即$E(X_\infty|\mathcal{F}_\infty)=E(Y\,|\mathcal{F}_\infty)$ a.s., 但X_∞ 关于$\mathcal{F}_\infty$ 可测,

因此$X_\infty=E(Y\,|\mathcal{F}_\infty)$ a.s..定理证毕.

定理7.3.4 设$\{\mathcal{F}_n,n\geqslant 1\}$ 是$\mathcal{F}$ 中一个音调下降子σ 代数列, $\mathcal{F}_\infty=\bigcap\limits_n\mathcal{F}_n$. 若$Y$ 可积, $X_n=E(Y\,|\mathcal{F}_n),n\geqslant 1$, 则

$$X_n\to E(Y\,|\mathcal{F}_\infty)\text{ a.s.且}X_n\xrightarrow{L}E(Y\,|\mathcal{F}_\infty),\quad n\to\infty.$$

证明 用推论7.2.1、定理7.3.2和引理7.3.1立得, 定理证毕. 下面是本节最重要的鞅收敛定理.

定理7.3.5 设$\{X_n,\mathcal{F}_n,n\geqslant 1\}$ 是一个一致可积下鞅, 则

(a) $\sup\limits_n E(X_n^+)<\infty$ 且存在可积随机变量X_∞ 使

$$X_n\to X_\infty\text{ a.s.},\quad X_n\xrightarrow{L}X_\infty,\quad n\to\infty;$$

(b) 令$\mathcal{F}_\infty=\sigma\left(\bigcup\limits_n\mathcal{F}_n\right)$, 则$\{X_n,\mathcal{F}_n,n=1,2,\cdots,\infty\}$ 为一个下鞅;

(c) 若$\{X_n,\mathcal{F}_n,n\geqslant 1\}$ 为一致可积鞅, 则$\{X_n,\mathcal{F}_n,n=1,2,\cdots,\infty\}$ 亦然.

证明 (a) 由$\{X_n,n\geqslant 1\}$ 的一致可积性立得$\sup\limits_n E(X_n^+)<\infty$, 再由Doob收敛定理(见定理7.2.5)知, 存在可积随机变理X_∞, 使$X_n\to X_\infty$ a.s.,而定理7.3.2则说明$X_n\xrightarrow{L}X_\infty$.(a) 得证.

(b) 固定n. 任取$A\in\mathcal{F}_n$及$k\geqslant n$, 由于$\{X_n,\mathcal{F}_n,n\geqslant 1\}$ 为下鞅. 故

$$\int\limits_A X_n\,\mathrm{d}P\leqslant\int\limits_A X_k\,\mathrm{d}P,\tag{7.3.4}$$

而根据(a)有

$$\lim_{k\to\infty}\int\limits_A X_k\,\mathrm{d}P=\int\limits_A X_\infty\,\mathrm{d}P,\quad A\in\mathcal{F}_n,$$

故在(7.3.4)中让$k\to\infty$ 得

$$X_n\leqslant E(X_\infty|\mathcal{F}_n)\quad\text{a.s.},$$

这意味着$\{X_n,\mathcal{F}_n,n=1,\cdots,\infty\}$ 为下鞅. (b)得证

(c) 在(b)的证明中, 将“$\leqslant$ ”改为“$=$ ”则得(c).

定理证毕.

根据定理7.3.3和定理7.3.5立得如下推论:

推论7.3.1 $\{X_n,\mathcal{F}_n,n\geqslant 1\}$ 为一致可积鞅当且仅当存在可积随机变量Y使

$$X_n=E(Y\,|\mathcal{F}_n)\ \text{a.s.},\quad n=1,2,\cdots$$

且

$$X_n \xrightarrow{L} E(Y\,|\mathcal{F}_n), X_n \to E(Y\,|\mathcal{F}_n)\,\text{a.s.}, \quad n\to\infty,$$

其中$\mathcal{F}_\infty = \sigma\left(\bigcup_n \mathcal{F}_n\right)$.

定理7.3.5说明当$\{X_n,\mathcal{F}_n,n\geqslant 1\}$ 为一致可积下鞅时, 存在可积随机变量X_∞使$\{X_n,\mathcal{F}_n,n=1,\cdots,\infty\}$ 为下鞅, $\mathcal{F}_\infty=\sigma\left(\bigcup_n \mathcal{F}_n\right)$, 此即这一下鞅序列具有最后元素, 反之, 一个具有最后元素的下鞅是否具有一致可积性呢? 下面的定理及例子可以回答这个问题.

定理7.3.6 设$\{X_n,\mathcal{F}_n,n=1,2,\cdots,\infty\}$为一个非负下鞅,则$\{X_n,\mathcal{F}_n,n=1,\cdots,\infty\}$是一致可积的.

证明 注意, 对任意$c>0$,

$$\int_{\{X_n\geqslant c\}} X_n\,\mathrm{d}P \leqslant \int_{\{X_n\geqslant c\}} X_\infty\,\mathrm{d}P,$$

而

$$P(X_n\geqslant c)\leqslant \frac{1}{c}E(X_n)\leqslant \frac{1}{c}E(X_\infty),$$

故$P(X_n)\geqslant c$ 关于n 一致地收敛于零, 当$c\to\infty$ 时, 从而 $\int_{\{X_n\geqslant c\}} X_n\,\mathrm{d}P$ 关于n 一致地收敛于零, 当$c\to\infty$ 时. 定理证毕.

上述定理中"非负"这一条件不可去掉.

例7.3.1 设$Y_1,Y_2,\cdots$ 独立, $P(Y_j=1)=p$, $P(Y_j=0)=1-p, 0<p<1$. 令

$$X_n = p^{-n}\prod_{j=1}^n Y_j,\ \mathcal{F}_n=\sigma(Y_1,Y_2,\cdots,Y_n), \quad n\geqslant 1,$$

则$\{X_n,\mathcal{F}_n,n\geqslant 1\}$ 为一个鞅. 取$X_\infty=0$, $\mathcal{F}_\infty=\sigma\left(\bigcup_n \mathcal{F}_n\right)$, 易见$\{X_n,\mathcal{F}_n,n=1,2,\cdots,\infty\}$ 为一个上鞅, 从而$\{-X_n,\mathcal{F}_n,n=1,2,\cdots,\infty\}$ 为一个下鞅.

假设$\{X_n,n\geqslant 1\}$ 一致可积. 因为$X_n\to 0\,\text{a.s.}$, 所以$X_n \xrightarrow{L} 0$, 于是$E(X_n)\to 0$, 当$n\to\infty$, 但$E(X_n)\equiv 1$, 矛盾, 故$\{X_n,n\geqslant 1\}$ 不一致可积.

7.4 鞅的选样定理

在7.2节证明上穿不等式时, 我们引进了一列上升的随机变量$T_1,\cdots,T_N$, 从而有$X_{T_1},\cdots,X_{T_N}$. 在什么条件下, 这个新的随机变量序列关于什么σ 代数流仍是下鞅呢? 这是本节要讨论的核心问题.

定义7.4.1 设$\{\mathcal{F}_n, n = 0,1,2,\cdots\}$是$\mathcal{F}$的一个单调上升的子$\sigma$代数列, 称$T: \Omega \to \{0,1,2,\cdots,\infty\}$ 是关于$\{\mathcal{F}_n, n \geqslant 0\}$的一个停时, 如果对任意非负整数$n$, $\{T \leqslant n\} \in \mathcal{F}_n$. 称$T$是关于随机变量序列$\{X_n, n \geqslant 0\}$的一个停时, 如果$T$是关于$\{\mathcal{F}_n := \sigma(X_0, X_1, \cdots, X_n), n \geqslant 0\}$ 的停时.

注7.4.1 T 关于$\{\mathcal{F}_n\}$ 为停时等价于$\{T = n\} \in F_n, n \geqslant 0$. 另外, $T \equiv C$ (常数)总是停时.

命题7.4.1 设$T_1, T_2, \cdots$ 是关于$\{\mathcal{F}_n, n \geqslant 0\}$ 的停时, 则$\min\{T_1,T_2\}, \max\{T_1,T_2\}, T_1+T_2, \inf\limits_n T_n, \sup\limits_n T_n, \liminf\limits_n T_n \limsup\limits_n T_n$ 均为停时.

证明 可由定义直接验证.

定义7.4.2 设T 是一个$(\Omega, \mathcal{F}, P)$ 关于$\{\mathcal{F}_n, n \geqslant 0\}$ 的有限停时, 称

$$\mathcal{F}_T = \{A \in \mathcal{F} : A \cap \{T \leqslant n\} \in \mathcal{F}_n, n \geqslant 0\}$$

为T前σ 代数, $\mathcal{F}_T$ 中的集合称T 前集.

注7.4.2 $\mathcal{F}_T$ 是一个$\mathcal{F}$ 中的子σ 代数. 若有限停时$T_1 \leqslant T_2$, 则$\mathcal{F}_{T_1} \subset \mathcal{F}_{T_2}$.

定理7.4.1(选样定理) 设$\{X_n, n \geqslant 0\}$为一个下鞅.令$T_1, T_2, \cdots$ 是关于$\{X_n, n \geqslant 0\}$ 的一列单调上升的有限停时, $Y_n = X_{T_n}, n \geqslant 1$. 若下列两个条件满足:

(A) $E(|Y_n|) < \infty, n \geqslant 1$,

(B) $\liminf\limits_{k\to\infty} \int\limits_{\{T_n > k\}} |X_k| \, \mathrm{d}P = 0, \quad n \geqslant 1$,

则$\{Y_n, \mathcal{F}_{T_n}, n \geqslant 1\}$ 为一个下鞅. 进而, 若$\{X_n, n \geqslant 0\}$ 为鞅, 则$\{Y_n, \mathcal{F}_{T_n}, n \geqslant 1\}$ 亦为鞅.

证明 由定义知, Y_n关于n可测,根据条件(A),Y_n可积.因此,要证$\{Y_n, \mathcal{F}_{T_n}, n \geqslant 1\}$ 是下鞅, 只需证: 对任意固定的n,

$$\int\limits_A Y_{n+1} \, \mathrm{d}P \geqslant \int\limits_A Y_n \, \mathrm{d}P, \quad A \in \mathcal{F}_{T_n}. \tag{7.4.1}$$

令$D_j = A \cap \{T_n = j\}$, 则$D_j \in \sigma(X_0, X_1, \cdots, X_j)$. A可写为$A = \bigcup\limits_j D_j$, 故只需证明(7.4.1)对每个D_j 成立.

任取$k > j$, 则有

$$
\begin{aligned}
\int\limits_{D_j} Y_{n+1}\,\mathrm{d}P &= \sum_{i=j}^{k}\left(\int\limits_{D_j\cap\{T_{n+1}=i\}} Y_{n+1}\,\mathrm{d}P\right) + \int\limits_{D_j\cap\{T_{n+1}\geqslant k\}} Y_{n+1}\,\mathrm{d}P \\
&= \sum_{i=j}^{k-1}\left(\int\limits_{D_j\cap\{T_{n+1}=i\}} X_i\,\mathrm{d}P\right) + \int\limits_{D_j\cap\{T_{n+1}\geqslant k\}} X_k\,\mathrm{d}P \\
&\quad - \int\limits_{D_j\cap\{T_{n+1}>k\}} (X_k - Y_{n+1})\,\mathrm{d}P, \qquad (7.4.2)
\end{aligned}
$$

因为$\{X_n, n \geqslant 0\}$ 是下鞅且$D_j \cap \{T_{n+1} \geqslant k\} \in \sigma(X_0, X_1, \cdots, X_{k-1})$, 所以

$$
\begin{aligned}
\int\limits_{D_j\cap\{T_{n+1}\geqslant k\}} X_k\,\mathrm{d}P &\geqslant \int\limits_{D_j\cap\{T_{n+1}\geqslant k\}} X_{k-1}\,\mathrm{d}P \\
&= \int\limits_{D_j\cap\{T_{n+1}>k-1\}} X_{k-1}\,\mathrm{d}P,
\end{aligned}
$$

代入(7.4.2)得

$$
\begin{aligned}
\int\limits_{D_j} Y_{n+1}\,\mathrm{d}P \geqslant &\sum_{i=j}^{k-1}\left(\int\limits_{D_j\cap\{T_{n+1}=i\}} Y_{n+1}\,\mathrm{d}P\right) + \int\limits_{D_j\cap\{T_n>k-1\}} X_{k-1}\,\mathrm{d}P \\
&- \int\limits_{D_j\cap\{T_{n+1}>k\}} (X_k - Y_{n+1}),
\end{aligned}
$$

依次继续做下去则有

$$
\int\limits_{D_j} Y_{n+1}\,\mathrm{d}P \geqslant \int\limits_{D_j\cap\{T_{n+1}\geqslant j\}} X_j\,\mathrm{d}P - \int\limits_{D_j\cap\{T_{n+1}\geqslant k\}} (X_k - Y_{n+1})\,\mathrm{d}P, \qquad (7.4.3)
$$

由Y_{n+1} 的可积性知,

$$
\lim_{k\to\infty} \int\limits_{D_j\cap\{T_{n+1}\geqslant k\}} Y_{n+1}\,\mathrm{d}P = 0,
$$

再根据条件(B)知, 存在子列k_i 使

$$
\lim_{i\to\infty} \int\limits_{D_j\cap\{T_{n+1}\geqslant k_i\}} X_{k_i}\,\mathrm{d}P = 0,
$$

在(7.4.3)中让k沿着子列k_i趋于∞, 则有

$$
\int\limits_{D_j} Y_{n+1}\,\mathrm{d}P \geqslant \int\limits_{D_j\cap\{T_{n+1}\geqslant j\}} X_j\,\mathrm{d}P = \int\limits_{D_j} X_j\,\mathrm{d}P = \int\limits_{D_j} Y_n\,\mathrm{d}P.
$$

总之, (7.4.1)得证, $\{Y_n, \mathcal{F}_{T_n}, n \geqslant 1\}$ 为下鞅.

当$\{X_n, n \geqslant 0\}$ 为鞅时, 只需在上述证明中将“$\geqslant$ ”改为“=”即得$\{Y_n, \mathcal{F}_{T_n}, n \geqslant 1\}$ 为鞅. 定理证毕.

注7.4.3 只要下面两个条件之一成立, 上述定理中的条件(A)与(B)均成立:

(a) $T_n \leqslant K_n, K_n$为常数, $n = 1, 2, \cdots$;

(b) $E(\sup_n |X_n|) < \infty$,

其中T_n, X_n 如定理7.4.1所定义.

定理7.4.2 设$\{X_n, n = 1, 2, \cdots, \infty\}$ 为下鞅, $\mathcal{F}_n = \sigma(X_1, \cdots, X_n)$, $\{T_n, n \geqslant 1\}$ 是关于$\{\mathcal{F}_n, n \geqslant 1\}$ 的一列单调上升的有限停时,则$\{X_{T_n}, \mathcal{F}_{T_n}, n \geqslant 1\}$ 是一个下鞅.

证明 分三步证明这个定理.

(a) 设$X_n \leqslant 1$ a. s., $\forall n \geqslant 1, X_\infty = 0$ a. s..

任意固定n, 令$S_k = T_n \wedge k, k = 1, 2, \cdots$, 则$\{S_k, k \geqslant 1\}$ 是关于$\{X_n, n \geqslant 1\}$ 的停时(注意,$a \wedge b = \min\{a, b\}$).

定义$Y_n = X_{T_n}$, 易见$\lim\limits_{k\to\infty} X_{S_k} = Y_n$, 于是由Fatou引理(定理1.7.5)有

$$\limsup_{k\to\infty} \int_\Omega X_{S_k} \,\mathrm{d}P \leqslant \int_\Omega Y_n \,\mathrm{d}P \leqslant 0,$$

由于$S_k \leqslant k$, 根据注7.4.3知, $\{X_{S_k}, \mathcal{F}_{S_k}, k \geqslant 1\}$ 为下鞅, 从而

$$\int_\Omega X_{S_k} \,\mathrm{d}P \geqslant \int_\Omega X_{S_1} \,\mathrm{d}P = \int_\Omega X_1 \,\mathrm{d}P > -\infty,$$

故Y_n 是可积的,$n \geqslant 1$.

同样由注7.4.3知, $\{X_{T_n} \wedge k, \mathcal{F}_{T_n} \wedge k, n \geqslant 1\}$ 为下鞅, 于是

$$\int_A X_{T_n} \wedge k \,\mathrm{d}P \leqslant \int_A X_{T_{n+1}} \wedge k \,\mathrm{d}P, \quad A \in \mathcal{F}_{T_n} \wedge k.$$

但对$B \in \mathcal{F}_{T_n}$ 总有$B \cap \{T_n \leqslant k\} \in \mathcal{F}_{T_n \wedge k}$, 因此

$$\int\limits_{B\cap\{T_n\leqslant k\}} X_{T_n \wedge k} \,\mathrm{d}P \leqslant \int\limits_{B\cap\{T_n\leqslant k\}} X_{T_{n+1}\wedge k} \,\mathrm{d}P, \quad B \in \mathcal{F}_{T_n}. \tag{7.4.4}$$

注意,在$\{T_n \leqslant k\}$ 上,$T_n \wedge k = T_n$, 另外$X_{T_{n+1}} \wedge k \leqslant 0$ a.s., 故由(7.4.4)推出

$$\begin{aligned}\int\limits_{B\cap\{T_n\leqslant k\}} X_{T_n}\,\mathrm{d}P &\leqslant \int\limits_{B\cap\{T_n\leqslant k\}} X_{T_{n+1}\wedge k}\,\mathrm{d}P\\ &\leqslant \int\limits_{B\cap\{T_{n+1}\leqslant k\}} X_{T_{n+1}\wedge k}\,\mathrm{d}P\\ &= \int\limits_{B\cap\{T_{n+1}\leqslant k\}} X_{T_{n+1}}\,\mathrm{d}P, \quad B\in\mathcal{F}_{T_n}.\end{aligned}$$

让k 趋于∞ ,根据定理1.7.4(b)有

$$\int\limits_B X_{T_n}\,\mathrm{d}P \leqslant \int\limits_B X_{T_{n+1}}\,\mathrm{d}P, \quad B\in\mathcal{F}_{T_n}.$$

因此$\{X_{T_n}, \mathcal{F}_{T_n}, n\geqslant 1\}$ 为下鞅.

(b) 设$Z_n = E(X_\infty\,|\mathcal{F}_n), n = 1, 2, \cdots$, 则$\{Z_n, \mathcal{F}_n, n\geqslant 1\}$ 为一致可积鞅.

T_n 如前所定义, $\{Z_{T_n\wedge k}, k\geqslant 1\}$ 一致可积, 而

$$Z_{T_n\wedge k}\to Z_{T_n}, \quad k\to\infty,$$

故由定理7.3.1(b)知Z_{T_n} 是可积的, 因此$\{Z_{T_n}, \mathcal{F}_{T_n}, n\geqslant 1\}$ 满足定理7.4.1中条件(A).

任取可测集A.

$$\begin{aligned}\int\limits_A |Z_k|\,\mathrm{d}P &= \int\limits_{A\cap\{|Z_k|>c\}} |Z_k|\,\mathrm{d}P + \int\limits_{A\cap\{|Z_k|\leqslant c\}} |Z_k|\,\mathrm{d}P\\ &\leqslant \int\limits_{\{|Z_k|>c\}} |Z_k|\,\mathrm{d}P + cP(A),\end{aligned}$$

由$\{Z_k, \mathcal{F}_k, k\geqslant 1\}$ 的一致可积性及上述不等式得

$$\lim_{P(A)\to\infty}\int\limits_A |Z_k|\,\mathrm{d}P = 0 \quad (\text{关于}k\text{一致}).$$

固定n, $\lim\limits_{k\to\infty} P(T_n > k) = 0$,故有

$$\liminf_{k\to\infty}\int\limits_{\{T_n>k\}} |Z_k|\,\mathrm{d}P = 0,$$

因此定理7.4.1中条件(B)也成立. 根据定理7.4.1知$\{Z_{T_n}, \mathcal{F}_{T_n}, n\geqslant 1\}$ 是下鞅.

(c) 将X_n表示成$X_n = Y_n + Z_n, Z_n = E(X_\infty|\mathcal{F}_n), Y_n = X_n - Z_n$, 根据假设条件$Y_n \leqslant 0$ a.s., 由(a)及(b)知$\{Y_{T_n}, \mathcal{F}_{T_n}, n \geqslant 1\}$ 与$\{Z_{T_n}, \mathcal{F}_{T_n}, n \geqslant 1\}$ 均为下鞅, 故$\{X_{T_n}, \mathcal{F}_{T_n}, n \geqslant 1\}$ 亦为下鞅. 定理证毕.

注7.4.4 当$\{X_n, n = 1, 2, \cdots, \infty\}$ 为鞅时, 必有$X_n = E(X_\infty|\mathcal{F}_n)$ a.s. 由(b)的证明及定理7.4.1立得$\{X_{T_n}, \mathcal{F}_{T_n}, n \geqslant 1\}$ 为鞅.

习 题 7

1. 设$\{X_{n,j}, n \geqslant 1, j \geqslant 1\}$是相互独立且同分布的二重随机变量序列, $P(X_{n,j} = k) = p_k$,$k = 0, 1, 2, \cdots$. 令

$$X_0 = 1, \quad X_n = \sum_{j=1}^{X_{n-1}} X_{n,j}, \quad n \geqslant 1, m = E(X_{n,j}) < \infty.$$

试证: (a) $\{X_n/m^n, n \geqslant 0\}$关于$\mathcal{F}_n = \sigma(X_0, X_1, \cdots, X_n)$是一个鞅;

(b) 若$g(s) := \sum\limits_{k\geqslant 0} p_k s^k$, $s \geqslant 0$, 则当$g(s) = s$时, $\{s^{X_n}, \mathcal{F}_n, n \geqslant 0\}$是一个鞅.

2. 定义一列随机变量$\{X_n, n \geqslant 1\}$如下: 取X_1为$(0,1)$上的均匀随机变量,给定$X_1 = x_1, X_2 = x_2, \cdots, X_{n-1} = x_{n-1}$, X_n服从$(0, x_{n-1})$上的均匀分布, $n \geqslant 2$. 试证:

$$\{X_n, n \geqslant 1\} \text{ 是一个上鞅且} X_n \to 0 \text{ a.s..}$$

3. 设$\{x_n, \mathcal{F}_n, n \geqslant 0\}$ 为一个上鞅, 令

$$\begin{aligned}
&Y_0 = X_0,\\
&Y_1 = Y_0 + (X_1 - E(X_1|\mathcal{F}_0)),\\
&\quad\vdots\\
&Y_n = Y_{n-1} + (X_n - E(X_n|\mathcal{F}_{n-1})),
\end{aligned}$$

再令

$$\begin{aligned}
&A_0 = 0\\
&A_1 = X_0 - E(X_1|\mathcal{F}_0)\\
&\quad\vdots\\
&A_n = A_{n-1} + (X_{n-1} - E(X_n|\mathcal{F}_{n-1})).
\end{aligned}$$

试证:

(a) $X_n = Y_n - A_n$;

(b) $\{Y_n, \mathcal{F}_n, n \geqslant 0\}$是一个鞅;

(c) 对a.s.ω, $A_n(\omega)$随n单调上升.

这道题说明: 任一个上鞅可分解为一个鞅与一个单调上升的序列之差.

4. (a) 设$\{S_n, \mathcal{F}_n, n \geqslant 1\}$是一个鞅, φ是任一实值凸函数, 且$E|\varphi(S_n)| < \infty$. 试证: $\{\varphi(S_n), \mathcal{F}_n, n \geqslant 1\}$是一个上鞅, 若$\{S_n, \mathcal{F}_n, n \geqslant 1\}$是一个下鞅, φ 是一个单调上升的、非负的凸函数, 试证: $\{\varphi(S_n), \mathcal{F}_n, n \geqslant 1\}$仍为一个上鞅;

(b) 设$\{S_n, \mathcal{F}_n, n \geqslant 1\}$是一个下鞅, h是一个单调上升的、非负的凸函数, 试证对任意$t > 0, x \in \mathbb{R}$总有

$$P\left(\max_{1 \leqslant j \leqslant n} S_j \geqslant x\right) \leqslant \frac{E(h(tS_n))}{h(tx)};$$

(c) 设$\{S_n, \mathcal{F}_n, n \geqslant 1\}$ 是一个非负下鞅, $E(S_1) = 1$, 试证对任意$\lambda > 0$, 总有

$$P(\text{存在}n \geqslant 1, \text{使}S_n \geqslant \lambda) \leqslant \frac{1}{\lambda}.$$

5. 设$\{\mathcal{F}_n, n \geqslant 1\}$是一列单调上升的$\sigma$代数, $A_n \in \mathcal{F}_n, n \geqslant 1$. 试证下列形式的Borel-Cantelli引理:

$$P\left(A_n \text{ i.o. } \Delta \left\{\sum_{n=1}^{\infty} P(A_{n+1}|\mathcal{F}_n) = \infty\right\}\right) = 0.$$

6. 设$\{X_n, n \geqslant 0\}$ 是一个马氏链, 其状态空间为$S = (0,1)$ 中的全体有理数, 而且其转移概率为

取(0,1)中的有理数$b \leqslant a$, 当已知$X_n = x$时, X_{n+1}以概率$1-x$取值bx, 以概率x取值$bx+1-a$.

(a) 若$a = b$, 试证$\{X_n, n \geqslant 0\}$是一个鞅, 且$X_n \to X_\infty$ a.s., $X_\infty = 0$或1, $P(X_\infty = 1) = E(X_0)$;

(b) 若$b < a$, 试证$\{X_n, n \geqslant 0\}$是一个上鞅且$X_n \to 0$ a.s..

7. 若$\{X_n, \mathcal{F}_n, -\infty < n < \infty\}$是一个鞅, $\sup\limits_n E|X_n| < \infty$, 则

$$\sum_{-\infty < n < \infty} (X_n - X_{n-1})^2 < \infty \text{ a.s.}.$$

9. 设$\{X_1, X_2, \cdots\}$是一个下鞅, T是关于$\{X_n\}$的有限停时, 试证:

$$E(|X_T|) \leqslant 2 \sup_n E(X_n^+) - E(X_1).$$

10. 设$\{X_k, \mathcal{F}_k, k = 1, \cdots, n\}$是一个非负下鞅, U是$X_1, \cdots, X_n$在区间$(0, b)$上穿次数. 定义停时T_i如前(见定理7.2.1), 试证:

(a) $X_n = \sum\limits_{k=1}^{n} (X_{T_k} - X_{T_{k-1}})$, 取$X_{T_0} = 0$;

(b) $E(X_n) \geqslant bE(U)$.

据此可得一般形式的上穿不等式. 这是定理7.2.1的另一种证明方法.

第 8 章　随机过程选讲

本章主要介绍随机游动、马氏链、布朗运动和高斯自由场的基本概念及基本性质, 定理的证明过程大多省略.

8.1　随机游动与马氏链

考虑一个掷分币的游戏. 连续掷币n次, 以X_n记录n次中出现正面的总次数. 若定义ξ_k如下:

$$\xi_k = \begin{cases} 1, & \text{第}k\text{次掷分币出现正面}, \\ 0, & \text{第}k\text{次掷分币出现反面}, \end{cases}$$

则$X_n = \sum\limits_{k=1}^{n} \xi_k$, $\{\xi_k, k \geqslant 1\}$ 是独立同分布的.

再考虑直线格子点上某质点的运动. 假定质点从零点出发, 每次向左或向右移动一个单位距离, 以S_n记时刻n时质点所处的位置. 若令

$$\varepsilon_k = \begin{cases} 1, & \text{质点在时刻}k\text{向右移动一步}, \\ -1, & \text{质点在时刻}k\text{向左移动一步}, \end{cases}$$

则$S_n = \sum\limits_{k=1}^{n} \varepsilon_k$, $\{\varepsilon_k, k \geqslant 1\}$ 也是独立同分布的.

事实上, X_n与S_n都是随机游动. 下面给出随机游动的严格数学定义.

定义8.1.1　设$\{X_n, n \geqslant 1\}$ 是一列独立同分布的取值于整数集$\mathbb{Z}$的随机变量, $P(X_n = k) = p_k, n \geqslant 1, k \in \mathbb{Z}$, 令

$$S_n = S_0 + \sum_{k=1}^{n} X_k, \quad n \geqslant 1,$$

其中S_0 为$\mathbb{Z}$ 上的随机变量且与$\{X_n, n \geqslant 1\}$ 独立, 称$\{S_n, n \geqslant 0\}$ 为整数格子点上的随机游动, S_0 为该随机游动的初始位置. 若$S_0 \equiv 0$, 则称$\{S_n, n \geqslant 0\}$为从零点出发的随机游动.

注8.1.1　从现在起, 总假定我们所讨论的随机游动满足: $\forall i \in \mathbb{Z}$, 存在$n \geqslant 1$使$P(S_n = i) > 0$且$S_0 \equiv 0$.

根据定义8.1.1 对任意随机游动$\{S_n, n \geqslant 0\}$, 总有

$$\begin{aligned} P(S_{n+1} = j | S_n = i) =& P(X_{n+1} = j - i) \\ =& P(X_1 = j - i) = p_{j-i}, \quad n \geqslant 1, i, j \in \mathbb{Z}, \end{aligned}$$

以$p_{i,j}$ 记$P(S_{n+1}=j\,|S_n=i)$, 称$(p_{i,j},i,j\in\mathbb{Z})$ 为随机游动$\{S_n,n\geqslant 0\}$ 的转移概率阵. 若转移概率$p_{i,j}$ 满足

$$p_{i,j}=\begin{cases}p, & j=i+1,\\ 1-p, & j=i-1,\\ 0, & |j-i|>1,\end{cases}$$

则称$\{S_n,n\geqslant 0\}$ 为Bernoulli随机游动. 特别地, 若$p=q=1/2$, 则称$\{S_n,n\geqslant 0\}$ 为直线上的简单随机游动.

命题8.1.1 设$p_{i,j}$ 是$\mathbb{Z}$ 上的随机游动$\{S_n,n\geqslant 0\}$ 的转移概率, 若

$$p_{i,j}^{(0)}=\delta_{i,j}=\begin{cases}1, & i=j,\\ 0, & i=j,\end{cases}$$

$$p_{i,j}^{(1)}=p_{i,j},$$

$$p_{i,j}^{(n)}=\sum_{i_1,\cdots,i_{n-1}\in\mathbb{Z}}p_{i,i_1}p_{i,i_2}\cdots p_{i_{n-1},j},\quad n\geqslant 2,i,j\in\mathbb{Z},$$

则对任意$i,j\in\mathbb{Z},n\geqslant 0,m\geqslant 0$,

$$p_{i,j}^{(m+n)}=\sum_{k\in\mathbb{Z}}p_{i,k}^{(n)}p_{i,j}^{(m)},$$

$$\sum_{k\in\mathbb{Z}}p_{i,k}^{(n)}=1\text{且}p_{i,j}^{(n)}=p_{0,j-i}^{(n)}.$$

证明 由定义可直接验证.

定义8.1.2 设$\{S_n,n\geqslant 0\}$ 是$\mathbb{Z}$ 上的随机游动, $p_{i,j}$ 是其转移概率, 令

$$f_{i,j}^{(0)}=0,$$

$$f_{i,j}^{(1)}=p_{i,j}^{(1)}=p_{i,j},$$

$$f_{i,j}^{(n)}=\sum_{i_1\in\mathbb{Z}-\{j\}}\cdots\sum_{i_{n-1}\in\mathbb{Z}-\{j\}}p_{i,i_1}p_{i,i_2}\cdots p_{i_{n-1},j},\quad n\geqslant 2,i,j\in\mathbb{Z},$$

称$f_{i,j}^{(n)}$ 为随机游动$\{S_n,n\geqslant 0\}$ 自i出发经n 步首次抵达j的转移概率.

命题8.1.2 对任意$n\geqslant 1,i,j\in\mathbb{Z}$ 有

$$f_{i,j}^{(n)}=f_{0,j-i}^{(n)},\quad \sum_{k=1}^{n}f_{i,j}^{(k)}\leqslant 1,\quad p_{i,j}^{(n)}=\sum_{k=1}^{n}f_{i,j}^{(k)}p_{i,j}^{(n-k)}.$$

证明 由定义直接验证即可.

下面讨论常返性与暂留性.

设$\{S_n, n \geqslant 0\}$为$\mathbb{Z}$上的随机游动, $S_0 \equiv 0$, 对任意$i \in \mathbb{Z}$, 总有$n \geqslant 1$, $P(S_n = i) > 0$. 称$k \in \mathbb{Z}$ 是常返的, 如果$P(S_n = k \text{ i.o.}) > 0$ (即随机游动无穷多次击中k 的概率大于零), 否则称k 是暂留的. 若$\mathbb{Z}$ 中每个点都是常返的, 则称$\{S_n, n \geqslant 0\}$ 为常返的随机游动, 若$\mathbb{Z}$ 中的每个点都是暂留的, 则称$\{S_n, n \geqslant 0\}$ 为暂留的随机游动.

令$\tau = \inf\{j \geqslant 1 : S_j = 0\}$, 若$\{j \geqslant 1 : S_j = 0\} = \varnothing$, 则取$\tau = \infty$. 不难推出下面的结论.

条件(A)、(B)和(C)是等价的:

(A) 0是常返的;

(B) $P(S_k = 0 \, \text{i}\,.o.) = 1$;

(C) $P(c < \infty) = 1$.

关于零点的常返性还有如下判别条件:

定理8.1.1 (Pólya判别准则) 零点是常返的充要条件是$\sum\limits_{k=1}^{\infty} P(S_k = 0) = \infty$.

证明 参见文献[19].

点常返与随机游动的常返性关系如下:

零点常返等价于随机游动是常返的.

另外,$\{S_n, k \geqslant 0\}$ 或者是常返的, 或者是暂留的, 二者必居其一. $\{S_k, k \geqslant 0\}$ 是暂留的当且仅当$|S_k| \to \infty$ a. s., $k \to \infty$[19].

定义8.1.3 设$\{S_k, k \geqslant 0\}$是$\mathbb{Z}$ 上的随机游动, 定义

$$f^* = \sum_{n=1}^{\infty} f_{0,0}^{(n)}, \quad g^* = \sum_{n=0}^{\infty} p_{0,0}^{(n)}.$$

由命题8.1.1及命题8.1.2可证

$$g^* = \frac{1}{1 - f^*}.$$

根据文献[20]中第一章命题3.3知, $\{S_n, k \geqslant 0\}$ 是常返的当且仅当$f^* = 1$ (或$g^* = \infty$), 对于Bernoulli随机游动而言,

$$g^* = \begin{cases} (1 - 4p(1-p))^{-1/2}, & p \neq 1/2, \\ \infty, & p = 1/2, \end{cases}$$

因此一个整数格子点上的Bernoulli随机游动是常返的充要条件是$p = 1/2$.

定理8.1.2 设$\{S_k, k \geqslant 0\}$ 是$\mathbb{Z}$ 上的随机游动, 令

$$\mathcal{F}_k = (\{S_i, i \leqslant k\}), \quad k \geqslant 1.$$

给定任意关于$\{\mathcal{F}_k, k \geqslant 1\}$ 的有限停时T, 给任意正整数$n \geqslant 1$ 以及有界可测函数$f_1, \cdots, f_n : \mathbb{R} \to \mathbb{R}$, 总有下式成立:

$$E\left[\prod_{l=1}^{n} f_l(S_{T+l} - S_T) \,|\mathcal{F}_T\right] = E\left[\prod_{l=1}^{n} f_l(S_l)\right] \text{ a. s.}. \tag{8.1.1}$$

特别地, 对任意$k \geqslant 1$ 有

$$E\left[\prod_{l=1}^{n} f_l(S_{k+l}-S_k)\,|\mathcal{F}_k\right]=E\left[\prod_{l=1}^{n} f_l(S_l)\right]\ \text{a. s.}, \tag{8.1.2}$$

式(8.1.1)说明$\{S_{k+T}-S_T, k\geqslant 0\}$ 与$\mathcal{F}_T$ 独立且与$\{S_k, k\geqslant 0\}$ 同分布, 这样的性质称为强马氏性, 而(8.1.2)则称为马氏性.

证明 任取$G\in\mathcal{F}_T$, 则$G\cap\{T=j\}\in\mathcal{F}_j, j\geqslant 1$. 当$f_l=I_{A_l}, A_l\in\mathcal{B}(\mathbb{R}), 1\leqslant l\leqslant n$时

$$\begin{aligned}
\int\limits_{G\cap\{T=j\}} E\left[\prod_{l=1}^{n} f_l(S_{T+l}-S_T)\,|\mathcal{F}_T\right]\mathrm{d}P=&\int\limits_{G\cap\{T=j\}}\prod_{l=1}^{n} I_{\{S_{j+l}-S_j\in A_l\}}\,\mathrm{d}P\\
=&P\left(\prod_{l=1}^{n}\{S_{j+l}-S_j\in A_l\}\right)P(G\cap\{T=j\})\\
=&\int\limits_{G\cap\{T=j\}} E\left[\prod_{l=1}^{n} f_l(S_{T+l}-S_T)\right]\mathrm{d}P,
\end{aligned}$$

因此, 当f_l为示性函数时, (8.1.1)是成立的, 而一般有界可测函数f_l 总可以表示成两个非负有界可测函数之差, 再用单调收敛定理可得(8.1.1). 由(8.1.1)立即推出(8.1.2).

下面考虑一类比随机游动更一般的随机过程.

定义8.1.4 设随机过程$\{X_n, n\geqslant 0\}$ 取值于可数集E , 若对任意$n\geqslant 0, i_0, i_1, \cdots, i_n, i_{n+1}\in E$ 有

$$\begin{aligned}
&P(X_{n+1}=i_{n+1}\,|X_n=i_n, X_{n-1}=i_{n-1},\cdots, X_1=i_1, X_0=i_0)\\
=&P(X_{n+1}=i_{n+1}\,|X_n-i_n),
\end{aligned}$$

则称$\{X_n, n\geqslant 0\}$ 为可数状态的马尔可夫链(Markov chain, 简称为马氏链),称E 为其状态空间.

注8.1.2 本章中, 如无特别声明, 总假定上述E 为$\{0,1,2,\cdots\}$. 记$p_{i,j}(m,m+n)=P(X_{m+n}=j\,|X_m=i)$, 若对$n\geqslant 0, i,j\in E, p_{i,j}(m,m+n)$ 不依赖于m ,则称$\{X_n, n\geqslant 0\}$ 为时齐的马氏链, 这时, 以$p_{i,j}(n)$ 记$p_{i,j}(m+n,m)$, 以$p_{i,j}$ 记$p_{i,j}(1)$. 称$p_{i,j}$ 为该马氏链的一步转移概率. $\boldsymbol{P}=(p_{i,j})$ 为$\{X_n, n\geqslant 0\}$ 的一步转移概率矩阵.

注8.1.3 整数格子点的随机徘徊是时齐的马氏链. 这可以根据定义直接验证.

定理8.1.3 下列陈述等价:

(1) $\{X_n, n\geqslant 0\}$ 是一个可数状态的马氏链;

(2) 对任何$n\geqslant 1$, 任何严格上升的非负整数列$t_0, t_1, \cdots, t_n$ 及任意$i_0, i_1, \cdots, i_n\in$

E (状态空间), 均有

$$
\begin{aligned}
&P(X_{t_n}=i_n\,|X_{t_{n-1}}=i_{n-1},\cdots,X_{t_1}=i_1,X_{t_0}=i_0)\\
=&P(X_{t_n}=i_n\,|X_{t_{n-1}}=i_{n-1});
\end{aligned}
$$

(3) 对任何$n\geqslant 1$, 任何严格上升的非负整数列$t_0,t_1,\cdots,t_n$及任意$i_0,i_1,\cdots,i_n\in E$,均有

$$
\begin{aligned}
&P(X_{t_0}=i_0,X_{t_1}=i_1,\cdots,X_{t_n}=i_n)\\
=&\sum_{k\in E}P(X_0=k)P(X_{t_0}=i_0\,|X_0=k)P(X_{t_1}=i_1\,|X_{t_0}=i_0)\cdots\\
&\times P(X_{t_n}=i_n\,|X_{t_{n-1}}=i_{n-1});
\end{aligned}
$$

(4) 以$\mathcal{E}$ 记E 的一切子集生成的集族, 对任意$n\geqslant 1$ 和任意的$A_n\in\mathcal{E}$, 均有

$$P(X_n\in A_n\,|X_0,X_1,\cdots,X_n)=P(X_n\in A_n\,|X_n).$$

证明留作练习.

例8.1.1 考虑一个通信系统. 该系统每次仅传送0或1. 每次传送时, 数字保持不变的概率为p ,$0<p<1$. 用X_n 表示第n 次传送后的数字, 则$\{X_n,n\geqslant 0\}$ 为一个转移概率矩阵为

$$\boldsymbol{P}=\begin{pmatrix} p & 1-p\\ 1-p & p\end{pmatrix}$$

的状态空同为$\{0,1\}$ 的时齐的马氏链.

设$\{X_n,n\geqslant 0\}$ 为时齐的可数状态马氏链, $p_{i,j}$ 为其一步转移概率, 令

$$p_{i,j}^{(n)}=P(X_{m+n}=j\,|X_m=i),\quad n\geqslant 0,i,j\in E,$$

则

$$p_{i,j}^{(n)}=\sum_{i_1,\cdots,i_{n-1}\in E}p_{i,i_1}p_{i_1,i_2}\cdots p_{i_{n-1},j},\quad n\geqslant 2,$$

$p_{i,j}^{(1)}=p_{i,j},p_{i,j}^{(0)}=\sigma_{i,j}$, 且有

$$p_{i,j}^{(m+n)}=\sum_{k\in E}p_{i,k}^{(n)}p_{k,j}^{(m)}. \tag{8.1.3}$$

(8.1.3)称为Chapman-Kolmogorov方程. 当$\{X_n,n\geqslant 0\}$ 为随机游动时, (8.1.3)中结论

已在命题8.1.1中陈述. 用定理8.1.3中马氏链的等价定义(2)有

$$\begin{aligned}p_{i,j}^{(m+n)} &= P(X_{m+n}=j\,|X_0=i)\\ &= \sum_{k=0}^{\infty}P(X_{m+n}=j,X_n=k\,|X_0=i)\\ &= \sum_{k=0}^{\infty}P(X_{m+n}=j,X_n=k,X_0=i)P(X_n\geqslant k\,|X_0=i)\\ &= \sum_{k=0}^{\infty}p_{k,j}^{(m)}p_{i,k}^{(n)}.\end{aligned}$$

若记$\boldsymbol{P}^{(n)}=(p_{i,j}^{(n)})$, 则$\boldsymbol{P}^{(n)}=P^n$ 且对$m,n\geqslant 0$,

$$\boldsymbol{P}^{(m+n)}=\boldsymbol{P}^{(m)}\cdot\boldsymbol{P}^{(n)}.$$

类似于前面对随机游动的状态空间的点的常返性和暂留性的讨论, 我们要讨论马氏链的状态分类.

设$i,j\in E$,称从状态i可达状态j,如果存在$n\geqslant 0$ 使$p_{i,j}^{(n)}>0$. 此即过程从i出发抵达j的概率大于零. 如果从i可达j, 从j亦可达i, 则称状态i与j互通. 关于互通有如下三个性质:

(1) 对每个$i\in E$, i与i 互通;

(2) 如果i与j 互通, 则j与i互通;

(3) 若状态i与j互通, 状态j与k互通, 则必有i与k互通.

前面两个性质是显而易见的. 至于第三个性质则可用Chapman-Kolmogorov等式证明.

设$\{X_n,n\geqslant 0\}$ 为E 上的时齐马氏链, 称

$$f_{i,j}^{(n)}=P(X_1\neq j,\cdots,X_{n-1}\neq j,X_n=j\,|X_0=i)$$

为从i 出发经n 步初达j 的概率, $i,j\in E,n\geqslant 1$. 称

$$f_{i,j}^{*}=P\left(\bigcup_{n=1}^{\infty}\{X_n=j\}\,|X_0=i\right),\quad i,j\in E$$

为从i 出发经有限步抵达j的概率. 称

$$g_{i,j}=P\left(\bigcap_{m=1}^{\infty}\bigcup_{n=1}^{\infty}\{X_n=j\}\,|X_0=i\right),\quad i,j\in E$$

为从i 出发无穷多次抵达j 的概率. 可以证明$g_{i,i}=1$ 等价于$f_{i,i}^{*}=1$. 称

$$m_{i,i}=\begin{cases}\infty, & f_{i,i}^{*}<1,\\ \sum\limits_{n=1}^{\infty}nf_{i,i}^{(n)}, & f_{i,i}^{*}=1,\end{cases}\qquad i\in E$$

为从i 出发初返i 的平均时间.

若$f_{i,i}^* = 1$, 则称i 是常返的, 反之称i为暂留的, 称常返状态i 是正状态, 如果$m_{i,i} < \infty$,称常返状态i 为零状态, 如果$m_{i,i} = \infty$.

定义8.1.5 称正整数集合

$$\{n \geqslant 1 : p_{i,j}^{(n)} > 0\}, \quad i \in E$$

的最大公因子d_i为状态i 的周期. 若$d_i = 1$, 则称状态i无周期. 若i是正状态. $d_i = 1$, 则称i是遍历状态的. 称转移概率矩阵$\boldsymbol{P}$ (或它对应的马氏链)是遍历的, 如果状态空间E 的每个点都是正状态且其周期为1.

现在介绍马氏链的遍历极限定理.

定理8.1.4 对任何$i, j \in E$, 总有

$$\lim_{n\to\infty} \sum_{k=1}^{n} p_{i,j}^{(k)} = \pi_{i,j},$$

其中$\pi_{i,j} = f_{i,j}^*/m_{j,j}$, 当$j$不是常返状态时, 定义$m_{j,j} = \infty$.

定理8.1.5 对任意$i, j \in E$, $\lim\limits_{n\to\infty} p_{i,j}^{(n)}$ 均存在且有限的充分必要条件是E 中每个正状态的周期为1,此时, $\lim\limits_{n\to\infty} p_{i,j}^{(n)} = \pi_{i,j}, \pi_{i,j}$如定理8.1.4所定义. 称$\boldsymbol{\Pi} = (\pi_{i,j}, i, j \in E)$ 为转移矩阵P 的遍历极限.

上述两个定理的证明请参见文献[21]. 在文献[21]中还有关于$\boldsymbol{\Pi}$ 求法与结构的详细介绍.

8.2 布 朗 运 动

限于篇幅, 本节仅介绍直线上的布朗运动(Brownian motion), 也称Wiener过程.

定义8.2.1 设$\{X_t : t \in [0, T)\}$ 是概率空间$(\Omega, \mathcal{F}, P)$ 上取值于$\mathbb{R}$ 的随机过程(即$X_t^{-1}(\mathcal{B}(\mathbb{R}) \subset \mathcal{F}), T \in \mathbb{R}^+ \cup \{\infty\}$. 若$\{X_t : t \in [0, T)\}$ 满足

(1) $X_0 \equiv 0$;

(2) 任取$0 = t_0 < t_1 < \cdots < t_n, t_k \in [0, T), 0 \leqslant k \leqslant n, X_{t_n} - X_{t_{n-1}}, \cdots, X_{t_2} - X_{t_1}, X_{t_1} - X_{t_0}$独立且$X_{t_k} - X_{t_{k-1}}$服从$N(0, t_k - t_{k-1})$,

则称$\{X_t : t \in [0, T)\}$ 为直线上的标准布朗运动.

现在从另一个角度来看布朗运动. 考虑一个直线上运动的质点. 它每隔单位时间Δt 以概率$1/2$ 向左或向右移动距离Δx. 令$Y_1, Y_2, \cdots$ 相互独立, $P(Y_i = \Delta x) = P(Y_i = -\Delta x) = 1/2, i \geqslant 1$, 则在时刻$t$ 质点的位置应该是

$$D(t) = Y_1 + \cdots + Y_{[t/\Delta t]}, \quad [z]\text{表示小于或等于}z\text{的最大整数}.$$

注意, 当Δt 充分小时, $\operatorname{var} D^2(t) \approx (\Delta x)^2 t/\Delta t$, 为使这项不为零且有限, Δx 应取$\sqrt{\Delta t}$, 另外, 取$\Delta t = 1/n$, 这时$D(t)$ 与下列$X^{(n)}(t)$ 同分布:

$$X^{(n)}(t) = \frac{Z_1 + \cdots + Z_{[nt]}}{\sqrt{n}},$$

$Z_1, \cdots$ 独立同分布, $P(Z_1 = -1) = P(Z_1 = 1) = 1/2$. 应用中心极限定理得$X^{(n)}(t) \xrightarrow{\mathrm{d}} N(0, t)$. 类似可证$\{X^{(n)}(t), t \geqslant 0\}$ 的联合分布弱收敛于布朗运动$\{B(t), t \geqslant 0\}$ 的联合分布. 因此布朗运动可看成是随机游动的极限.

布朗运动具有以下基本性质:

(1) 对几乎所有ω, 布朗运动的轨道$X^{(t)}(\omega)$ 是连续的(证明见文献[12]);

(2) 对几乎所有ω, 布朗运动的轨道$X^{(t)}(\omega)$ 无处可微(证明见文献[22]);

(3) 布朗运动$\{X_t, t \geqslant 0\}$ 具有乘量性质: X_t 与$t^{1/2}X_1$ 同分布(由定义立得);

(4) 布朗运动具有强马氏性: 任取关于$\mathcal{F}_t, t \geqslant 0$ 的停时τ, 其中$\mathcal{F}_t = \sigma(X_s : s \leqslant t)$. 令$\tilde{X}_t = X_{t+\tau} - X_\tau, t \geqslant 0$, 则$\{\tilde{X}_t, t \geqslant 0\}$ 仍为布朗运动且$\{\tilde{X}_t, t \geqslant 0\}\mathcal{F}_\sigma$ 独立(即任取$A \in \sigma(\tilde{X}_t, t \geqslant 0), B \in \mathcal{F}_\tau, P(AB) = P(A)P(B)$))(证明见文献[12]).

定理8.2.1 (重对数律) 设$\{X(t), t \geqslant 0\}$ 为直线上标准布朗运动, 则对任意t 总有

$$\limsup_{h \to 0} \frac{|X(t+h) - X(t)|}{\sqrt{2|h| \log\log(1/|h|)}} = 1 \text{ a.s.}.$$

详细证明请参见文献[23].

定理8.2.2(一致连续模定理) 设$\{X(t), t \geqslant 0\}$ 为直线上标准布朗运动, 则

$$\limsup_{h \to 0 t \in [0,1)} \frac{|X(t+h) - X(t)|}{\sqrt{2|h| \log\left(\frac{1}{|1/|h||}\right)}} = 1 \text{ a.s.}.$$

详细证明请参见文献[23].

定理8.2.3(布朗运动的极大不等式) 设$\{X(t), t \geqslant 0\}$ 为直线上标准布朗运动, 对任意$\lambda > 0$ 总有

(1) $\left(\max\limits_{0 \leqslant s \leqslant t} X(s) \geqslant \lambda\right) \leqslant 2P(X(t) \geqslant \lambda)$;

(2) $P\left(\min\limits_{0 \leqslant s \leqslant t} X(s) \leqslant -\lambda\right) \leqslant 2P(X(t) \leqslant -\lambda)$;

(3) $P\left(\max\limits_{0 \leqslant s \leqslant t} X(s) \geqslant \lambda\right) \leqslant 2P(X(t) \geqslant \lambda) = 4P(X(1) \geqslant \lambda t_{-\frac{1}{2}})$.

证明 根据对称性, 由(1)立得(2), 再由(1)和(2)则得(3). 因此, 只需证明(1). 不妨取$t = 1$. $\lambda = 0$ 时. (1)显然成立. 故令$\lambda > 0$. 取$0 < \lambda' < \lambda$, 令

$$A_n = \left\{\max\{X(\frac{j}{2^n}) : j = 0, 1, 2, \cdots, 2^n\} \geqslant \lambda'\right\},$$

由引理6.2.2(Lévy不等式)得

$$P(An) \leqslant 2P(X(1) \geqslant \lambda')$$

注意An 是单调上升的, 记其极限为A , 于是

$$\left\{\max_{0\leqslant s\leqslant 1} X(s) \geqslant \lambda\right\} \subset A,$$

从而

$$P\left(\max_{0\leqslant s\leqslant 1} X(s). \geqslant \lambda\right) \leqslant 2P(X(1) \geqslant \lambda')$$

让λ' 趋于λ, 则得(1). 定理证毕.

8.3 高斯自由场

高斯自由场(Gaussian free field)是从布朗运动自然推广而来. 现在来看布朗运动的另一等价定义.

定义8.3.1 设$L^2_{\mathbb{R}}(\Omega, \mathcal{F}, P)$ 为概率空间$(\Omega, \mathcal{F}, P)$ 上全体具有二阶矩的实值随机变量组成的$\mathbb{R}$ 上的线性空间, 定义内积:$(X, Y) = E(XY)$. 称$L^2_{\mathbb{R}}(\Omega, \mathcal{F}, P)$ 的由期望为零的正态随机变量组成的完备线性子空间为一个高斯-希尔伯特空间(Gauss-Hilbert space).

给定一个高斯-希尔伯特空间H, 令T是从$L^2_{\mathbb{R}}(\mathbb{R})$ 到H的一个线性等距映射且

$$W(t) = T(I_{[0,t]}), \tag{8.3.1}$$

显然, $||W(t)||^2_H = ||t||, ||W(t) - W(s)||^2_H = ||t-s||$,其中$||\cdot||_H$ 表示H 中的由内积所定义的模, $|\cdot|$ 表示$\mathbb{R}$ 上的欧几里得模. 根据前面的定义知$\{W(t) : t \geqslant 0\}$ 是一个Wiener过程, 即直线上的标准布朗运动. 由于布朗运动具有乘量性质(见8.2节布朗运动基本性质(3)), 为研究其轨道性质, 只需研究其在时间区间$[0,1]$ 的运动规律就足够了. 现在回到(8.3.1). 假定$t \in [0,1]$, 取$L^2([0,1])$ 上的标准正交基: $1, \sqrt{2}\cos 2\pi t$, $\sqrt{2}\sin 2\pi t, \cdots, \sqrt{2}\cos 2n\pi t, \sqrt{2}\sin 2n\pi t, \cdots$. 定义

$$h(t) = X_0 + \sqrt{2}\sum_{n=1}^{\infty}(X_n \cos 2n\pi t + Y_n \sin 2n\pi t), \quad t \in [0,1],$$

其中$X_0, X_1, Y_1, \cdots, X_n, Y_n, \cdots$ 是相互独立的标准正态随机变量. 再定义映射T如下:

$$T(f) = \int_0^1 h(t)f(t)\,\mathrm{d}t, \quad \forall f \in L^2([0,1]),$$

则 T 是线性等距的且由(8.3.1)有

$$\begin{aligned}W(t) =& T(I_{[0,t]}) = \int_0^1 [X_0 + \sqrt{2}\sum_{n=1}^{\infty}(X_n \cos 2n\pi s + Y_n \sin 2n\pi s)]\,\mathrm{d}\,s \\ =& X_0 t + \sqrt{2}\sum_{n=1}^{\infty}\frac{1}{2\pi n}(X_n \sin 2n\pi s + Y_n(1-\cos 2n\pi s)).\end{aligned} \tag{8.3.2}$$

由(8.2.2)所定义的随机过程$\{W(t) : t \in [0,1]\}$ 是一个标准布朗运动. 用随机序列来研究和表示随机过程的详细内容可参见文献[23].

现在介绍平面上的高斯自由场, 设D 是$\mathbb{R}^2$ 的一个区域. 用$H_s(D)$ 表示定义在$\mathbb{R}^2$上的某些实值函数的全体, 这些实值函数的一阶导数存在且在$L^2_{\mathbb{R}}(D)$ 中, 而且它们的紧支撑含于D. 在$H_s(D)$ 上定义梯度内积: $(f_1, f_2)_\nabla = \int\limits_D (\nabla f_1 \cdot \nabla f_2)\,\mathrm{d}\,x$.用$H(D)$表示$H_s(D)$ 的完备化. 注意, 由分步积分可得$(f_1, f_2)_\nabla = (f_1 - \Delta f_2)$, 其中$\Delta := \frac{\partial^2}{\partial x^2} + \frac{\partial^2}{2y^2}$ 为拉普拉斯算子(Laplacian), $(\cdot,\cdot)$为$L^2(D)$ 上的通常的内积.

设$\{f_i, i \geqslant 1\}$ 是$H(D)$ 的一个标准正交基, $\{Z_i, i \geqslant 1\}$ 是一列独立的标准正态随机变量. 记$h = \sum\limits_{i=1}^{\infty} Z_i f_i$.

定义8.3.2 称下面的高斯-希尔伯特空间

$$\mathcal{G}(D) = \left\{ h(f) = \sum_{i\geqslant 1} Z_i (f_i, f)_\nabla : f \in H(D) \right\}$$

为由h 产生的高斯自由场.

注8.3.1 若$\{e_i, i \geqslant 1\}$ 是$L^2(D)$ 的标准正交基且e_i 是Δ 的特征向量. 其对应的特征值为λ_i, 则$\left\{ f_i = e_i/(-\lambda_i)^{\frac{1}{2}}, i \geqslant 1 \right\}$ 是$H(D)$ 的一个标准正交基. 此时$h(f) = \int\limits_D h(x)f(x)\,\mathrm{d}\,x$, 特别地, 对$B \subset D, h(I_B) = \int\limits_B h(x)\,\mathrm{d}\,x$. 任取$D$ 的可测子集A, 定义

$$\mu_{h,D}(A) = \int\limits_A h(x)\,\mathrm{d}\,x = \int\limits_A \sum_{i=1}^{\infty} Z_i \frac{e_i}{(-\lambda_i)^{\frac{1}{2}}}\,\mathrm{d}\,x.$$

定理8.3.1 设U 是平面上一个有光滑边界的Jordan域. 对任意的$z \in U$ 有

$$\limsup_{r\downarrow 0} \frac{|\mu_{h,U}(D(z,r))|}{\sqrt{2\pi} r^2 (\log(1/r))^{1/2} (\log\log\log(1/r))^{1/2}} = 1 \text{ a.s.},$$

其中$D(z,r)$ 表示以z 为中心, r 为半径的圆.

定理证明及相关内容见文献[24],[25].

参 考 文 献

[1] Ash R B. Real Analysis and Probability. New York : Academic Press, 1972.

[2] 那汤松И Л. 实变函数论. 第二版. 徐瑞云译, 陈建功校. 北京: 商务印书馆, 1954.

[3] Carathéodory. Überdas lineare Mass von Punktmengeneine Verallgemeinerung des Lägenbegriffs. Nach. Ges. Wiss Göttingen, 1914, 404-426.

[4] Hausdorff F. Dimension und äusseres Mass. Math. Ann., 1919, 79 : 157-179.

[5] Rogers C A. Hausdorff Measures. Cambridge : Cambridge University Press, 1970.

[6] Taylor S J, Tricot C. Packing measure and its evaluation for a Brownian path. Trans. Amer. Math. Soc., 1985, 288 : 679-699.

[7] Halmos P R. Measure Theory. New York : Springer-Verlag, 1974.

[8] Billngsley P. Convergence of Probability Measures. New York : John. Wiley and Sons, Inc., 1968.

[9] 严加安. 测度论讲义. 第二版. 北京: 科学出版社, 2004.

[10] 胡迪鹤. 分析概率论. 第二版. 北京: 科学出版社, 1997.

[11] Tucker H G. A Graduate Course in Probability. New York : Academic Press, 1967.

[12] Breiman L. Probability. Upper Saddle River, New Jersey : Addison-Wesley Publishing Company, 1968.

[13] 佩特罗夫B B. 独立随机变量之和的极限定理. 苏淳, 黄可明译.合肥: 中国科学技术大学出版社, 1991.

[14] 陆传荣, 林正炎, 陆传赉. 概率论极限理论引论. 北京: 高等教育出版社, 1989.

[15] 胡迪鹤. 高等概率论及其应用. 北京: 高等教育出版社,2008.

[16] Kallenberg O. Foundations of Modern Probability. Second Edition. 影印本. 北京: 科学出版社, 2006.

[17] Chow Y S, Teicher H. Probability Theory : Independence, Inter changeability Martingales. Second Edition. New York : Springer-Verlag, 1978.

[18] 严士健, 王隽骧, 刘秀芬. 概率论基础. 北京: 科学出版社, 1982.

[19] Khoshnevisan D. Multipavameter Processes. An Introduction to Random Fields. New York : Springer-Verlag, 2002.

[20] 胡迪鹤. 应用随机过程引论. 哈尔滨: 哈尔滨工业大学出版社, 1984.

[21] 胡迪鹤. 可数状态的马尔可夫过程论. 武汉: 武汉大学出版社, 1983.

[22] 胡迪鹤. 随机过程论——基础・理论・应用. 武汉:武汉大学出版社,2000.

[23] Kahane J P. Some random series of functious. Second Edition. Cambridge: Cambridge University Press, 1985.

[24] Hu X. The law of the iterated logarithm for the Gaussion free field. Stat. Probab. Letter, 2008, 78 : 3023-3028.

[25] Hu X, Millier J, Peres Y. Thick points of the Gaussian free field. 2009. submitted.

索引